Oliver Olzem · Hans Joachim Hoffstadt **Abwicklung von Bauvorhaben**

Abwicklung von Bauvorhaben

Von den Grundstücksfragen über Planung und Ausführung bis zur Abnahme und Abrechnung

9., aktualisierte Auflage

mit 79 Abbildungen und 7 Tabellen

+ mit digitalen Arbeitshilfen

Dipl.-Ing. Oliver Olzem
Bauingenieur, ö. b. u. v. Sachverständiger (IHK) für Schäden an Gebäuden

Dipl.-Ing. Hans Joachim Hoffstadt
war Architekt, Bauingenieur und öffentlich bestellter Sachverständiger für Schäden an Gebäuden. Nach seiner aktiven Berufslaufbahn ist er nun als Berater tätig.

Unter Mitarbeit von:

Dipl.-Ing. Frank Schlautmann
Architekt

begründet von:

Dr.-Ing. Bernd Koppe
Architekt

RM Rudolf Müller

Bibliografische Information der Deutschen Nationalbibliothek
Die Deutsche Nationalbibliothek verzeichnet diese Publikation in der Deutschen Nationalbibliografie; detaillierte bibliografische Daten sind im Internet über http://dnb.dnb.de abrufbar.

9., aktualisierte Auflage 2023

Maßgebend für das Anwenden von Normen ist deren Fassung mit dem neuesten Ausgabedatum, die bei der Beuth Verlag GmbH, Burggrafenstraße 6, 10787 Berlin, erhältlich ist. Maßgebend für das Anwenden von Regelwerken, Richtlinien, Merkblättern, Hinweisen, Verordnungen usw. ist deren Fassung mit dem neuesten Ausgabedatum, die bei der jeweiligen herausgebenden Institution erhältlich ist. Zitate aus Normen, Merkblättern usw. wurden, unabhängig von ihrem Ausgabedatum, in neuer deutscher Rechtschreibung abgedruckt.

Das vorliegende Werk wurde mit größter Sorgfalt erstellt. Verlag und Autoren können dennoch für die inhaltliche und technische Fehlerfreiheit, Aktualität und Vollständigkeit des Werkes und seiner elektronischen Bestandteile (Internetseiten) keine Haftung übernehmen.

Wir freuen uns, Ihre Meinung über dieses Fachbuch zu erfahren. Bitte teilen Sie uns Ihre Anregungen, Hinweise oder Fragen per E-Mail: fachmedien.architektur@rudolf-mueller.de oder Telefax: 0221 5497-6141 mit.

Korrektorat: Monika Grosche, Bonn
Umschlaggestaltung: Satz+Layout Werkstatt Kluth GmbH, Erftstadt
Satz: WMTP Wendt-Media Text-Processing GmbH, Birkenau
Druck und Bindearbeiten: Westermann Druck Zwickau GmbH, Zwickau
Printed in Germany

ISBN 978-3-481-04614-9 (Buch-Ausgabe)
ISBN 978-3-481-04615-6 (E-Book als PDF)
ISBN 978-3-481-04616-3 (Buch mit E-Book als PDF)

FSC www.fsc.org
MIX
Papier aus verantwortungsvollen Quellen
FSC® C110508

Vorwort zur 9. Auflage

Das Gelingen eines Bauvorhabens ist im Wesentlichen abhängig von der Auswahl des Grundstücks, auf dem das Objekt erstellt werden soll, von den Ideen, nach denen der Entwurf konzipiert wurde, von den Personen, die das Objekt abwickeln, sowie vom Kosten-, Termin- und Qualitätsrahmen, welchen jeweils der Bauherr vorgibt.

Hierzu bildet das vorliegende Buch am Beispiel eines Musterprojektes allen, die am Bau beteiligt sind, insbesondere jungen Architekten und Bauingenieuren, privaten Bauherren, Schülern der Berufsfachschulen, der Technikerschulen und der Meisterschulen sowie Studenten des Bauingenieurswesens und der Architektur, eine fundierte Grundlage für die zeitliche und organisatorische Abwicklung, die Kostenermittlung und -kontrolle eines Bauvorhabens.

Die Leser werden entsprechend der zeitlichen Reihenfolge des Bauablaufs Schritt für Schritt durch die folgenden Phasen eines Bauvorhabens geführt:

- Grundstück/Grundlagenermittlung
- Vorplanung
- Entwurfsplanung
- Genehmigungsplanung
- Ausführungsplanung
- Leistungsbeschreibung
- Bauvertrag
- Ausführung
- Gewährleistung

Viele Objektphasen werden durch praxisgerechte Arbeitshilfen und Checklisten ergänzt, die auch zum Download bereit stehen (siehe Seite 6).

Die Pflichten und Leistungsanforderungen der einzelnen am Bau beteiligten Personen werden in den Objektphasen dargestellt, in denen diese in der Regel an einem Objekt involviert sind.

Das Buch wurde für die 9. Auflage komplett aktualisiert. Es entspricht dem aktuellen Stand der HOAI, der VOB, der Landesbauordnung NRW, der DIN 276, dem GEG sowie den realen Kosten- und Finanzierungskonditionen.

Mein besonderer Dank gilt Herrn Cornelius Nailis von Nailis-Architekten in Berlin, der die Planung des Einfamilienhauses, das in dieser Auflage als Musterprojekt dient, erstellt hat. Weiterhin danke ich Herrn Frank Schlautmann, der den Autor maßgebend bei der Überarbeitung der Kapitel 1–5 unterstützt hat.

Köln, Oktober 2023 Oliver Olzem

Hinweise zu digitalen Arbeitshilfen

Die in diesem Buch enthaltenen Checklisten und Arbeitshilfen stehen exklusiv für Buchkäufer im PDF-Format bzw. als Word- oder Excel-Vorlagen zum Download bereit.

Öffnen Sie dazu unsere Plattform
www.baufachmedien.de/abwicklung-von-bauvorhaben.html

Dort finden Sie im Reiter „Mehr“ die folgenden Dateien:

- Checkliste zum Baugrundstück
- Checkliste zur Bestandsaufnahme von Außenwänden und Fassaden
- Checkliste zur Zusammenstellung der Bestandsaufnahme
- Kostenschätzung nach DIN 276, erste Ebene
- Muster eines Finanzierungsplanes
- Architektenvertrag (Musterprojekt)
- Checkliste zur Vorplanung
- Kostenberechnung nach DIN 276, zweite Ebene
- Muster für den Aufbau eines Wirtschaftlichkeitsplanes
- Checkliste zu den Unterlagen zur Baugenehmigung
- Muster Verkaufsbaubeschreibung (Baubeschreibung Neubau Eigentumswohnungen)
- Checkliste zur Ausführungsplanung
- Checkliste zur Leistungsbeschreibung
- Kostenermittlung nach DIN 276, dritte Ebene
- Muster Vergabeprotokoll
- Muster Zusätzliche Vertragsbedingungen
- Muster Mängelrüge (Musterprojekt)
- Muster Bautagesbericht (Musterprojekt)
- Muster Terminmahnung (Musterprojekt)
- Checkliste zur Ausführung
- Checkliste zur Baustelleneinrichtung
- Musterformular für eine Vorankündigung
- Bauabnahmeprotokoll (Musterprojekt)

Zum Öffnen der Dateien ist ein Kennwort erforderlich.

Ihr persönliches Kennwort lautet: W51NEakD

Inhalt

1 Allgemeine Grundlagen und Begriffsdefinitionen

Am Beginn einer jeden Baumaßnahme steht der Erwerb eines entsprechenden Grundstückes durch den Bauherrn.

Bevor der Bauherr ein Grundstück erwirbt, ist der Grundstückswert zu ermitteln und die Bebaubarkeit zu prüfen. Für diese Prüfung gewährt der Verkäufer dem Käufer häufig ein Vorkaufsrecht (Option). Sollten sich bei dieser Prüfung Abweichungen von der vorher angenommenen Bebaubarkeit herausstellen, so werden die Konditionen zwischen den Vertragsparteien neu vereinbart.

1.1 Grundstück

Die Beschaffung eines geeigneten Grundstückes kann erfolgen:

- über Städte und Kommunen (z. B. Einsicht in Bebauungspläne)
- über den freien Markt (z. B. Zeitungsannoncen, Internetportale)
- über Immobilienmakler

Beim Immobilienverkauf ist die Provisionshöhe frei vereinbar, da es keine gesetzlichen Vorgaben gibt. In der Praxis orientieren sich Eigentümer und Immobilienmakler bei der Festsetzung der Provision an den in dem jeweiligen Bundesland marktüblichen Regelungen. In NRW beispielsweise liegt die Gesamtmaklerprovision, die sich üblicherweise Käufer und Verkäufer teilen, bei 7,14 %.

1.1.1 Grundstücksklassifizierungen

Entsprechend der zu erwartenden Bebaubarkeit werden Grundstücke folgendermaßen klassifiziert:

- **Land- und Forstwirtschaftsflächen**
  Land und Forstwirtschaftsflächen sind Flächen, die in absehbarer Zeit nur landwirtschaftlich und forstwirtschaftlich genutzt werden.
- **Bauerwartungsland**
  Hierbei handelt es sich um Flächen, von denen erwartet werden kann, dass sie in absehbarer Zeit Bauland werden.
- **Rohbauland**
  Rohbauland ist Bauland, das für die Bebauung noch unzureichend gestaltet (Lage, Form und Größe) oder noch nicht erschlossen ist.
- **Bauland**
  Mit der Bebauung kann sofort begonnen werden. Die Baugenehmigung muss bei richtiger Planung erteilt werden. Das Grundstück ist vermessen, erschlossen und zumindest über eine provisorisch ausgebaute Straße erreichbar. In der Regel liegt ein Bebauungsplan vor.

1.1.2 Grundstücksbewertung

Die Grundstücksbewertung kann erfolgen durch

- **einen Sachverständigen** (sollte öffentlich bestellt und vereidigt sein) für die Bewertung von bebauten und unbebauten Grundstücken, der auf diesem Sachgebiet über besondere Fachkenntnisse verfügt,
- **einen Architekten,** der bei der Auswahl des Baugrundstückes den Bauherrn unterstützend beraten kann. Die Vergütung hierfür kann nach §§ 3 und 7 HOAI (Honorarordnung für Architekten und Ingenieure [2021]) frei vereinbart werden (möglicherweise vermittelt der Architekt, auf einen späteren Auftrag hoffend).

Beauftragt der Bauherr (der Grundstückseigentümer) den Architekten mit der Untersuchung bzw. Beurteilung des Grundstückes, so ist dies eine Teilleistung der Leistungsphase 1, der Grundlagenermittlung. Somit ist der Architekt honorarberechtigt, wobei die Standortanalyse und die Bestandsaufnahme als Besondere Leistungen gelten (als Grundlage für die Standortanalyse empfiehlt sich das Führen einer Checkliste, siehe Kapitel 1.1.5).

1.1.3 Grundstückswert

Marktpreis

Der Marktpreis ist der Wert bzw. Preis, zu dem ein Grundstück verkauft wird. Er entsteht durch Angebot und Nachfrage (subjektiver Wert).

Verkehrswert, § 194 BauGB (Baugesetzbuch)

Der Verkehrswert ist der Wert (objektiver Wert) des Baugrundstückes nach objektiv ermittelbaren Wertansätzen, z. B.:

- Lage des Grundstückes
- Beschaffenheit des Bodens
- Grad der Erschließung
- Möglichkeit der Nutzung laut Bebauungsplan
- Bodenrichtwert

Der Verkehrswert leitet sich in der Regel vom Bodenrichtwert ab, mit entsprechenden Faktoren für Erschließung und Grundstücksgröße usw., ohne Rücksicht auf Ungewöhnliches und persönliche Verhältnisse.

Gutachterausschuss, § 192 BauGB

Zur Ermittlung von Grundstückswerten werden selbstständige unabhängige Gutachterausschüsse gebildet.

Die Geschäftsstelle eines Gutachterausschusses sammelt alle Kaufverträge und wertet sie anonym aus. Der Gutachterausschuss, der sich aus Sachverständigen zusammensetzt, überprüft und dokumentiert die Grundstückswerte in der Bodenrichtwertkarte.

Bodenrichtwerte, § 196 BauGB

Der Interessent kann sich beim Kauf eines Grundstückes mithilfe der Bodenrichtwertkarte orientieren. Diese kann im Internet unter www.boris.nrw.de eingesehen werden.

Die Bodenrichtwerte sind Kaufpreissammlungen für das entsprechende Kommunalgebiet, dargestellt als durchschnittliche Lagewerte unter Berücksichtigung des unterschiedlichen Entwicklungszustandes (Erschließungszustand, Tiefe, Bebaubarkeit und Bauweise).

1.1.4 Grundstückskauf

Grundbuch

Beim Grundbuchamt (Amtsgericht, Abteilung Grundbuch) wird das Grundbuch geführt. Es ist die amtsgerichtliche Erfassung aller Grundstücke. Das Grundbuch weist das Bestandsverzeichnis und 3 Abteilungen aus:

- Bestandsverzeichnis: Hier werden Merkmale des Grundstückes beschrieben.
- Erste Abteilung: Hier sind die Eigentumsverhältnisse definiert.
- Zweite Abteilung: Hier sind die Lasten und Beschränkungen der Grundstücke definiert, wie Wegerechte, Kanalleitungsrechte usw.
- Dritte Abteilung: Hier sind die Grundpfandrechte eingetragen, wie Hypotheken, Grundschulden usw.

Einsehen dürfen das Grundbuch die Eigentümer und jeder eingetragene berechtigte Gläubiger sowie jeder Interessent, der berechtigtes Interesse (Vollmacht des Eigentümers bzw. Gläubigers) vorweist.

Vorkaufsrecht

Es gibt 3 Möglichkeiten des Vorkaufsrechtes:

Vorkaufsrecht der Gemeinde

Das Vorkaufsrecht der Gemeinde besteht nach § 24 BauGB in bestimmten Fällen und ist in der Regel nicht im Grundbuch eingetragen.

Sinn des Vorkaufsrechtes der Gemeinde ist es,

- ein ernsthaftes Interesse der Gemeinde zu wahren,
- mögliche Wucherpreise zu verhindern.

Deshalb ist nach Vertragsabschluss beim Notar die sog. Bodenverkehrsgenehmigung (Verzichtserklärung der Kommune auf das gesetzliche Vorkaufsrecht) bei der Gemeinde einzuholen und dem Notar vorzulegen.

Das vom Käufer nicht beachtete Vorkaufsrecht der Kommune kann große Schwierigkeiten verursachen. Es gilt noch 2 Monate nach Abschluss des Kaufvertrages. Im gegebenen Fall muss der Käufer das neu erworbene Grundstück wieder an die Gemeinde abtreten. Die Gemeinde zahlt aber nur den Verkehrswert.

Im Grundbuch eingetragenes Vorkaufsrecht

Das im Grundbuch eingetragene Vorkaufsrecht ist das angemeldete Interesse einer Privatperson gegenüber dem Grundstücksbesitzer. Es rangiert nach dem Vorkaufsrecht der Gemeinde.

Nicht im Grundbuch eingetragenes Vorkaufsrecht

Das nicht im Grundbuch eingetragene Vorkaufsrecht besteht aufgrund einer schriftlichen Vereinbarung zwischen dem Grundstücksbesitzer und einem privaten Interessenten (Option). Es rangiert nach dem im Grundbuch eingetragenen Vorkaufsrecht.

Belastungen

Belastungen auf einem Grundstück können zum einen im Grundbuch eingetragene Grunddienstbarkeiten sein, wie Wegerechte oder Kanalleitungsrechte, Auflassungsvormerkungen, Vorkaufsrechte usw.

Weitere Belastungen sind Baulasten, die sich aus Abstandflächen der Nachbarbebauung auf dem Grundstück ergeben. Diese sind im Baulastenverzeichnis festgeschrieben.

Baulastenverzeichnis

Das Baulastenverzeichnis liegt bei der Baugenehmigungsbehörde, es gibt Auskunft über Anlagen, die im öffentlichen und privatrechtlichen Interesse auf dem Grundstück geplant oder vorgesehen sind, wie Straßenerweiterungen, unter- oder oberirdische Leitungen u. a., z. B. auch die Zufahrt für ein nicht unmittelbar an der Straße gelegenes Grundstück über ein davor liegendes Nachbargrundstück oder die Übernahme eines fehlenden Häuserzwischenraums.

Kauf- bzw. Bauinteressenten müssen also im eigenen Interesse wegen möglicher Einschränkungen der Bebauungsmöglichkeiten auf dem Grundstück frühzeitig Auskünfte einholen, d. h., sie müssen sich die **Boden- und Verkehrsgenehmigung** besorgen.

Notar

Für die Beurkundung von Rechtsvorgängen und anderen Aufgaben auf dem Gebiet der vorsorgenden Rechtspflege werden in den Bundesländern Notare bestellt und vereidigt.

Der Notar beurkundet Rechtsvorgänge, soweit die Gesetze Beurkundungsformen vorschreiben, wie Grundstücksgeschäfte, Erbverträge, Eheverträge usw. Alle Immobilienkäufe müssen demnach vom Notar verhandelt werden.

Die Einigung der Beteiligten schlägt sich in der Regel in einem Vertrag nieder, z. B. einem Kaufvertrag, der vom Notar beurkundet wird. Als Behörde haftet der Notar jedoch nicht.

Kaufvertrag

Im Grundstückskaufsvertrag verpflichtet sich der Verkäufer, dem Käufer das Grundstück zu übereignen. Der Käufer verpflichtet sich, als Gegenleistung dafür den vereinbarten Kaufpreis zu bezahlen.

Der Kaufvertrag ist nur dann wirksam zustande gekommen, wenn er notariell beurkundet worden ist. Das Eigentum geht über durch die Auflassung und Umschreibung des Grundstückes auf den Käufer im Grundbuch (in die Erste Abteilung).

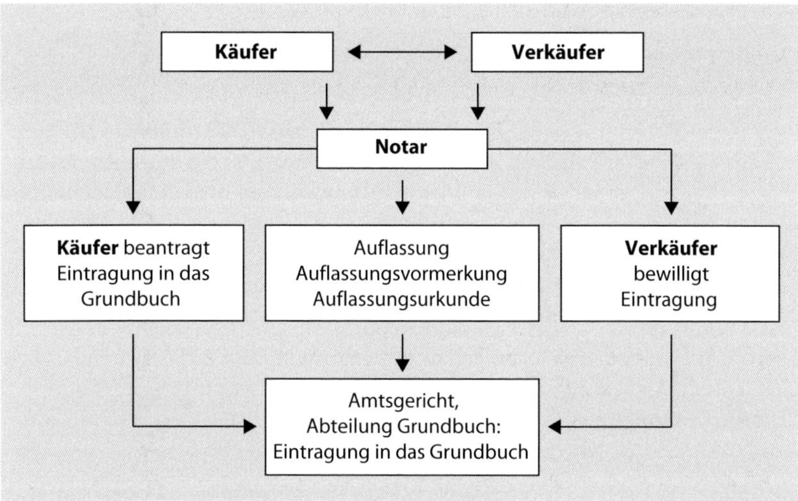

Abb. 1.1: Von der Kaufabsicht zur Grundbucheintragung

Besonders wichtige Begriffe im Vertrag

- **Auflassung** ist die Einigung von Käufer und Verkäufer vor dem Notar.
- **Auflassungsvormerkung** heißt die Eintragung (vor der endgültigen Eintragung) im Grundbuch zum Schutz des Interessenten und der von ihm eventuell schon geleisteten Teilzahlung.
- **Auflassungsurkunde** ist die schriftliche Vertragsabfassung mit Datum und Unterschriften.

Bedingungen für die Eintragung in die Erste Abteilung

- Die Grunderwerbsteuer muss bezahlt sein.
- Die Bodenverkehrsgenehmigung der Gemeinde muss vorgelegt werden.
- Es muss auf Vorkaufsrecht verzichtet werden.
- Die Unbedenklichkeitsbescheinigung des Finanzamtes muss vorgelegt werden.
- Die Frage der ersten Hypothek muss geklärt sein, ggf. durch einen neuen Vertrag mit dem Geldinstitut. Der neue Eigentümer könnte sonst, trotz des beim Notar abgeschlossenen Kaufvertrages, in große Schwierigkeiten kommen. Falls nämlich der Verkäufer die erste Hypothek schuldig bleibt und der Käufer den Betrag nicht zahlen kann, kann es zu einer Zwangsversteigerung kommen.
  Deshalb müssen Käufer und Verkäufer bei Vertragsabschluss zwischen verschiedenen Regelungen entscheiden:
  - Der Verkäufer tilgt die erste Hypothek vor dem Verkauf.
  - Der Verkäufer übernimmt die erste Hypothek.
  - Der Käufer übernimmt die erste Hypothek.

  Bei einem neuen Vertrag ist der Betrag der Hypothek auf ein **Sonderkonto des Geldinstitutes** zu überweisen.

Danach erfolgt die Eintragung in das Grundbuch (veranlasst durch den Notar). Jetzt erst ist der Kauf des Grundstückes gültig (siehe im Überblick Abb. 1.1).

Steuern und Nebenkosten

Grunderwerbsteuer

Beim Kauf von unbebauten oder bebauten Grundstücken wird die Grunderwerbsteuer durch das zuständige Finanzamt festgesetzt. Seit Januar 2017 beträgt die Grunderwerbssteuer beispielsweise in NRW 6,5 %, in Rheinland-Pfalz 5,0 % und in Sachsen und Bayern nur 3,5 % vom notariell vereinbarten Kaufpreis (ohne Makler-Courtage) für das Objekt. Aber nicht nur der reine Kauf eines Grundstückes unterliegt der Grunderwerbsteuer, sondern auch der Abschluss eines Erbbaurechtsvertrages.

Im Grunderwerbsteuergesetz werden jedoch einige Ausnahmen von der Besteuerung zugelassen: Grundstücksschenkungen und das Erbe eines Grundstückes unterliegen unter bestimmten Voraussetzungen nicht der Grunderwerbsteuer.

Die Grunderwerbsteuer wird grundsätzlich von den beteiligten Personen geschuldet. Wichtig ist hierbei jedoch, dass für die wirksame Übertragung des Grundbesitzes die Vorlage eines vom zuständigen Finanzamt ausgestellten Freistellungsbescheides zwingend erforderlich ist. Der Freistellungsbescheid wird jedoch erst dann erteilt, wenn die Grunderwerbsteuer vollständig gezahlt wurde. In den notariellen Kaufverträgen wird die Pflicht zur Zahlung der Grunderwerbsteuer gewöhnlich so geregelt, dass der Erwerber die Grunderwerbsteuer zu zahlen hat.

In Zweifelsfällen sollte der beurkundende Notar oder ein Steuerberater zur Grunderwerbsteuer befragt werden.

Grundsteuer

Die Grundsteuer wird von den Grundstückseigentümern erhoben und ist jährlich an die Gemeinde zu zahlen, die den Betrag durch den Grundsteuerbescheid festgesetzt hat. Die festgesetzte Grundsteuer wird zu je einem Viertel des Jahresbetrages jeweils am 15. Februar, 15. Mai, 15. August und 15. November des laufenden Jahres fällig.

Maßgebend für die Festsetzung der Grundsteuer ist der Steuermessbetrag, der wiederum zusammen mit dem Einheitswertbescheid durch das zuständige Finanzamt festgesetzt wird. Der Einheitswert eines unbebauten Grundstückes ist niedriger als der eines bebauten Grundstückes, da im Einheitswert neben dem reinen Grundstückswert auch der Wert für das darauf gebaute Objekt erfasst wird.

Die Gemeinden wenden beim Erlass des Grundsteuerbescheides einen Hebesatz (Multiplikator) auf den Messbetrag an, der dann endgültig über die Höhe der Grundsteuer entscheidet. Da die Hebesätze der Gemeinden nicht einheitlich sind, ist die Höhe der Grundsteuer bei gleichem Messbetrag von Gemeinde zu Gemeinde unterschiedlich.

Im Jahr 2022 stand die Grundsteuerreform an. Alle Eigentümer waren aufgefordert, für jede Immobilie und jedes Grundstück eine Grundsteuererklärung abzugeben. Auf dieser Grundlage startet die Feststellung der neuen Grundsteuer, welche dann ab 01.01.2025 neu erhoben wird. Bis dahin ist die alte Berechnung gültig. Das Grundsteuergesetz gilt für alle Bundesländer in Deutschland, kann aber durch die sogenannte Öffnungsklausel in einigen Bundesländern vom Bundesmodell abweichen. Grundsätzlich sollte man 2025 prüfen, welcher Steuersatz im entsprechenden Bundesland zur Ausführung kommt.

Einkommensteuer

Allein durch den Erwerb eines Grundstückes entsteht keine Einkommensteuer. Der Einkommensteuer unterliegen nur die Vorgänge, die durch die wirtschaftliche Nutzung eines Grundstückes entstehen.

Erzielte Gewinne und Verluste aus der Vermietung oder Verpachtung von bebauten oder unbebauten Grundstücken unterliegen jedoch der Einkommensteuer. Sie erhöhen bzw. vermindern das Einkommen und damit auch die tatsächliche Einkommensteuerbelastung.

Beim Kauf ist es wichtig, dass der Kaufpreis oder die Herstellungskosten keinen unmittelbaren Einfluss auf das Einkommen haben, sondern lediglich die zu berücksichtigenden Abschreibungen, die von der Art des Objektes und der Nutzung abhängig sind. Weiterhin ist zu beachten, dass Tilgungsleistungen für Darlehen bei der Ermittlung des Einkommens unberücksichtigt bleiben.

Beim Verkauf von Grundstücken ist zu beachten, dass der hierdurch entstehende Gewinn der Einkommensteuer unterliegt, wenn das Grundstück innerhalb von 10 Jahren nach dem Erwerb oder der Herstellung veräußert wird. Der hierbei erzielte Gewinn unterliegt aber nicht der Einkommensteuer, wenn das Objekt durch den Verkäufer ausschließlich zu eigenen Wohnzwecken genutzt wurde. Vor der Veräußerung sollte eine Beratung durch den Steuerberater in Anspruch genommen werden.

Nebenkosten

Beim Grundstückserwerb werden häufig die Nebenkosten vom Käufer unterschätzt oder gar nicht beachtet. Neben der bereits erwähnten Grunderwerbsteuer entstehen durch den Erwerb noch weitere Kosten.

In der Kalkulation sollten die nicht vermeidbaren Kosten für den Notar und die Gerichtskasse in einer Höhe von bis zu 2 % der Anschaffungskosten berücksichtigt werden.

Um Kosten einzusparen, sollte versucht werden, ein Grundstück ohne die Einschaltung eines Maklers zu erwerben, denn der Makler erhält für die Vermittlungsleistung eine von der Höhe des Kaufpreises abhängige Provision.

Bevor sich der Käufer für ein Grundstück entscheidet, sollte er vor allem die grundsätzlichen Fragen klären und Überlegungen anstellen, die in der folgenden Checkliste (Kapitel 1.1.5) aufgeführt sind.

1.1.5 Checkliste zum Baugrundstück

Diese Checkliste erhebt keinen Anspruch auf Vollständigkeit.

Handelt es sich um ein Baugrundstück (Bauland)?	ja	nein	Bemerkungen
• Liegt das Baugrundstück innerhalb eines Bebauungsplanes? • Liegt das Baugrundstück (nach § 34 BauGB) innerhalb der im Zusammenhang bebauten Ortsteile?	☐ ☐	☐ ☐	
Bebaubarkeit			
(mit dem Bauaufsichtsamt bzw. Stadtplanungsamt abzustimmen) • Wie ist das Baugrundstück bebaubar? • Welche anteiligen Grundstücksflächen dürfen bebaut werden? – Im Verlauf der Baulinien (BL) und Baugrenzen (BGR), Größe des Baufensters? – Grundflächenzahl (GRZ) oder Geschossflächenzahl (GFZ)? – Ist eine geschlossene bzw. eine offene Bebauung vorgeschrieben? • Angabe von Gebäudehöhen bzw. Angabe der Geschossigkeit • Welche Dachform ist vorgeschrieben? • Zeitpunkt der Genehmigung?			
Abstände			
• Welche Abstände von den seitlichen Nachbargrenzen und den Straßen müssen nach der Abstandflächenverordnung eingehalten werden? • Gibt es Baulasten oder Dienstbarkeiten, welche die Bebaubarkeit einschränken?			
Akzeptanz			
• Entspricht das Grundstück bezüglich der Größe, Form, Aussicht und der Himmelsrichtung den Wünschen des Bauherrn? • Lassen sich die Vorstellungen des Bauherrn in die Umgebung architektonisch integrieren? • Wie sind die Nachbargrundstücke bebaut bzw. geplant?	☐ ☐	☐ ☐	
Infrastruktur			
• Anbindung an die Fernstraße? • Anbindung an die öffentlichen Verkehrsmittel? • Einkaufsmöglichkeiten? • Öffentliche Einrichtungen (Kindergärten, Schulen)? • Grün- und Sportanlagen? • Anbindung an das öffentliche Kanalnetz? • Anbindung und Qualität des Telefonnetzes? • Anbindung an ein Fernwärmenetz?	☐ ☐ ☐ ☐ ☐ ☐ ☐ ☐	☐ ☐ ☐ ☐ ☐ ☐ ☐ ☐	
Immissionen			
• Ist das Grundstück besonderen Immissionen ausgesetzt, wie Lärm, Luftverschmutzung? • Sind entsprechende Maßnahmen notwendig, z. B. Schallschutzfenster?	☐ ☐	☐ ☐	
Baugrundqualität			
Wie ist die Baugrundbeschaffenheit? • Tragfähigkeit des Baugrundes? • Ist der Baugrund kontaminiert (Altlasten-VZ)? • Wo liegt der Bemessungswasserspiegel? • Liegt eine Hochwassergefährdung/Überflutungsgefahr vor? • Sind Kampfmittel zu erwarten?	☐ ☐ ☐ ☐ ☐	☐ ☐ ☐ ☐ ☐	
Bestand			
• Sind Gebäude oder Bewuchs zu erhalten, abzubrechen oder zu schützen, z. B. Natur- oder Baudenkmäler? • Gibt es ein Wege- oder Leitungsrecht? • Sind vorhandene Leitungen zu verlegen? • Werden Unterfangungen an Nachbargebäuden notwendig?	☐ ☐ ☐ ☐	☐ ☐ ☐ ☐	
Sonstiges			
• Sind regenerative Energiesysteme einsetzbar (Geo-, Solarthermie, Fotovoltaik u. a.)? • Können die notwendigen Stellplätze auf dem Grundstück vorgesehen werden (Garage, Tiefgarage) oder sind Ablösungszahlungen an die Kommunen notwendig? • Welche Erschließungs- und Straßenbaukosten sind zu zahlen?	☐ ☐ ☐	☐ ☐ ☐	

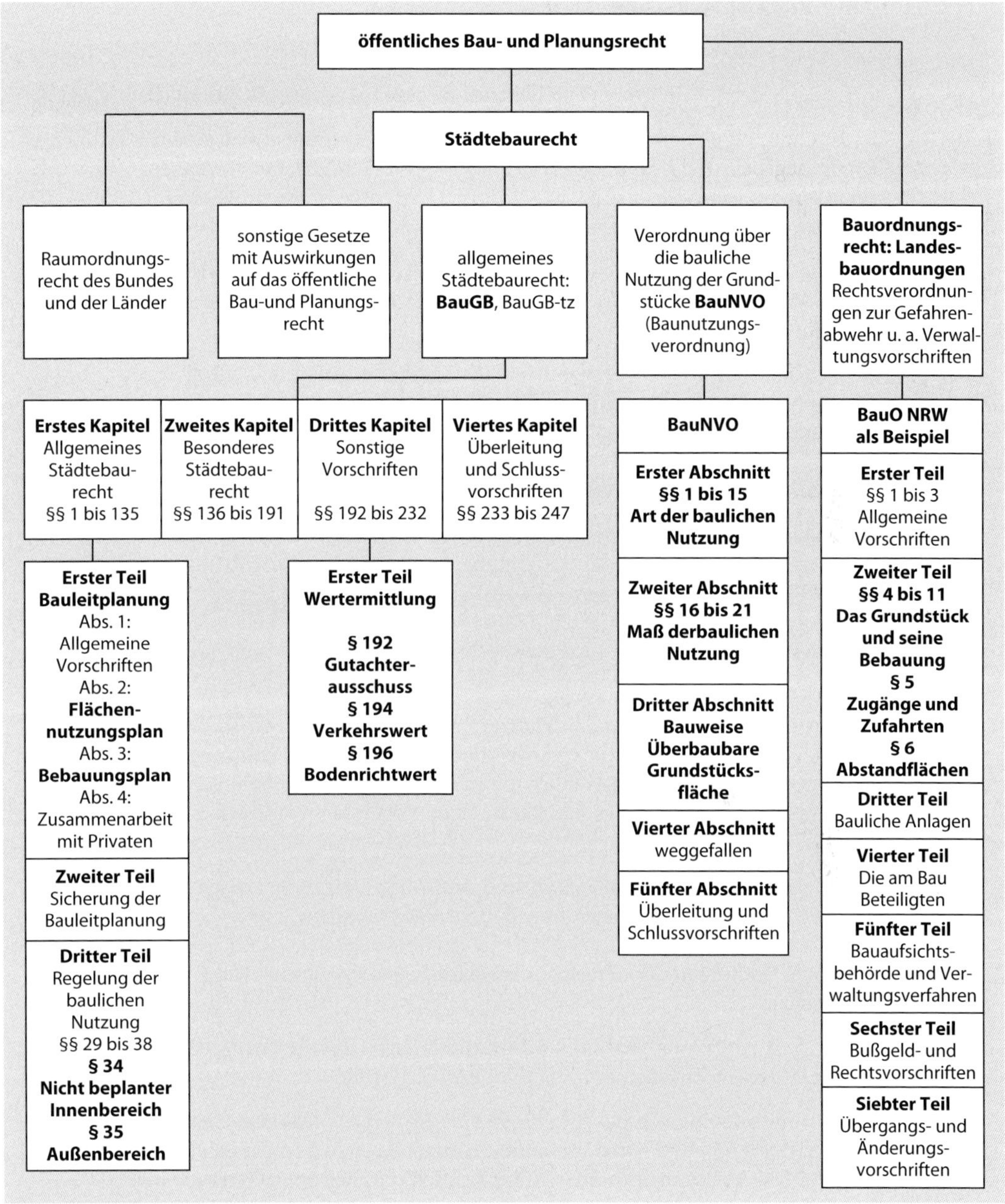

Abb. 1.2: Übersicht über das öffentliche Bau- und Planungsrecht

1.2 Öffentliches Bau- und Planungsrecht

1.2.1 Übersicht

Das öffentliche Bau- und Planungsrecht besteht aus verschiedenen Gesetzen und Verordnungen. Eine Übersicht über diese Vielfalt für den Gebrauch in der Praxis bietet Abb. 1.2.

1.2.2 Baugesetzbuch (BauGB)

Allgemeines Städtebaurecht – Bauleitplanung

Vorbereitender Bauleitplan (Flächennutzungsplan) – §§ 5 bis 7 BauGB

Der Flächennutzungsplan (siehe beispielhaft Abb. 1.3) umfasst das gesamte Gemeindegebiet und ordnet den voraussehbaren Flächenbedarf für die einzelnen Nutzungsmöglichkeiten, wie Wohnen, Arbeiten, Verkehr, Erholung, Landwirtschaft und Gemeinbedarf.

Ob die festgelegten Flächen tatsächlich auch für den vorgesehenen Bedarf genutzt werden, wird mit diesem Plan jedoch nicht bestimmt, sondern erst im Bebauungsplanverfahren.

Aus dem Flächennutzungsplan entsteht also keinerlei Anspruch auf die dargestellte Nutzung, ein Bebauungsplan kann jedoch grundsätzlich nur aus dem Flächennutzungsplan entwickelt werden.

Verbindlicher Bauleitplan (Bebauungsplan) – §§ 8 bis 10 BauGB

Den Bebauungsplan (siehe beispielhaft Abb. 1.4) beschließt der Stadt- oder Gemeinderat als Satzung unter Beteiligung der Bürger. Dieser Bebauungsplan (B-Plan) wird der höheren Verwaltungsbehörde (NRW: Bezierksregierung) zur Genehmigung vorgelegt. Nach Genehmigung und Bekanntmachung des Bebauungsplanes ist dieser rechtskräftig und muss von jedem Bauherrn beachtet werden.

Der Bebauungsplan regelt in den Planzeichnungen und den textlichen Festsetzungen für jedes Grundstück, in welchem Umfang (Lage, Volumen des Baukörpers), in welcher Art (Wohnen und Gewerbe) die Fläche nutzbar ist. Der rechtskräftige Bebauungsplan kann bei den örtlichen Planungsämtern jederzeit eingesehen werden.

Abweichungen vom Bebauungsplan sind nur durch Befreiung (Dispens) im Zuge einer Bauvoranfrage bzw. eines Bauantrages möglich.

Allgemeines Städtebaurecht – Regelung der baulichen und sonstigen Nutzung; Entschädigung

Zulässigkeit von Bauvorhaben – § 34 BauGB Zulässigkeit von Vorhaben innerhalb der im Zusammenhang bebauten Ortsteile

Die Nutzungsmöglichkeit des jeweiligen Grundstückes muss sich nach Art und Maß der baulichen Nutzung in die Eigenart der näheren Umgebung einfügen. Die Auslotung dessen, was tatsächlich möglich ist, ist letztlich in Abstimmung mit dem Bauaufsichtsamt vorzunehmen.

§ 35 BauGB Bauen im Außenbereich

Liegt ein Grundstück außerhalb eines rechtskräftigen Bebauungsplanes und außerhalb eines im Zusammenhang bebauten Ortsteiles, ist kein grundsätzliches Baurecht gegeben. Ein Vorhaben kann nur durchgeführt werden, wenn ihm keine öffentlichen Belange entgegenstehen und die Erschließung gesichert ist. Ausnahmen gelten für

Abb. 1.3: Ausschnitt aus einem Flächennutzungsplan

- land- und forstwirtschaftliche Betriebe,
- Betriebe der gartenbaulichen Versorgung,
- öffentliche Versorgung, die wegen ihrer Besonderheit nur im Außenbereich ausgeführt werden soll.

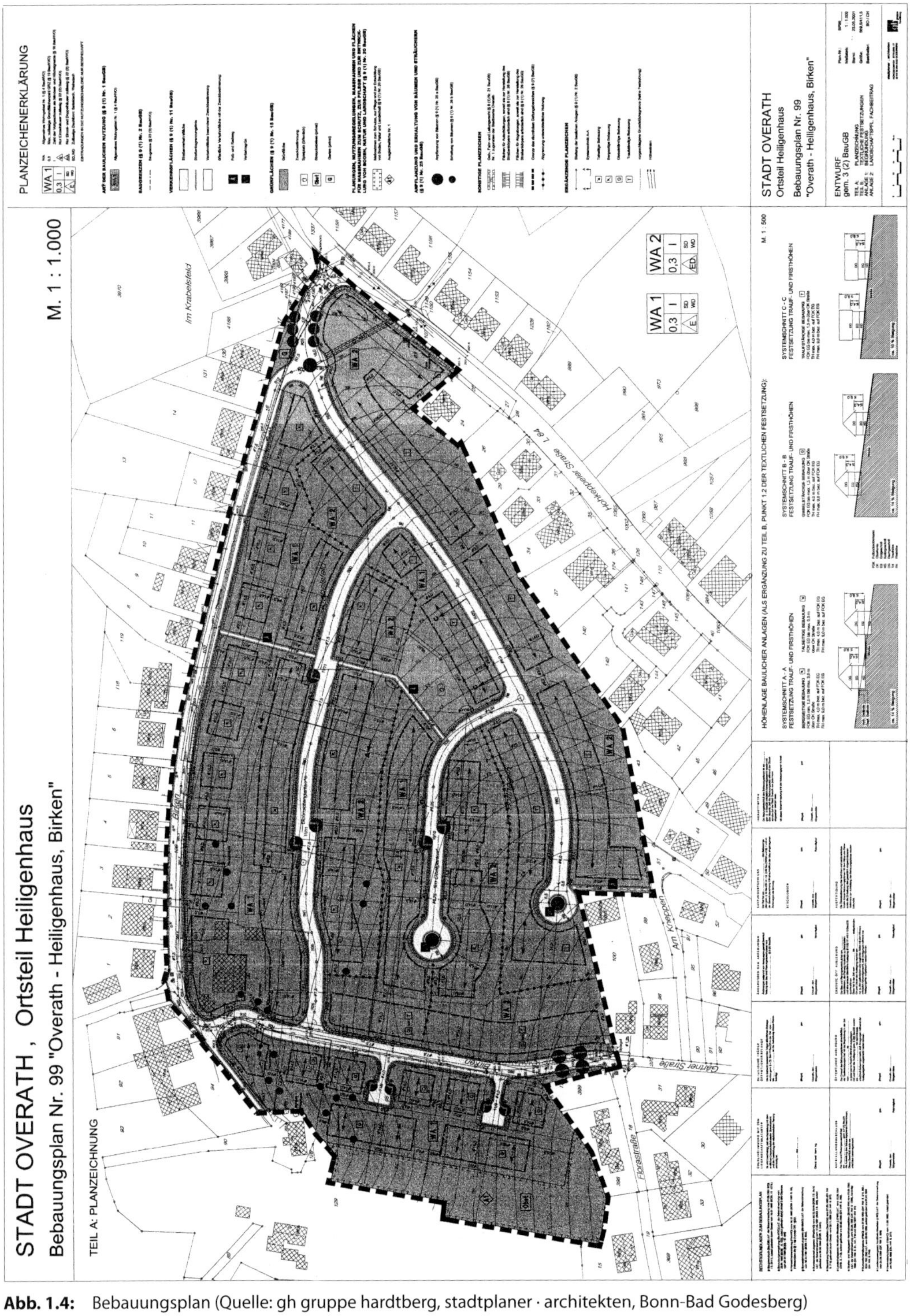

Abb. 1.4: Bebauungsplan (Quelle: gh gruppe hardtberg, stadtplaner · architekten, Bonn-Bad Godesberg)

Abb. 1.5: Die wichtigsten Darstellungsarten der baulichen Nutzung

1.2.3 Baunutzungsverordnung (BauNVO)

Erster Abschnitt – Art der baulichen Nutzung

Nach der Baunutzungsverordnung (BauNVO) wird im B-Plan die Art der baulichen Nutzung vorgegeben. Die entsprechenden Planzeichen enthält die Planzeichenverordnung 1990 (PlanZV 90). Die wichtigsten Darstellungen zeigt Abb. 1.5.

Zweiter Abschnitt – Maß der baulichen Nutzung

- GRZ: Die Grundflächenzahl (z. B. in reinen Wohngebieten 0,4 [WR]) gibt an, welcher Anteil der Nettogrundstücksfläche (anrechenbare Fläche) bebaut werden darf.
- GFZ: Die Geschossflächenzahl (1,6 bei 4 Geschossen [WB]) gibt die Summe aller Vollgeschosse (Außenkanten des Gebäudes) im Verhältnis zur Nettogrundstücksfläche an.
- BMZ: Die Baumassenzahl gibt an, welche Summe des umbauten Raumes (m^3) für die Nettogrundstücksfläche verbaut werden darf. Angerechnet wird der umbaute Raum für Bauteile mit Vollgeschosscharakter und für Aufenthaltsräume in anderen Geschossen. Die Baumassenzahl findet vor allem im Industriebau Verwendung.

Dritter Abschnitt – Bauweise, überbaubare Grundstücksfläche

§ 22 BauNVO Bauweise

Im Bebauungsplan kann die Bauweise als offene oder geschlossene Bauweise festgesetzt werden.

- o = offene Bauweise, Gebäude mit seitlichem Grenzabstand als Einzelhäuser, Doppelhäuser oder Hausgruppen
- g = geschlossene Bauweise, Reihenhausbauweise

§ 23 BauNVO Überbaubare Grundstücksfläche

Die überbaubaren Grundstücksflächen können durch Festsetzung von Baulinien, Baugrenzen oder Bebauungstiefen bestimmt werden. Entsprechend der Festlegung von Baulinien und Baugrenzen ergeben sich im Bebauungsplan überbaubare Baufenster.

Die Baulinie und die Baugrenze werden folgendermaßen dargestellt:

—··—··—··—·· Baulinie (auf der Baulinie muss gebaut werden).

——·——·—· Baugrenze (darf nicht überschritten werden).

1.2.4 Bauordnungsrecht: Landesbauordnung (hier BauO NRW)

Erster Teil – Allgemeine Vorschriften

§ 2 BauO NRW Begriffe

In § 2 Abs. 5 und 6 BauO NRW werden die Geschosse und Vollgeschosse definiert und die Höhen dafür festgelegt:

„*(5) Geschosse sind oberirdische Geschosse, wenn ihre Deckenoberkanten im Mittel mehr als 1,60 m über die Geländeoberfläche hinausragen, im Übrigen sind sie Kellergeschosse. Hohlräume zwischen der obersten Decke und der Bedachung, in denen Aufenthaltsräume nicht möglich sind, sind keine Geschosse.*

(6) Vollgeschosse sind oberirdische Geschosse, die eine lichte Höhe von mindestens 2,30 m haben. Ein Geschoss ist nur dann ein Vollgeschoss, wenn es die in

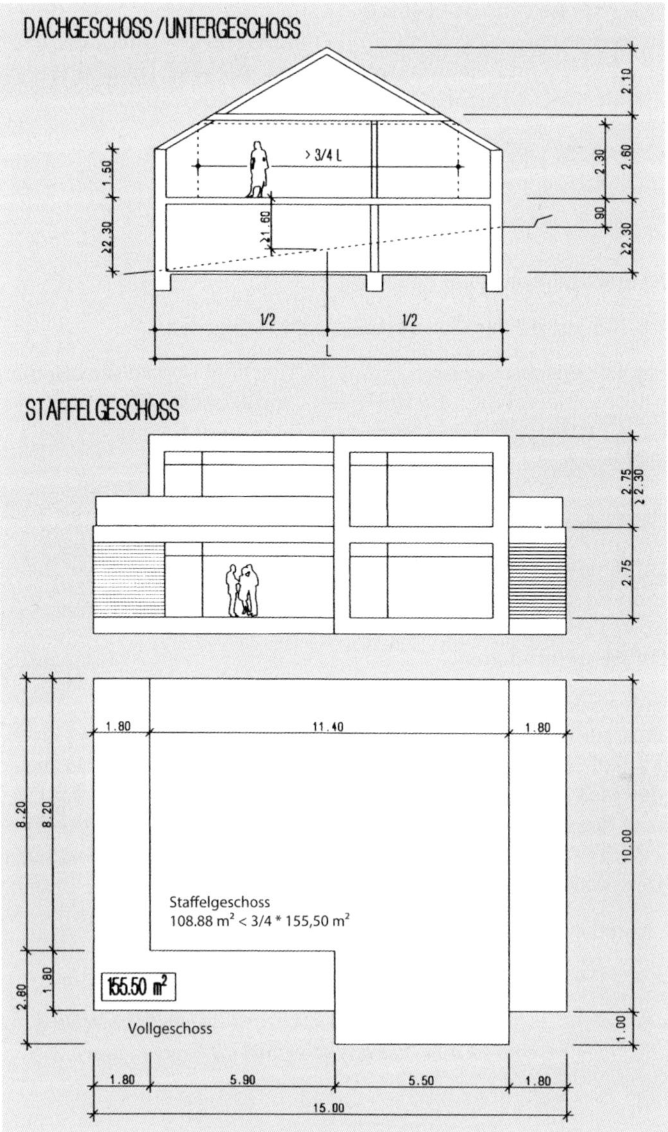

Abb. 1.6: Vollgeschoss und Nichtvollgeschoss nach Landesbauordnung NRW. Nur wenn ein Geschoss mehr als 3/4 der Grundfläche des darunter liegenden Geschosses hat, ist es ein Vollgeschoss.

Satz 1 genannte Höhe über mehr als drei Viertel der Grundfläche des darunterliegenden Geschosses hat."

- **Kellervollgeschoss:** Der Keller ist Vollgeschoss, wenn die Höhe der Oberkante (OK) Gelände bis Oberkante Kellerdecke den o. g. Maßen entspricht (siehe Abb. 1.6).
- **Staffelgeschoss, geneigte Dachflächen:** Das Dachgeschoss (Staffelgeschoss = zurückgesetztes Geschoss) ist ein Vollgeschoss, wenn es die Höhe von 2,30 m (OK Dachhaut) über mehr als 2 Drittel der Fläche des darunterliegenden Geschosses hat bzw. in Dachschrägen über mehr als 3 Viertel seiner Grundfläche (siehe Abb. 1.6).

- **Anzahl der Geschosse:** Unter Umständen kann man in einem nach Bebauungsplan zweigeschossigen Mehrfamilienhaus 4 Etagen integrieren, vorausgesetzt, dass die im Bebauungsplan vorgeschriebene Traufhöhe (von OK Gelände bis OK Dachrinne) nicht überschritten wird.

In § 2 Abs. 7 BauO NRW sind Aufenthaltsräume definiert:

„(7) Aufenthaltsräume sind Räume, die zum nicht nur vorübergehenden Aufenthalt von Menschen bestimmt oder geeignet sind."

Zweiter Teil – Das Grundstück und seine Bebauung

§ 4 BauO NRW Bebauung der Grundstücke mit Gebäuden

Gebäude dürfen nur errichtet werden, wenn die Erschließung an die öffentliche Verkehrsfläche, die Versorgung mit Trink- und Löschwasser und die Abwasserbeseitigung (erforderliche Abwasseranlagen) mit Beginn der Benutzung gewährleistet sind.

§ 5 BauO NRW Zugänge und Zufahrten auf den Grundstücken

Hier werden im Bereich der Zugänge und Zufahrten die Rettungswege für die Feuerwehr definiert.

§ 6 BauO NRW Abstandflächen

Vor Außenwänden von Gebäuden sind Flächen von oberirdischen Gebäuden freizuhalten (Abstandflächen). Die Tiefe der Abstandfläche T bemisst sich nach der Wandhöhe H_W; sie wird senkrecht zur Wand gemessen. Als Wandhöhe H_W gilt das Maß von der mittleren Geländeoberfläche bis zur Schnittlinie der Wand mit der Dachhaut. Bei einer Bebauung mit Steildach ergeben sich unterschiedliche Abstandflächen an Traufen und Giebeln in Abhängigkeit zur Dachneigung. Weitere Angaben sind in der Landesbauordnung zu finden.

$$H = H_W + \text{Anteil aus Dachflächen } D \text{ bzw. aus Giebelflächen } G$$

In § 6 Abs. 2 und 3 BauO NRW wird die Art der Abstandsflächen beschrieben:

„(2) Abstandsflächen müssen auf dem Grundstück selbst liegen. Sie dürfen auch auf öffentlichen Verkehrs-, Grün- und Wasserflächen liegen, jedoch nur bis zu deren Mitte.[...]"

„(3) Die Abstandsflächen dürfen sich nicht überdecken, [...]"

In § 6 Abs. 5 BauO NRW wird die Tiefe der Abstandflächen vorgeschrieben:

„(5) Die Tiefe der Abstandsflächen beträgt 0,4 H [...] In Gewerbe- und Industriegebieten [...] genügt eine Tiefe von 0,2 H, in Kerngebieten von 0,25 H [...] Zu öffentlichen Verkehrs-, Grün- und Wasserflächen beträgt die Tiefe der Abstandsfläche in Kerngebieten und urbanen Gebieten 0,2 H [...]. Zu angrenzenden anderen Baugebieten gilt die jeweils größere Tiefe der Abstandsfläche."

In allen Fällen muss die Tiefe der Abstandsflächen mindestens 3 m betragen.

Somit ergibt sich als Formel für eine Abstandfläche:

$$T = (\text{Wandhöhe} + \text{Dach bzw. Giebelanteil}) \cdot \text{Gebietsfaktor}$$

Hinweis

> Die Landesbauordnungen enthalten viele Ausnahmeregelungen, die im Einzelfall zu überprüfen sind.

1.3 Energieeinsparung

1.3.1 Energieeinsparverordnung (EnEV), überführt in das GEG

Die Verordnung über energiesparenden Wärmeschutz und energiesparende Anlagentechnik bei Gebäuden (Energieeinsparverordnung – EnEV) löste am 1. Februar 2001 die Wärmeschutzverordnung sowie die Heizungsanlagenverordnung ab. Sie wurde mit Inkrafttreten des GEG am 11. November 2020 in dieses überführt.

Sinn und Zweck dieser Verordnung war es, den Energiebedarf und somit den CO_2-Ausstoß von Gebäuden zu senken und den Anteil an erneuerbaren Energien wie z. B. solarer Strahlungsenergie, Umweltwärme, Geothermie, Wasserkraft, Windenergie oder Energie aus Biomasse zu erhöhen. Über diese energiepolitischen Ziele der Bundesregierung soll insbesondere ein nahezu klimaneutraler Gebäudebestand bis zum Jahr 2050 erreicht werden.

1.3.2 Erneuerbare-Energien-Wärmegesetz (EEWärmeG), jetzt Bestandteil des GEG

Das Wärmegesetz in seiner letzten Fassung von 2015 heißt offiziell Gesetz zur Förderung Erneuerbarer Energien im Wärmebereich (Erneuerbare-Energien-Wärmegesetz – EEWärmeG. Es schrieb vor, dass Eigentümer künftiger Gebäude einen Teil ihres Wärmebedarfs aus erneuerbaren Energien decken müssen. Welche Form erneuerbarer Energien genutzt werden soll, kann der Eigentümer frei entscheiden. Wichtig ist nur, dass ein bestimmter Prozentsatz der Wärme mit der jeweiligen Energie erzeugt wird. Der Prozentsatz ist abhängig von der Energieform.

1.3.3 Gebäudeenergiegesetz (GEG)

Das neue Gebäudeenergiegesetz (GEG) ist ein Gesetz, das die Energieeffizienz von Gebäuden und die Nutzung erneuerbarer Energien in Gebäuden regelt. Es hat das Ziel, den Energieverbrauch von Gebäuden zu senken und den Ausstoß von Treibhausgasen zu reduzieren. Das GEG beinhaltet Vorschriften für den Neubau von Gebäuden, die Modernisierung bestehender Gebäude und die Anforderungen an die energetische Gebäudeausrüstung. Es verpflichtet Hauseigentümer und Bauherren zu bestimmten Maßnahmen, um die Energieeffizienz ihrer Gebäude zu verbessern. Darüber hinaus beinhaltet es auch die Pflicht zur Erstellung von Energieausweisen für Gebäude und die Pflicht zur Nachweisführung von Energieeinsparungen in bestehenden Gebäuden. Das GEG trägt dazu bei, die Klimaziele Deutschlands zu erreichen und trägt zur Senkung der Energiekosten bei. Es ist am 11. November 2020 in Kraft getreten.

Das Gebäudeenergiegesetz baut auf folgenden Gesetzen und Regelungen auf:

- EnEV (Energieeinsparverordnung): Die Anforderungen an die energetische Gebäudehülle und technische Ausrüstung werden in das GEG überführt und weiterentwickelt.

- EEG (Erneuerbare-Energien-Gesetz): Das GEG baut auf dem EEG auf und fordert den Einsatz erneuerbarer Energien in Gebäuden.
- EEWärmeG (Gesetz über die Verpflichtung zur Nutzung erneuerbarer Energien in der Wärmeversorgung): Das GEG übernimmt die Anforderungen des EEWärmeG und regelt die Verpflichtung zur Nutzung erneuerbarer Energien in der Wärmeversorgung.

Das Gebäudeenergiegesetz bildet damit die zentrale Regelung für die Energieeffizienz von Gebäuden in Deutschland und vereint die bestehenden Regelungen in einer einheitlichen und integrierten Form.

Zweck und Ziel (§ 1 GEG)

„(1) Zweck dieses Gesetzes ist ein möglichst sparsamer Einsatz von Energie in Gebäuden einschließlich einer zunehmenden Nutzung erneuerbarer Energien zur Erzeugung von Wärme, Kälte und Strom für den Gebäudebetrieb.

(2) Unter Beachtung des Grundsatzes der Wirtschaftlichkeit soll das Gesetz im Interesse des Klimaschutzes, der Schonung fossiler Ressourcen und der Minderung der Abhängigkeit von Energieimporten dazu beitragen, die energie- und klimapolitischen Ziele der Bundesregierung sowie eine weitere Erhöhung des Anteils erneuerbarer Energien am Endenergieverbrauch für Wärme und Kälte zu erreichen und eine nachhaltige Entwicklung der Energieversorgung zu ermöglichen."

Anwendungsbereich (§ 2 GEG)

„(1) Dieses Gesetz ist anzuwenden auf

1. *Gebäude, soweit sie nach ihrer Zweckbestimmung unter Einsatz von Energie beheizt oder gekühlt werden, und*
2. *deren Anlagen und Einrichtungen der Heizungs-, Kühl-, Raumluft- und Beleuchtungstechnik sowie der Warmwasserversorgung."*

Begriffsbestimmungen (§ 3 GEG)

„(1) Im Sinne dieses Gesetzes ist

1. *‚Abwärme' die Wärme oder Kälte, die aus technischen Prozessen und aus baulichen Anlagen stammenden Abluft- und Abwasserströmen entnommen wird, […]*

4. *‚beheizter Raum' ein Raum, der nach seiner Zweckbestimmung direkt oder durch Raumverbund beheizt wird,*
5. *‚Brennwertkessel' ein Heizkessel, der die energetische Nutzung des in den Abgasen enthaltenen Wasserdampfes durch Kondensation des Wasserdampfes im Betrieb vorsieht, […]*

8. *‚Energiebedarfsausweis' ein Energieausweis, der auf der Grundlage des berechneten Energiebedarfs ausgestellt wird,*
9. *‚Energieverbrauchsausweis' ein Energieausweis, der auf der Grundlage des erfassten Energieverbrauchs ausgestellt wird,*
10. *‚Gebäudenutzfläche' die Nutzfläche eines Wohngebäudes nach DIN V 18599: 2018-09, die beheizt oder gekühlt wird, […]*

12. *‚Gesamtenergiebedarf' der nach Maßgabe dieses Gesetzes bestimmte Jahres-Primärenergiebedarf*

a) eines Wohngebäudes für Heizung, Warmwasserbereitung, Lüftung sowie Kühlung oder
b) eines Nichtwohngebäudes für Heizung, Warmwasserbereitung, Lüftung, Kühlung sowie eingebaute Beleuchtung,

13. *‚Geothermie' die dem Erdboden entnommene Wärme,*
14. *‚Heizkessel' ein aus Kessel und Brenner bestehender Wärmeerzeuger, der dazu dient, die durch die Verbrennung freigesetzte Wärme an einen Wärmeträger zu übertragen,*
15. *‚Jahres-Primärenergiebedarf' der jährliche Gesamtenergiebedarf eines Gebäudes, der zusätzlich zum Energiegehalt der eingesetzten Energieträger und von elektrischem Strom auch die vorgelagerten Prozessketten bei der Gewinnung, Umwandlung, Speicherung und Verteilung mittels Primärenergiefaktoren einbezieht, [...]*
21. *‚Nennleistung' die vom Hersteller festgelegte und im Dauerbetrieb unter Beachtung des vom Hersteller angegebenen Wirkungsgrades als einhaltbar garantierte größte Wärme- oder Kälteleistung in Kilowatt,*
22. *‚Nettogrundfläche' die Nutzfläche eines Nichtwohngebäudes nach DIN V 18599: 2018-09, die beheizt oder gekühlt wird, [...]*
25. *‚Niedrigstenergiegebäude' ein Gebäude, das eine sehr gute Gesamtenergieeffizienz aufweist und dessen Energiebedarf sehr gering ist und, soweit möglich, zu einem ganz wesentlichen Teil durch Energie aus erneuerbaren Quellen gedeckt werden soll,*
26. *‚Nutzfläche'*
    a) bei einem Wohngebäude die Gebäudenutzfläche oder
    b) bei einem Nichtwohngebäude die Nettogrundfläche, [...]
32. *‚Wohnfläche' die Fläche, die nach der Wohnflächenverordnung vom 25. November 2003 (BGBl. I S. 2346) oder auf der Grundlage anderer Rechtsvorschriften oder anerkannter Regeln der Technik zur Berechnung von Wohnflächen ermittelt worden ist,*
33. *‚Wohngebäude' ein Gebäude, das nach seiner Zweckbestimmung überwiegend dem Wohnen dient, einschließlich von Wohn-, Alten- oder Pflegeheimen sowie ähnlicher Einrichtungen, [...]*

(2) Erneuerbare Energien im Sinne dieses Gesetzes ist oder sind

1. *Geothermie,*
2. *Umweltwärme,*
3. *die technisch durch im unmittelbaren räumlichen Zusammenhang mit dem Gebäude stehenden Anlagen zur Erzeugung von Strom aus solarer Strahlungsenergie oder durch solarthermische Anlagen zur Wärme- oder Kälteerzeugung nutzbar gemachte Energie,*
4. *die technisch durch gebäudeintegrierte Windkraftanlagen zur Wärme- oder Kälteerzeugung nutzbar gemachte Energie,*
5. *die aus fester, flüssiger oder gasförmiger Biomasse erzeugte Wärme; die Abgrenzung erfolgt nach dem Aggregatzustand zum Zeitpunkt des Eintritts der Biomasse in den Wärmeerzeuger; oder*
6. *Kälte aus erneuerbaren Energien.*

(3) Biomasse im Sinne von Absatz 2 Nummer 5 ist oder sind

1. *Biomasse im Sinne der Biomasseverordnung vom 21. Juni 2001 (BGBl. I S. 1234) in der bis zum 31. Dezember 2011 geltenden Fassung,*

2. *Altholz der Kategorien A I und A II nach § 2 Nummer 4 Buchstabe a und b der Altholzverordnung vom 15. August 2002 (BGBl. I S. 3302), die zuletzt durch Artikel 120 der Verordnung vom 19. Juni 2020 (BGBl. I S. 1328) geändert worden ist,*
3. *biologisch abbaubare Anteile von Abfällen aus Haushalten und Industrie,*
4. *Deponiegas,*
5. *Klärgas,*
6. *Klärschlamm im Sinne der Klärschlammverordnung vom 27. September 2017 (BGBl. I S. 3465), die zuletzt durch Artikel 137 der Verordnung vom 19. Juni 2020 (BGBl. I S. 1328) geändert worden ist, in der jeweils geltenden Fassung oder*
7. *Pflanzenölmethylester.“*

Kriterien für Gebäude, die unter das GEG fallen

Ein Gebäude fällt unter das Gebäudeenergiegesetz (GEG), wenn es bestimmte Kriterien erfüllt. Hier sind einige wichtige Bedingungen:

Nutzungsart: Das GEG gilt für Gebäude, die für Wohnzwecke, für gewerbliche oder öffentliche Zwecke oder für andere soziale Zwecke genutzt werden.

Neubau oder Sanierung: Das GEG gilt für Neubauten und für bestehende Gebäude, die saniert werden.

Größe: Das GEG gilt für Gebäude, die größer als 50 m² sind.

Energiebedarf: Das GEG legt Anforderungen an den Energiebedarf von Gebäuden fest, einschließlich des Bedarfs an Heizenergie, Kühlenergie und Strom.

Energieeffizienz: Das GEG enthält Anforderungen an die Energieeffizienz von Gebäuden, einschließlich Anforderungen an die Wärmedämmung, die Gebäudehülle und die technischen Anlagen.

Es ist wichtig, zu beachten, dass die genauen Anforderungen des GEG von Bundesland zu Bundesland unterschiedlich sein können. Es ist daher empfehlenswert, sich über die spezifischen Anforderungen des GEG in der jeweiligen Region zu informieren.

Aufbau des Gebäudeenergiegesetz (GEG)

Das Gebäudeenergiegesetz (GEG) ist in mehrere Teile gegliedert, die unterschiedliche Aspekte des Energiebedarfs und der Energieeffizienz von Gebäuden regeln. Im Folgenden sind die wichtigsten Teile des GEG aufgeführt und kurz beschrieben:

Teil 1
Allgemeiner Teil (§ 1bis § 9)
In diesem Teil werden die allgemeinen Ziele und Anforderungen des GEG beschrieben, die Begriffsbestimmungen, der Grundsatz der Wirtschaftlichkeit, die Regeln der Technik, usw.

Teil 2
Anforderungen an zu errichtende Gebäude (§ 10 bis § 45)
Dieser Teil gliedert sich in seinen Abschnitten in einen allgemeinen Teil (hier wird Grundlegendes wie der Mindestwärmeschutz, Wärmebrücken,

Dichtheit und sommerlicher Wärmeschutz behandelt), den Jahres-Primärenergiebedarf und baulichen Wärmeschutz, die Berechnungsgrundlagen und Nutzung der erneuerbaren Energien zum Wärme- und Kälteschutz.

Teil 3
Bestehende Gebäude (§ 46 bis § 56)
In diesem Teil sind die Anforderungen an bestehende Gebäude sowie die Nutzung erneuerbarer Energien zur Wärmeerzeugung bei bestehenden öffentlichen Gebäuden geregelt.

Teil 4
Anlagen der Heizungs-, Kühl- und Raumlufttechnik sowie der Wasserversorgung (§ 57 bis § 78)
Hier sind die Anforderungen an Anlagen geregelt, wie die Aufrechterhaltung der Qualität bestehender Anlagen, deren Einbau und Ersatz, sowie die energetische Inspektion von Klimaanlagen.

Teil 5
Energieausweis (§ 79 bis § 88)
Dieser Abschnitt des Gesetzes enthält die Grundsätze des Energieausweises, regelt die Ausstellung und Verwendung, erläutert den Energiebedarfsausweis und Energieverbrauchsausweis sowie alle inhaltlichen Angaben des Ausweises.

Jeder Verkäufer oder Vermieter eines Gebäudes ist verpflichtet, einen Energieausweis vorzulegen, wenn er das Gebäude verkaufen oder vermieten möchte. Der Energieausweis muss eine Bewertung des Energieverbrauchs des Gebäudes und eine Prognose für die zukünftigen Energiekosten enthalten.

Teil 6
Finanzielle Förderung der Nutzung erneuerbarer Energien für die Erzeugung von Wärme oder Kälte und von Energieeffizienzmaßnahmen (§ 89 bis § 91)
Hier werden die geförderten Maßnahmen und deren Anforderungen geregelt.

Teil 7
Vollzug (§ 92 bis § 103)
Er legt die Verantwortungen und Befugnisse der zuständigen Behörden fest, die für die Überwachung und Durchsetzung der Vorschriften des GEG zuständig sind.

Teil 8
Besondere Gebäude, Bußgeldvorschriften, Anschluss- und Benutzungszwang (§ 104 bis § 109)
Dieser Teil regelt neben den Vorschriften für besondere Gebäude wie z. B. Baudenkmäler, auch die Durchführung von Überprüfungen und Inspektionen sowie die Verhängung von Sanktionen und Strafen bei Verstößen gegen die Vorschriften des GEG.

Teil 9
Übergangsvorschriften (§ 110 bis § 114)
Der Teil 9 des Gebäudeenergiegesetzes (GEG) beinhaltet Übergangsvorschriften, d. h. Regelungen, die für einen bestimmten Zeitraum gelten, bis die Vorschriften des Gesetzes vollständig in Kraft treten. Er enthält auch

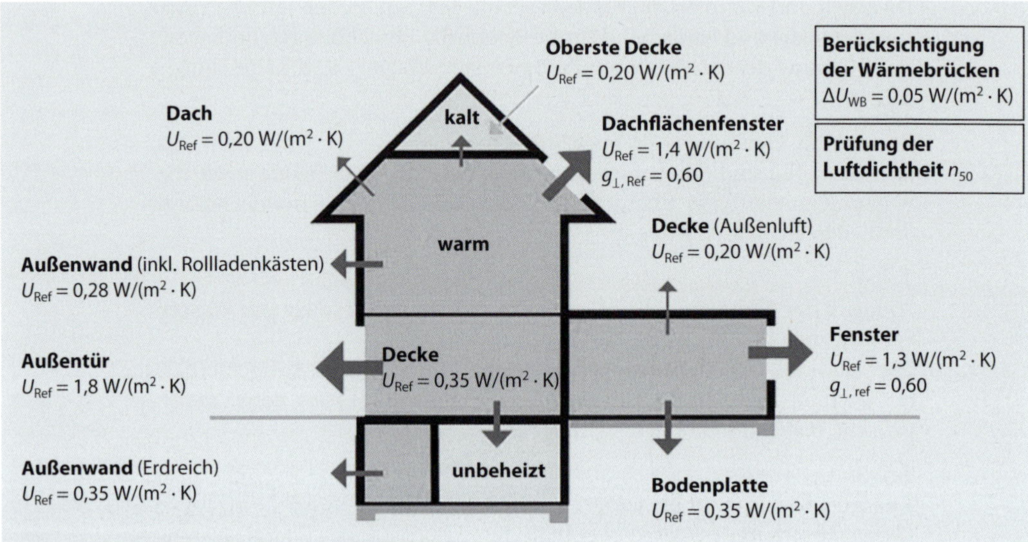

Abb. 1.7: Beispieldarstellung für ein Referenzgebäude mit den Anforderungen an die Bauteile und Anlagen (vgl. auch Tabelle 1.1)

Bestimmungen über den Übergang von früheren Regelungen zu den Vorschriften des GEG und klärt ab, wie mit bereits vorhandenen Energieausweisen umgegangen werden soll.

Zu errichtende Wohngebäude sind so auszuführen, dass

- der **Jahresprimärenergiebedarf Q_p** (jährliche Energiemenge, die zusätzlich zum Energieinhalt des Brennstoffes [Öl, Gas, Kohle] und der Hilfsenergien für die Anlagentechnik auch die Energiemenge für Gewinnung, Umwandlung und Verteilung der Brennstoffe einbezieht) für Heizung, Warmwasserbereitung, Lüftung und Kühlung den Wert des Jahresprimärenergiebedarfs eines **Referenzgebäudes** (siehe Abb. 1.7) gleicher Geometrie, Gebäudenutzfläche und Ausrichtung mit der in Tabelle 1 Anlage 1 GEG (vgl. Tabelle 1.1) angegebenen technischen Referenzausführung nicht überschreitet,
- die zulässigen Höchstwerte des spezifischen, auf die wärmeübertragende Umfassungsfläche (Gebäudehülle) bezogenen **Transmissionswärmeverlusts H'_T** (verlorene Energie eines Hauses beim Wärmedurchgang durch Außenwände, Dachflächen, Fenster, Bodenplatte oder Kellerdecke) nach Anlage 1 Nr. 1.2 GEG (vgl. Tabelle 1.2) nicht überschritten werden.

Das heißt, es ist durch den Aufsteller des Wärmeschutznachweises der Nachweis zu erbringen,

- dass der tatsächliche Jahresprimärenergiebedarf Q_p des geplanten Gebäudes kleiner/gleich dem Jahresprimärenergiebedarf des anhand der Referenzwerte aus Tabelle 1.1 berechneten Wertes ist ($Q_{p,geplant} \leq Q_{p,Referenz}$) und
- dass der tatsächliche Transmissionswärmeverlust (H'_T) des geplanten Gebäudes kleiner/gleich dem Transmissionswärmeverlust des anhand der Tabelle 1.2 ermittelten Wertes ist ($H'_{T,geplant} \leq H'_{T,zulässig}$).

Bei der Berechnung des Q_p für das Referenzgebäude werden für die in Tabelle 1.1 aufgelisteten Bauteile, z. B. Außenwand gegen Erdreich, Dach, Fenster, die Werte, z. B. Wärmedurchgangskoeffizient $U = 0{,}20\ W/(m^2 \cdot K)$ für das Dach, aus der entsprechenden Zeile im Rechenprogramm eingetragen. Auch die Vorgaben, dass z. B. keine Sonnenschutzvorrichtung (vgl. Tabelle 1.1, Nummer 5) bzw. keine Kühlung (vgl. Tabelle 1.1, Nummer 8) für die Berechnung des Referenzgebäudes anzusetzen sind, berücksichtigt der Aufsteller des Nachweises. Die Vorgaben aus den Tabellen sind bindend.

Tabelle 1.1: Technische Ausführung des Referenzgebäudes (Wohngebäude) nach Anlage 1 GEG – Einzelnorm

Nummer	Bauteile/Systeme	Referenzausführung/Wert (Maßeinheit)	
		Eigenschaft (zu den Nummern 1.1 bis 4)	
1.1	Außenwand (einschließlich Einbauten, wie Rollladenkästen), Geschossdecke gegen Außenluft	Wärmedurchgangskoeffizient	$U = 0{,}28\ W/(m^2 \cdot K)$
1.2	Außenwand gegen Erdreich, Bodenplatte, Wände und Decken zu unbeheizten Räumen	Wärmedurchgangskoeffizient	$U = 0{,}35\ W/(m^2 \cdot K)$
1.3	Dach, oberste Geschossdecke, Wände zu Abseiten	Wärmedurchgangskoeffizient	$U = 0{,}20\ W/(m^2 \cdot K)$
1.4	Fenster, Fenstertüren	Wärmedurchgangskoeffizient	$U_W = 1{,}3\ W/(m^2 \cdot K)$
		Gesamtenergiedurchlassgrad der Verglasung	Bei Berechnung nach • DIN V 4108-6: 2003-06: $g_\perp = 0{,}60$ • DIN V 18599-2: 2018-09: $g = 0{,}60$
1.5	Dachflächenfenster, Glasdächer und Lichtbänder	Wärmedurchgangskoeffizient	$U_W = 1{,}4\ W/(m^2 \cdot K)$
		Gesamtenergiedurchlassgrad der Verglasung	Bei Berechnung nach • DIN V 4108-6: 2003-06: $g_\perp = 0{,}60$ • DIN V 18599-2: 2018-09: $g = 0{,}60$
1.6	Lichtkuppeln	Wärmedurchgangskoeffizient	$U_W = 2{,}7\ W/(m^2 \cdot K)$
		Gesamtenergiedurchlassgrad der Verglasung	Bei Berechnung nach • DIN V 4108-6: 2003-06: $g_\perp = 0{,}64$ • DIN V 18599-2: 2018-09: $g = 0{,}64$
1.7	Außentüren; Türen gegen unbeheizte Räume	Wärmedurchgangskoeffizient	$U = 1{,}8\ W/(m^2 \cdot K)$
2	Bauteile nach den Nummern 1.1 bis 1.7	Wärmebrückenzuschlag	$\Delta U_{WB} = 0{,}05\ W/(m^2 \cdot K)$
3	Solare Wärmegewinne über opake Bauteile	wie das zu errichtende Gebäude	

Tabelle 1.1: Fortsetzung

Nummer	Bauteile/Systeme	Referenzausführung/Wert (Maßeinheit)	
		Eigenschaft (zu den Nummern 1.1 bis 4)	
4	Luftdichtheit der Gebäudehülle	Bemessungswert n_{50}	Bei Berechnung nach • DIN V 4108-6: 2003-06: mit Dichtheitsprüfung • DIN V 18599-2: 2018-09: nach Kategorie I
5	Sonnenschutzvorrichtung	keine Sonnenschutzvorrichtung	
6	Heizungsanlage	• Wärmeerzeugung durch Brennwertkessel (verbessert, bei der Berechnung nach § 20 Absatz 1 nach 1994), Erdgas, Aufstellung: – für Gebäude bis zu 500 m² Gebäudenutzfläche innerhalb der thermischen Hülle – für Gebäude mit mehr als 500 m² Gebäudenutzfläche außerhalb der thermischen Hülle • Auslegungstemperatur 55/45 °C, zentrales Verteilsystem innerhalb der wärmeübertragenden Umfassungsfläche, innen liegende Stränge und Anbindeleitungen, Standard-Leitungslängen nach DIN V 4701-10: 2003-08 Tabelle 5.3-2, Pumpe auf Bedarf ausgelegt (geregelt, Δp const), Rohrnetz ausschließlich statisch hydraulisch abgeglichen • Wärmeübergabe mit freien statischen Heizflächen, Anordnung an normaler Außenwand, Thermostatventile mit Proportionalbereich 1 K nach DIN V 4701-10: 2003-08 bzw. P-Regler (nicht zertifiziert) nach DIN V 18599-5: 2018-09	
7	Anlage zur Warmwasserbereitung	• zentrale Warmwasserbereitung • gemeinsame Wärmebereitung mit Heizungsanlage nach Nummer 6 • bei Berechnung nach § 20 Absatz 1: allgemeine Randbedingungen gemäß DIN V 18599-8: 2018- 09 Tabelle 6, Solaranlage mit Flachkollektor nach 1998 sowie Speicher ausgelegt gemäß DIN V 18599-8: 2018-09 Abschnitt 6.4.3 • bei Berechnung nach § 20 Absatz 2: Solaranlage mit Flachkollektor zur ausschließlichen Trinkwassererwärmung entsprechend den Vorgaben nach DIN V 4701-10: 2003-08 Tabelle 5.1-10 mit Speicher, indirekt beheizt (stehend), gleiche Aufstellung wie Wärmeerzeuger, – kleine Solaranlage bei $A_N \leq 500$ m² (bivalenter Solarspeicher) – große Solaranlage bei $A_N > 500$ m² • Verteilsystem mit Zirkulation, innerhalb der wärmeübertragenden Umfassungsfläche, innen liegende Stränge, gemeinsame Installationswand, Standard- Leitungslängen nach DIN V 4701-10: 2003-08 Tabelle 5.1-2	
8	Kühlung	keine Kühlung	
9	Lüftung	zentrale Abluftanlage mit Außenwandluftdurchlässen (ALD), nicht bedarfsgeführt mit geregeltem DC-Ventilator, • DIN V 4701: 2003-08: Anlagen-Luftwechsel $n_A = 0{,}4\ h^{-1}$ • DIN-V 18599-10: 2018-09: nutzungsbedingter Mindestaußenluftwechsel n_{Nutz}: 0,5 $^{h-1}$	
10	Gebäudeautomation	Klasse C nach DIN V 18599-11: 2018-09	

Tabelle 1.2: Höchstwerte des spezifischen, auf die wärmeübertragende Umfassungsfläche bezogenen Transmissionswärmeverlusts nach GEG, Anlage 1, Tabelle 2

Gebäudetyp		**Höchstwert des spezifischen Transmissionswärmeverlusts**
frei stehendes Wohngebäude	mit Nutzfläche $A_N \leq 350$ m²	$H'_T = 0{,}40$ W/(m² · K)
	mit Nutzfläche $A_N > 350$ m²	$H'_T = 0{,}50$ W/(m² · K)
einseitig angebautes Wohngebäude		$H'_T = 0{,}45$ W/(m² · K)
alle anderen Wohngebäude		$H'_T = 0{,}65$ W/(m² · K)

Berechnungsverfahren, Nachweise

Ob und welcher Nachweis nach dem GEG zu führen ist, hängt u. a. davon ab, ob ein neues Gebäude errichtet oder ein bestehendes verändert werden soll:

- Für Neubauten mit normalen Innentemperaturen (> 19 °C) gelten die o. g. Anforderungen. Für Neubauten mit niedrigen Innentemperaturen (< 19 °C) oder kleinen Gebäudevolumen (< 100 m³) gelten geringere Anforderungen und vereinfachte Nachweisverfahren.
- Für Änderungen in Bestandsgebäuden sind in Abhängigkeit des Umfangs der Maßnahmen entweder die geforderten Wärmedurchgangskoeffizienten (*U*-Werte) einzuhalten (Bauteilverfahren) oder die Höchstwerte des Jahresprimärenergiebedarfs des ganzen Gebäudes nachzuweisen (Bilanzverfahren). Sie dürfen um bis zu 40 % über den Grenzwerten für Neubauten liegen.
- Bei Erweiterungen der beheizten Nutzfläche um mehr als 50 m² gelten für den neuen Gebäudeteil die Anforderungen an Neubauten.

Weitere Anforderungen

Das GEG stellt weiterhin Anforderungen an

- den sommerlichen Wärmeschutz,
- die Dichtheit der Gebäudehülle,
- den Mindestluftwechsel,
- den Mindestwärmeschutz,
- die Inbetriebnahme von Heizkesseln und sonstigen Wärmeerzeugersystemen,
- die Wärmedämmung von Rohrleitungen und Armaturen.

Energieausweis

Der Energieausweis gibt in durch die Verordnung vorgegebener Form Auskunft über den Energiebedarf bzw. den Energieverbrauch eines Gebäudes (siehe auch Abb. 1.8). Anhand einer Grafik soll erkennbar sein, wie das Gebäude energetisch einzustufen ist. Weiterhin sollen Maßnahmen empfohlen werden, die den Energiebedarf senken können.

Er ist u. a. auszustellen, wenn

- ein Gebäude neu errichtet wird,
- an einem Gebäude Änderungen an der Gebäudehülle vorgenommen werden, wenn die Fläche der geänderten Bauteile mehr als 10 % der gesamten jeweiligen Bauteilfläche (z. B. der Fenster) des Gebäudes betrifft,
- die Nutzfläche der beheizten oder gekühlten Räume eines Gebäudes um mehr als die Hälfte erweitert wird,
- das Gebäude, eine Wohnung oder selbstständige Nutzungseinheit verkauft, verpachtet oder vermietet wird.

Energieausweise sind für eine Gültigkeitsdauer von 10 Jahren auszustellen, jedoch verlieren sie unabhängig davon ihre Gültigkeit, wenn eine der o. g. Veränderungen eintritt.

ENERGIEAUSWEIS für Wohngebäude

gemäß den §§ 79 ff. Gebäudeenergiegesetz (GEG) vom [1] 2020

Gültig bis: Registriernummer: 1

Gebäude

Gebäudetyp	Einfamilienhaus	Gebäudefoto (freiwillig)
Adresse	Musterstraße 100, 10000 Musterstadt	
Gebäudeteil [2]		
Baujahr Gebäude [3]	2022	
Baujahr Wärmeerzeuger [3,4]	2022	
Anzahl der Wohnungen		
Gebäudenutzfläche (A_N)	☐ nach § 82 GEG aus der Wohnfläche ermittelt	
Wesentliche Energieträger für Heizung [3]		
Wesentliche Energieträger für Warmwasser [3]		
Erneuerbare Energien	Art: Solare Strahlungsenergie	Verwendung:
Art der Lüftung [3]	☐ Fensterlüftung ☐ Schachtlüftung	☒ Lüftungsanlage mit Wärmerückgewinnung ☐ Lüftungsanlage ohne Wärmerückgewinnung
Art der Kühlung [3]	☐ Passive Kühlung ☐ Gelieferte Kälte	☐ Kühlung aus Strom ☐ Kühlung aus Wärme
Inspektionspflichtige Klimaanlagen [5]	Anzahl:	Nächstes Fälligkeitsdatum der Inspektion:
Anlass der Ausstellung des Energieausweises	☒ Neubau ☐ Vermietung/Verkauf	☐ Modernisierung (Änderung/Erweiterung) ☐ Sonstiges (freiwillig)

Hinweise zu den Angaben über die energetische Qualität des Gebäudes

Die energetische Qualität eines Gebäudes kann durch die Berechnung des **Energiebedarfs** unter Annahme von standardisierten Randbedingungen oder durch die Auswertung des **Energieverbrauchs** ermittelt werden. Als Bezugsfläche dient die energetische Gebäudenutzfläche nach dem GEG, die sich in der Regel von den allgemeinen Wohnflächenangaben unterscheidet. Die angegebenen Vergleichswerte sollen überschlägige Vergleiche ermöglichen **(Erläuterungen – siehe Seite 5)**. Teil des Energieausweises sind die Modernisierungsempfehlungen (Seite 4).

☒ Der Energieausweis wurde auf der Grundlage von Berechnungen des **Energiebedarfs** erstellt (Energiebedarfsausweis). Die Ergebnisse sind auf **Seite 2** dargestellt. Zusätzliche Informationen zum Verbrauch sind freiwillig.

☐ Der Energieausweis wurde auf der Grundlage von Auswertungen des **Energieverbrauchs** erstellt (Energieverbrauchsausweis). Die Ergebnisse sind auf **Seite 3** dargestellt.

Datenerhebung Bedarf/Verbrauch durch ☐ Eigentümer ☒ Aussteller

☐ Dem Energieausweis sind zusätzliche Informationen zur energetischen Qualität beigefügt (freiwillige Angabe).

Hinweise zur Verwendung des Energieausweises

Energieausweise dienen ausschließlich der Information. Die Angaben im Energieausweis beziehen sich auf das gesamte Gebäude oder den oben bezeichneten Gebäudeteil. Der Energieausweis ist lediglich dafür gedacht, einen überschlägigen Vergleich von Gebäuden zu ermöglichen.

Aussteller (mit Anschrift und Berufsbezeichnung)	Unterschrift des Ausstellers
Musteringenieur	Ausstellungsdatum 16.01.2023

[1] Datum des angewendeten GEG, gegebenenfalls des angewendeten Änderungsgesetzes zum GEG
[2] nur im Fall des § 79 Absatz 2 Satz 2 GEG einzutragen
[3] Mehrfachangaben möglich
[4] bei Wärmenetzen Baujahr der Übergabestation
[5] Klimaanlagen oder kombinierte Lüftungs- und Klimaanlagen im Sinne des § 74 GEG

Abb. 1.8: Ausschnitt aus dem Energieausweis des Musterprojektes (vgl. vollständigen Energieausweis im Anhang, Kapitel 11.23)

Der Bauherr hat sicherzustellen, dass ihm selbst, wenn er zugleich Eigentümer des Gebäudes ist, bzw. dem neuen Eigentümer des Gebäudes ein Energieausweis ausgestellt wird. Verstöße gegen bestimmte Neu- und Altbauanforderungen des GEG und die Bereitstellung und Verwendung falscher Daten beim Energieausweis werden als Ordnungswidrigkeit geahndet.

Fachleute

Die durch das GEG geforderten Berechnungen und Nachweise werden beispielsweise durch den staatlich anerkannten Sachverständigen für Wärmeschutz (siehe Kapitel 3.6.3) in Abstimmung mit dem Fachingenieur für Technische Gebäudeausrüstung (siehe Kapitel 3.6.2) und dem Architekten bereits in einer frühen Planungsphase erstellt. Erfahrungsgemäß werden mit zunehmender Planungstiefe die Parameter immer wieder angepasst (z. B. Verändern der Dämmstoffdicke, Fensterqualität, Solarfläche, Fußbodenheizung statt Heizkörper, Lüftungsanlage mit Wärmerückgewinnung statt ohne) und münden zuletzt im Wärmeschutznachweis, welcher der genehmigenden Behörde spätestens bei Baubeginn vorzulegen ist.

1.4 Allgemein anerkannte Regeln der Technik, Regelwerke

1.4.1 Allgemein anerkannte Regeln der Technik

Es existiert eine Vielzahl technischer Regelwerke im Baubereich. Die Ermittlung der allgemein anerkannten Regeln der Technik (abgekürzt a. a. R. d. T.) kann dabei für die Anwender durchaus problematisch sein.

Nach einer Entscheidung des BGH sind DIN-Normen private technische Regelungen mit Empfehlungscharakter und können deshalb die allgemein anerkannten Regeln der Technik nicht verbindlich bestimmen. Sie können diese zwar wiedergeben, aber auch dahinter zurückbleiben.

Es gibt keine Legaldefinition der allgemein anerkannten Regeln der Technik. Das Bundesverwaltungsgericht (BVerwG) beschreibt den Begriff wie folgt: „Anerkannte technische Regeln sind diejenigen Prinzipien und Lösungen, die in der Praxis erprobt und bewährt sind und sich bei der Mehrheit der Praktiker durchgesetzt haben". (BVerwG, BauR 1997, Seite 291). Darüber hinaus muss eine technische Regel in der Wissenschaft als theoretisch richtig gelten. Dem zufolge ist stets eine Anerkennung in Theorie und Praxis erforderlich.

Die Normen geben im Allgemeinen den Mindeststandard vor, also die Qualität, die ein Bauteil mindestens zu erfüllen hat. Von diesem Mindeststandard darf nur in begründeten Fällen (zur schlechteren Qualität hin) abgewichen werden. Die Beweislast für die Gleichwertigkeit der Abweichung gegenüber der Norm oder der Fachregel trägt der Verarbeiter. Sofern keine anderslautende vertragliche Regelung geschlossen wurde, gelten zunächst die Inhalte der Normen und Fachregeln als Mindeststandard.

Die Verarbeitungshinweise und Verlegeanleitungen des Herstellers eines Bauproduktes geben immer die spezielle Ausführungsart für das spezielle Produkt vor. Sie regeln produktspezifische Details und Verfahrensweisen, die auf Grundlage von Materialprüfungen und aufgrund der Erfahrungen mit dem jeweiligen Produkt entstanden sind.

Der Hersteller eines Bauproduktes macht in seiner Verarbeitungsrichtlinie klare Vorgaben, die der Verarbeiter mindestens einzuhalten hat.

Etwaige Toleranzen bei der Ausführung hat der Verarbeiter durch einen Zuschlag zu berücksichtigen, sodass das Mindestsoll erfüllt wird.

Jedoch geben Herstellerrichtlinien häufig keine umfassende Darstellung der allgemein anerkannten Regeln der Technik wieder, weil diese auf das Absatzverhältnis zwischen Hersteller und Auftragnehmer und nicht auf das meist entscheidungsrelevante Verhältnis zwischen Auftraggeber und Auftragnehmer ausgelegt sind.

Bestimmte Branchen gehen zur Vermeidung des Anscheins einer Herstellerrichtlinie dazu über, Herstellervereine als Herausgeber für Merkblätter, Richtlinien oder Regelwerke zu gründen.

Abzuraten ist in jedem Fall davon, alle schriftlichen Regelwerke kritiklos mit den allgemein anerkannten Regeln der Technik. gleichzusetzen.

Besteht keine tatsächliche Vermutung für die Beschreibung der allgemein anerkannten Regeln der Technik durch ein Regelwerk, sind die ungeschriebenen allgemein anerkannten Regeln der Technik zu untersuchen.

Als Methoden zur Bestimmung der ungeschriebenen allgemein anerkannten Regeln der Technik ist insbesondere die Auseinandersetzung mit der Fachliteratur geboten.

Ebenso wurde die Übertragung der Regeln der Technik aus anderen verwandten Bereichen erwogen.

Gleichzeitig können selbstverständlich auch praktische Erfahrungen und Erfahrungen anderer Fachleute, z. B. Sachverständiger, verwertet werden.

1.4.2 DIN-Normen

DIN-Normen sind das Ergebnis nationaler, europäischer oder internationaler Normungsarbeit. Jeder kann die Erstellung einer Norm beantragen. Normen werden von Ausschüssen beim Deutschen Institut für Normung e. V. (DIN), bei den europäischen Normungsorganisationen CEN/CENELEC oder bei den internationalen Normungsorganisationen ISO/IEC nach festgelegten Grundsätzen, Verfahrens- und Gestaltungsregeln erarbeitet. Die Verfahrens- und Gestaltungsregeln für die nationale Normung sind in der Normenreihe DIN 820 definiert.

An der Ausschussarbeit können sich alle an der Normenerstellung interessierten Kreise beteiligen, beispielsweise Hersteller, Verbraucher, Handel, Hochschulen, Forschungsinstitute, Behörden oder Prüfinstitute. Diese entsenden ihre Experten in die DIN-Arbeitsgremien, die in Normenausschüssen nach Fachgebieten organisiert sind. Durch die Entsendung von Experten in europäische bzw. internationale Gremien werden die deutschen Interessen bei CEN/CENELEC und ISO/IEC vertreten. Die Mitarbeitenden von DIN organisieren die Normungsarbeit auf deutscher, europäischer und internationaler Ebene. Sie stellen die Einheitlichkeit und Widerspruchsfreiheit des Deutschen Normenwerkes sicher.

Normen entstehen im Konsens. Das bedeutet, die Experten verständigen sich unter Berücksichtigung des Standes der Technik auf eine gemeinsame Version der Inhalte, die versucht, alle Interessen der Beteiligten zu berücksichtigen und Gegenargumente auszuräumen.

DIN-Normen werden spätestens alle fünf Jahre auf Aktualität überprüft. Entspricht eine Norm nicht mehr dem Stand der Technik, so wird ihr Inhalt überarbeitet oder die Norm zurückgezogen.

Welchen Ursprung und damit welchen Wirkungsbereich eine DIN-Norm hat, ist aus deren Bezeichnung zu ersehen:

DIN (plus Zählnummer, z. B. DIN 1234)	Norm mit rein nationaler Bedeutung. Die Zählnummer hat keine klassifizierende Bedeutung.
DIN EN 1234	Deutsche Ausgabe einer Europäischen Norm, die unverändert von allen Mitgliedern der europäischen Normungsorganisationen CEN/CENELEC/ETSI übernommen wurde.
DIN EN ISO 1234 DIN EN IEC 61234	Deutsche Ausgabe einer Europäischen Norm, die mit einer Internationalen Norm identisch ist und die unverändert von allen Mitgliedern der europäischen Normungsorganisationen CEN/CENELEC/ETSI übernommen wurde.
DIN ISO, DIN IEC oder DIN ISO/IEC 1234	Unveränderte Übernahme einer Internationalen Norm in das Deutsche Normenwerk.

„Die Anwendung von DIN-Normen ist grundsätzlich freiwillig. Erst wenn Normen zum Inhalt von Verträgen werden oder wenn der Gesetzgeber ihre Einhaltung zwingend vorschreibt, z. B. bei bauaufsichtlich eingeführten Normen (Muster-Verwaltungsvorschrift Technische Baubestimmungen MVV TB). werden Normen bindend. Daneben helfen sie im Fall einer möglichen Haftung: Wer DIN-Normen – als anerkannte Regeln der Technik – anwendet, kann ein ordnungsgemäßes Verhalten einfacher nachweisen."

Für schriftliche technische Regelwerke besteht eine Vermutung dass sie allgemein anerkannte Regeln der Technik sind. Dazu zählen insbesondere Normen des Deutschen Instituts für Normung e.V. und ETB (einheitliche technische Baubestimmungen des Instituts für Bautechnik).

1.4.3 Technische Baubestimmungen (MVV TB)

Die allgemeinen Anforderungen an bauliche Anlagen und die Verwendung von Bauprodukten werden in den Landesbauordnungen geregelt. Bei Bedarf können diese allgemeinen Vorgaben durch Technische Baubestimmungen konkretisiert werden.

Das Deutsche Institut für Bautechnik (DIBt) macht im Auftrag der Länder die Muster-Verwaltungsvorschrift Technische Baubestimmungen (MVV TB) bekannt, die als Grundlage für die Umsetzung in Landesrecht dient. Es gilt der Grundsatz, dass nur solche Inhalte in die MVV TB als Technische Baubestimmungen aufgenommen werden, die zur Erfüllung der Anforderungen der Bauordnungen an bauliche Anlagen, Bauprodukte und andere Anlagen und Einrichtungen unerlässlich sind.

Die Technischen Baubestimmungen sind in vier Teile gegliedert:

A Technische Baubestimmungen, die bei der Erfüllung der Grundanforderungen an Bauwerke zu beachten sind.

Teil A gliedert sich nach den Grundanforderungen für Bauwerke gem. Anhang I der Europäischen Bauproduktenverordnung (EU-BauPVO) wie folgt:

A 1 - Mechanische Festigkeit und Standsicherheit,

A 2 - Brandschutz,

A 3 - Hygiene, Gesundheit und Umweltschutz,

A 4 - Sicherheit und Barrierefreiheit bei der Nutzung,

A 5 - Schallschutz und

A 6 - Wärmeschutz.

B Technische Baubestimmungen für Bauteile und Sonderkonstruktionen, die zusätzlich zu den in Teil A aufgeführten Technischen Baubestimmungen zu beachten sind

C Technische Baubestimmungen für Bauprodukte, die nicht die CE-Kennzeichnung tragen, und für Bauarten

D Bauprodukte, die keines Verwendbarkeitsnachweises bedürfen.

Zu weitergehenden Informationen siehe https://www.dibt.de/de/service/bekanntmachungen

1.5 Bauen im Bestand

Dem Bauen im Bestand kommt eine immer größere Bedeutung zu. Das stärkere Bewusstsein dafür, alte Substanz zu erhalten, die Knappheit an bebaubaren Grundstücken in den Städten und nicht zuletzt die Wirtschaftlichkeit beim Schaffen und Erhalten von Wohn-, Arbeits- und Wirtschaftsraum lassen die Eigentümer und Investoren von Immobilien immer häufiger eine Entscheidung für einen Umbau, eine Modernisierung, Sanierung, Aufstockung usw. treffen.

1.5.1 Begriffsbestimmung

Umbau, Sanierung und Modernisierung sind zwar häufig verwendete Begriffe. Ihre genaue Bedeutung ist jedoch keineswegs klar geregelt. Die Abgrenzung zu Begriffen wie Renovierung oder Instandsetzung ist im Allgemeinen unklar. Durch Gesetze, Normen sowie die Interpretation dieser Begriffe seitens der Gerichte kommt man zu folgender Differenzierung:

- **Wiederaufbauten** sind Objekte, bei denen die zerstörten Teile auf noch vorhandenen Bau- oder Anlagenteilen wiederhergestellt werden. Wiederaufbauten gelten als Neubauten, sofern eine neue Planung erforderlich ist (nach § 2 Nr. 3 HOAI).
- **Erweiterungsbauten** sind Ergänzungen eines vorhandenen Objekts (nach § 2 Nr. 4 HOAI).
- **Umbauten** sind Umgestaltungen eines vorhandenen Objekts mit wesentlichen Eingriffen in Konstruktion oder Bestand (nach § 2 Nr. 5 HOAI).

- **Modernisierungen** sind bauliche Maßnahmen zur nachhaltigen Erhöhung des Gebrauchswertes eines Objekts, soweit es sich nicht um Erweiterungen, Umbauten oder Instandsetzungen handelt (nach § 2 Nr. 6 HOAI).
- **Instandsetzungen** sind Maßnahmen zur Wiederherstellung des zum bestimmungsgemäßen Gebrauch geeigneten Zustandes (Sollzustandes) eines Objekts, soweit es sich nicht um Wiederaufbauten nach § 2 Nr. 3 HOAI handelt (nach § 2 Nr. 8 HOAI).
- **Instandhaltungen** sind Maßnahmen zur Erhaltung des Sollzustandes eines Objekts (nach § 2 Nr. 9 HOAI).

Die Differenzierung nach den Definitionen der HOAI (siehe auch Kapitel 1.8) sollten allein schon wegen ihrer unterschiedlichen Honorierung (siehe auch Kapitel 1.5.2) der Leistung bei der Beauftragung und den vertraglichen Vereinbarungen beachtet werden.

1.5.2 Honorierung von Leistungen im Bestand gemäß HOAI

Die Honorierung von Leistungen im Bestand können in Abhängigkeit vom Schwierigkeitsgrad mit einem Zuschlag versehen werden.

Dies wird gesondert behandelt:
- für **Umbauten und Modernisierungen** in § 6 Abs. 2 HOAI und § 36 HOAI
- für **Instandsetzungen und Instandhaltungen** in § 12 HOAI

1.5.3 Vertragsgestaltung

Die Vertragsgestaltung zwischen dem Bauherrn und den Planern bei Maßnahmen im Bestand ist nicht selten mit einigen rechtlichen Komplikationen verbunden, auf die hier nicht im Einzelnen eingegangen werden kann. Die genaue Verwendung der in Kapitel 1.5.1 angeführten Begriffe genügt jedoch in der Regel nicht, um die Leistungen und Qualitäten, die dem Bauherrn geschuldet werden, hinreichend zu beschreiben. Daher kann nur empfohlen werden, pauschale Leistungsbegriffe gegen detaillierte Beschreibungen der vom Planer zu erbringenden Leistung zu ersetzen (siehe Kapitel 2.11.2). Es gilt beispielsweise beim Verkauf eines modernisierten Gebäudes für die Altbausubstanz und für neu erstellte Bauteile unterschiedliches Vertragsrecht. Unterliegen Neubauten dem Werkvertragsrecht, ist auf unveränderte Altbausubstanz das Kaufvertragsrecht anzuwenden. Es ergeben sich daraus unterschiedliche Anforderungen an die zu erbringende Leistung und unterschiedliche Mängelansprüche. Es ist daher sehr anzuraten, solche Verträge unter Mitwirkung eines Juristen aufzustellen und abzuschließen.

1.5.4 Baurecht

Die Frage, ob für ein Vorhaben ein Bauantrag zu stellen ist oder ob es frei von Auflagen durchgeführt werden kann, ist durch die jeweilige Landesbauordnung geregelt. In Abhängigkeit der Art, der Nutzung, des Bauvolumens oder der Höhe des bestehenden Gebäudes sowie der Art und des Umfangs des geplanten Eingriffs in die vorhandene Gebäudesubstanz kann das Bauvorhaben nach § 63 BauO NRW genehmigungsbedürftig oder nach den §§ 65 bis 67 BauO NRW genehmigungsfrei sein bzw. gemäß § 68 BauO NRW über ein vereinfachtes Genehmigungsverfahren durchgeführt werden. Für die Erstellung der Bauvorlagen und das Genehmigungsverfahren gibt es einige Ausnahmeregelungen und Befreiungen (siehe Kapitel 4.3).

Wann eine bestehende bauliche Anlage Bestandsschutz genießt, hängt nicht – wie oft angenommen wird – von ihrem Alter ab. Ein Bestandsschutz besteht nur dann, wenn das Bauwerk bereits einmal genehmigt wurde – oder zumindest genehmigungsfähig war. Bei Vorliegen einer dieser Voraussetzungen darf die bauliche Anlage weiterhin bestehen bleiben und genutzt werden, auch wenn sie mit aktuellen Normen und Vorschriften nicht vereinbar ist. Der Bestandsschutz ist jedoch immer dann gefährdet, wenn das Gebäude durch die geplanten Maßnahmen derart verändert wird, dass es seine Identität zu verlieren droht. Dies kann im Extremfall zur Aufhebung des Bestandsschutzes und ggf. zur Abbruchverfügung des gesamten Gebäudes führen. Um eine gewisse Rechtssicherheit für die weitere Planung zu haben, kann es bei umfangreicheren Eingriffen in den Bestand daher nur im Interesse des Architekten und somit auch des Bauherrn sein, Art und Umfang der geplanten Maßnahmen verbindlich (schriftlich) mit den Genehmigungsbehörden abzustimmen oder eine Bauvoranfrage (siehe Kapitel 2.10.3) zu stellen.

1.5.5 Denkmalschutz

Baudenkmäler sind Kulturgüter und daher ist in den Landesgesetzen entsprechend geregelt, was ein Baudenkmal ist. Sie dürfen nur mit Erlaubnis der zuständigen Denkmalbehörde verändert oder beseitigt werden. Die Baubehörde gibt Auskunft darüber, ob das Gebäude oder Teile davon dem Denkmalschutz unterliegen oder nicht. Liegt eine Beteiligung der Denkmalbehörde am Baugenehmigungsverfahren vor, sollte sie bereits bei der Bestandserfassung eines Objektes durch den Architekten einbezogen werden, da z. B. bei Maßnahmen der Instandsetzung oder Erneuerung spezifische Erfassungsmethoden gefordert werden können. Häufig geht es nur um die Erhaltung von Fassaden, oft auch nur um diejenigen, die von der Straße aus sichtbar sind, seltener um die Erhaltung eines ganzen Gebäudes.

1.5.6 Bestandsaufnahme

Bei der Planung eines Neubaus werden Raumstrukturen mit modernen Materialien entworfen, denen die Tragwerksplanung in der Regel folgt. Beim Umbau ist das Tragsystem vorgegeben, die Bausubstanz vorhanden. Der Entwurf der Änderungen muss diesen Vorgaben – mehr oder weniger eng – folgen. Eine Bauzustandsanalyse, in der alle vorhandenen Parameter in Listen, Fotos und Skizzen aufgenommen werden, sowie Bestandspläne dienen den Planern als Grundlage für ihre weiteren Schritte. Pläne aus der Bauzeit bzw. aus früheren Baumaßnahmen (Nutzungsänderung, Umbau) erhält man vom Eigentümer, Architekten, Fachplaner, vom Archiv des Bauamtes oder von beteiligten Firmen.

Als wichtiges Instrument der Bestandserfassung haben sich Checklisten etabliert, die jeweils auf ein Bauteil bezogen die wichtigsten zu ermittelnden bzw. zu untersuchenden Parameter aufführen und mögliche Maßnahmen und Kosten abfragen (vgl. Linhardt, 2008; siehe Kapitel 1.5.7 und 1.5.8).

Eine umfassende und präzise Beurteilung des Zustandes der Bausubstanz ist z. B. nötig, um eine Weiternutzung von Bauteilen auszuschließen, die bei näherer Untersuchung eher einer Erneuerung bedürfen. Dafür muss der beauftragte Architekt als Berater des Bauherrn und fachlicher Koordinator aller Fachplaner manchmal zur Überprüfung mehrere Fachleute hinzuziehen.

1.5.7 Checkliste zur Bestandsaufnahme von Außenwänden und Fassaden

Bauteil	Menge	Befund	Maßnahmen	Kosten (€)
Kellerwände	m²			
☐ Naturstein Dicke: cm		☐ durchfeuchtet	☐ austrocknen	
☐ Mauerwerk		☐ offene Fugen	☐ verfugen	
☐ Bauwerksabdichtung		☐ Salzausblühungen	☐ Putz entfernen	
☐ Beton		☐ Putzschäden	☐ verputzen	
☐		☐	☐ Anstrich	
		☐	☐	
Sockel	m²			
☐ Naturstein		☐ durchfeuchtet	☐ austrocknen	
☐ Mauerwerk		☐ offene Fugen	☐ verfugen	
☐ Beton		☐ Salzausblühungen	☐ Putz entfernen	
☐ Sockelputz		☐ Putzschäden	☐ verputzen	
☐ keramische Platten		☐	☐ Anstrich	
☐ Sockelabdichtung		☐	☐ Traufkante herstellen	
☐			☐	
Außenwand 1	m²			
☐ Sichtmauerwerk		☐ durchfeuchtet	☐ reinigen	
☐ Mauerwerk, Ziegel usw.		☐ offene Fugen	☐ austrocknen	
☐ Beton		☐ Salzausblühungen	☐ verfugen	
☐ Naturstein		☐ Steinschäden	☐ Steinausbesserung	
☐		☐ Risse	☐ Anstrich	
☐		☐	☐ Risse sanieren	
		☐	☐ verputzen	
		☐	☐	
Außenwand 2	m²			
☐ Putzfassade		☐ durchfeuchtet	☐ austrocknen	
☐ Mauerwerk, Ziegel usw.		☐ offene Fugen	☐ Risse sanieren	
☐ Beton		☐ Salzausblühungen	☐ Putz ausbessern	
☐ Naturstein		☐ Putzschäden	☐ Putz erneuern	
☐		☐ Risse	☐ Anstrich	
☐		☐	☐ Putz entfernen	
		☐	☐	
Außenwand 3	m²			
☐ keramische Platten		☐ offene Fugen	☐ Verfugung ausbessern	
☐ Faserzementplatten		☐ Salzausblühungen	☐ Verfugung erneuern	
☐ Fassadenplatten aus		☐ defekte Platten	☐ Platten erneuern	
☐		☐ Unterkonstruktion defekt	☐ Unterkonstruktion erneuern	
☐ Holzschalung		☐ Holzschäden	☐ Schalung erneuern	
☐		☐ Befestigung defekt	☐ Anstrich	
		☐ Anstrichmängel	☐	
		☐	☐	
Summe				

1.5.8 Checkliste zur Zusammenstellung der Bestandsaufnahme

Checkliste – Zusammenfassung der Bestandsaufnahmebezeichnung	Kosten nach Liste (€)	sonstige Kosten (€)	Summe Kosten (€)
Wärmedämmung			
Dach, Dachentwässerung			
Außenwände, Fassaden			
Fenster, Fenstertüren			
Innenwände, Innentüren			
Geschossdecken, Böden			
Sanitätsanlagen			
Heizungsanlagen			
Elektroinstallation			
Summen			

sonstige Maßnahmen	Beschreibung der Maßnahmen	Kosten (€)
Gesamtsumme		

1.5.9 Energetische Verbesserung

Energie für Heizung, Warmwasserbereitung und Kühlung ist teuer und es ist davon auszugehen, dass die Preise noch weiter steigen. Eine energetische Verbesserung des Gebäudes kann eine gute Investition sein, um bei selbst genutztem Wohneigentum die eigene Haushaltskasse langfristig zu entlasten. Jedoch auch für Vermieter können sich die Investitionen lohnen, wenn sich die Mieter ihre Wohnung oder ihr Haus auch anhand des aus dem Energieausweis ersichtlichen Energieverbrauchs auswählen.

Durch die Verbesserung der Wärmedämmung von Außenwänden, Wänden und Decken gegen unbeheizte Räume und der Wärmedämmung von Dächern sowie durch die Erneuerung oder Verbesserung von Fenstern, Außentüren, Anlagentechnik für Heizung, Kühlung und Warmwasserbereitung kann der Energieverbrauch eines Gebäudes deutlich gesenkt werden. Die Anforderungen des GEG an Bestandsgebäude werden in Kapitel 1.3 behandelt.

Der Unternehmer, der an oder in einem bestehenden Gebäude Arbeiten wie im Folgenden aufgelistet ausführt, hat dem Eigentümer nach Abschluss der Arbeiten schriftlich zu bestätigen, dass die von ihm geänderten oder eingebauten Bau- bzw. Anlagenteile den Anforderungen des GEG entsprechen (sog. Unternehmererklärung):

- bei Änderung von Außenbauteilen (z. B. Fenster, Wärmedämmung, Dach)
- bei Dämmung der obersten Geschossdecken
- beim erstmaligen Einbau oder Ersetzung von Heizkesseln und sonstigen Wärmeerzeugersystemen, Klimaanlagen oder sonstigen Anlagen der Raumlufttechnik

Mit der Unternehmererklärung wird die Erfüllung der Pflichten aus dem GEG nachgewiesen. Die Unternehmererklärung ist von dem Eigentümer mindestens 5 Jahre aufzubewahren. Der Eigentümer hat die Unternehmererklärungen der nach Landesrecht zuständigen Behörde auf Verlangen vorzulegen.

1.6 Erschließungen

1.6.1 Öffentliche Erschließung

Hierzu gehören die anteiligen Kosten aufgrund gesetzlicher Vorschriften und die aufgrund öffentlich-rechtlicher Verträge entstehenden Kosten, z. B. erstmalige Erstellung oder erstmaliger Ausbau öffentlicher Verkehrsflächen sowie die Herstellung oder Änderung gemeinschaftlich genutzter technischer Anlagen (Wasser, Wärme, Gas, Elektrizität).

1.6.2 Nicht öffentliche Erschließung

Hierzu gehören die Kosten für Verkehrsflächen und technische Anlagen, die ohne öffentlich-rechtliche Verpflichtungen angelegt, in den Gebrauch der Allgemeinheit gestellt und ergänzt werden, z. B. Privatstraßen eines Siedlungsgebietes.

Kosten für die Herstellung von Anlagen außerhalb des Bauwerkes, jedoch auf dem eigenen Grundstück, gehören zu den Außenanlagen (Anschluss vom Grundstück an die öffentliche bzw. nicht öffentliche Erschließung).

1.6.3 Erschließungskosten

Die Erschließungskosten können nicht allgemeingültig angegeben werden, da die einzelnen Kommunen (Städte und Gemeinden) und Versorgungsträger (RWE, RheinEnergie usw.) unterschiedliche Bemessungsgrenzen bzw. Erschließungssituationen haben. Die Erschließungskosten müssen für jedes Objekt im Einzelnen angefragt werden.

Beispiel

(Musterprojekt) für die Errechnung der Kosten:

Wasser:	=	2.500 €
Abwasser:	=	4.000 €
Strom:	=	2.250 €
Gas:	=	1.450 €
Telefon: keine Anschlusskosten	=	
Netto	=	10.200 €

Die Aufteilung in nicht öffentliche und öffentliche Erschließung fällt hier nicht an, da bei diesem Beispiel direkt an das öffentliche Netz angeschlossen werden kann.

1.7 Am Bau Beteiligte

Der Bauherr ist Laie und bedient sich gewöhnlich bei seinem Bauvorhaben entsprechender Fachleute. Im Einzelnen sind dies: Grundstücks- und Immobilienmakler, Vermessungsingenieur, Architekt, Tragwerksplaner (Statiker), Fachplaner für Technische Gebäudeausrüstung (Heizung, Lüftung, Sanitär, Elektro, Aufzug u. a.), Bodengutachter, Sachverständige für Schall- und Wärmeschutz (Bauphysiker), Sachverständige für Brandschutz usw. sowie die zuständigen Ämter.

Diese Fachleute und Ämter werden in diesem Kapitel sowie in den jeweiligen Kapiteln „Am Bau Beteiligte“ vorgestellt (siehe 2.11, 3.6, 4.11, 6.5 und 8.1 mit den jeweiligen Unterkapiteln).

Aufgrund der zunehmenden Komplexität der Bauvorhaben wegen sich ständig ändernder Vorgaben aus Gesetzen, Verordnungen, Normen, Merkblättern und anderen Regelwerken ist es erforderlich, sämtliche Planungsbeteiligte so früh wie möglich zusammenzubringen, um von Beginn an gemeinsam das anstehende Projekt umzusetzen. Dabei wird der das Projekt realisierende Bauherr und Auftraggeber zunächst einen Architekten beauftragen. Es ist daher bei allen Bauvorhaben sinnvoll, diesen so früh wie möglich einzubeziehen – ggf. schon vor der Kaufentscheidung für ein zu bebauendes Grundstück bzw. für eine Immobilie. Der Architekt berät den Bauherrn hinsichtlich des Zeitpunktes und der Auswahl der zu beauftragenden Fachleute und der zu beteiligenden Ämter. Er berät auch hinsichtlich der Notwendigkeit, einen Sachverständigen zur Beurteilung (z. B. der Altsubstanz) hinzuzuziehen.

Beispielsweise durch die aktuellen Vorgaben zur Energieeinsparung sind die Anforderungen an regenerative Energieerzeugung, sommerlichen und winterlichen Wärmeschutz, Elektromobilität usw. durch Fachplaner und Sachverständige aus den Bereichen Wärme-, Feuchte- und Schallschutz (Bauphysiker), Heizung-Klima-Lüftung-Sanitär, Elektrotechnik (Fachplaner Haustechnik), Bodenmechanik (Bodengutachter) so früh wie möglich in der Planungsphase zu klären, da sie z. B. immer größere Auswirkungen auf die Statik, die Konstruktion der wärmedämmenden Hülle, der Dachkonstruktion, den Platzbedarf für technische Einbauten und Leitungsführungen haben.

Nachfolgend wird ein Teil der zu Beginn der Planungsphase notwendigen Baubeteiligten kurz dargestellt.

1.7.1 Vermessungsingenieur

Der öffentlich bestellte Vermessungsingenieur ist als Organ des öffentlichen Vermessungswesens berufen, an den Aufgaben der Landvermessung mitzuwirken. Er kann im Rahmen dieser Berufsordnung auf allen Gebieten des Vermessungswesens tätig werden. Er darf neben den öffentlichen Vermessungsverwaltungen Katastervermessungen ausführen und vermessungstechnische Ermittlungen mit öffentlichem Glauben bekunden.

Aufgaben des Vermessungsingenieurs

- Erstellung und Lieferung des amtlichen Lageplanes als Grundlage für den zu erarbeitenden Entwurf
- Teilvermessungen, Verlegen von Grundstücksgrenzen, Grundstücksteilungen oder Grundstücksvereinigungen: örtliche Aufnahme entsprechend dem Vertragswillen der Eigentümer und Weiterleitung als anerkannte Messergebnisse an das Katasteramt, wo diese in einen amtlichen Nachweis übernommen werden
- Grobeinmessung, d. h. Angaben der Hauptbezugsachsen und Festlegung eines Höhenbezugspunktes als Grundlage zum Baugrubenaushub, ebenso Feinmessung, d. h. Übertragung von Bauwerksaußenkanten nach Lage und Höhe in die Baugrube, sodass das feine Schnurlot mit der Baugenehmigung übereinstimmt
- Sockelabnahme, d. h. Bescheinigung der Übereinstimmung von Lage und Höhe des Bauwerkes und der Genehmigung (Hier sollte vor dem Gießen der unteren Decke die Lage und Höhe des Bauwerkes gegenüber der Genehmigung überprüft werden, um eventuelle Fehler frühzeitig zu erkennen.)
- Grenzattest, d. h. Bescheinigung nach der Gebäudeeinmessung darüber, dass das Bauwerk die Grenzen nicht überschritten und damit die Rechte des Nachbarn nicht eingeengt hat

Verantwortung und Haftung des Vermessungsingenieurs

Als Behörde ist der Vermessungsingenieur nicht verantwortlich für die Angaben, die er vom Liegenschaftsamt erhält. Er ist verantwortlich für Eigenangaben und Tätigkeiten durch ihn oder sein Büro, z. B. ergänzende Messungen an Ort und Stelle, für deren Richtigkeit er haftet.

1.7.2 Bodengutachter

Der staatlich anerkannte Sachverständige für Bodenmechanik, Erd- und Grundbau – auch Bodengutachter – wird vom Bauherrn direkt beauftragt. Seine Leistungen werden in Anlage 1 (Beratungsleistungen) zu § 3 Abs. 1 HOAI behandelt (siehe Kapitel 1.8). Sein Honorar ist nicht verbindlich in der HOAI geregelt (siehe Kapitel 3.6.3) und kann frei vereinbart werden.

Die Leistungen Erd- und Grundbau werden erbracht, um die Wechselwirkung zwischen Baugrund und Bauwerk sowie seiner Umgebung zu erfassen, die für die Berechnung erforderlichen Bodenkennwerte, die für die Bauwerksabdichtung erforderliche Wassereinwirkung und den Bemessungswasserstand festzulegen.

Zu Leistungen des Bodengutachters können insbesondere gehören:

- Baugrundbeurteilung und Gründungsberatung für Flächen- und Pfahlgründungen als Grundlage für die Bemessung der Gründung durch den Tragwerksplaner
- Ausschreiben und Überwachen der Aufschlussarbeiten
- Durchführen von Labor- und Feldversuchen
- Beraten bei der Sicherung von Nachbarbauwerken
- Aufstellung von Setzungs-, Grundbruch- und anderen erdstatischen Berechnungen
- Untersuchungen zur Berücksichtigung dynamischer Beanspruchung bei der Bemessung des Bauwerks oder seiner Gründung
- Beratung bei Baumaßnahmen im Fels
- Abnahme von Gründungssohlen und Aushubsohlen
- allgemeine Beurteilung der Tragfähigkeit des Baugrundes und der Gründungsmöglichkeiten, die sich nicht auf ein bestimmtes Gebäude oder Ingenieurbauwerk beziehen

Die Baugrundbeurteilung und Gründungsberatung können folgende Leistungen für Gebäude und Ingenieurbauwerke umfassen:

- Klären der Aufgabenstellung, Ermittlung der Baugrundverhältnisse aufgrund der vorhandenen Unterlagen; Festlegen und Darstellen der erforderlichen Baugrunderkundungen (15 % des Honorars)
- Auswerten und Darstellen der Baugrunderkundungen sowie der Labor- und Feldversuche; Abschätzen des Schwankungsbereiches von Wasserständen im Boden; Baugrundbeurteilung; Festlegen der Bodenkennwerte (35 % des Honorars)
- Vorschlag für die Gründung mit Angabe der zulässigen Bodenpressungen in Abhängigkeit von den Fundamentabmessungen; Angabe der zu erwartenden Setzungen für die vom Tragwerksplaner im Rahmen der Entwurfsplanung nach § 49 HOAI zu erbringenden Grundleistungen; Hinweise zur

Herstellung und Trockenhaltung der Baugrube und des Bauwerks sowie zur Auswirkung der Baumaßnahme auf Nachbarbauwerke (50 % des Honorars).

1.7.3 Makler

Soll ein Grundstück bzw. eine Immobilie erst noch erworben werden, ist der Makler der erste Fachmann, der zu kontaktieren und ggf. zu beauftragen ist.

Der Makler ist freiberuflich tätig. Er ist somit keine Rechtsperson. Seine Vermittlungstätigkeit beschränkt sich darauf, das Grundstück nur „unbesehen" weiterzugeben. Er hat keine Verpflichtung, Auskünfte über das Grundstück zu geben; seine Angaben bleiben unverbindlich. Für die von ihm weitergegebenen Auskünfte haftet er nicht, bis auf eine Ausnahme: bei fehlerhaften Angaben wider besseren Wissens – dies muss ihm jedoch nachgewiesen werden.

Die Höhe der Maklergebühr für die Grundstücksvermittlung ist frei vereinbar; sie orientiert sich an marktüblichen Regelungen (siehe Kapitel 1.1).

1.7.4 Katasteramt

Das Katasteramt führt ein amtliches Verzeichnis für die karten- und buchmäßige Erfassung aller Grundstücke. Dieses Verzeichnis wird als Kataster bezeichnet.

Aus der Katasterkarte kann der Interessent gegen geringe Gebühr einen Auszug (Flurkarte) bekommen. Damit liegen ihm für sein Grundstück vor:

- Gemarkung, Flur, Flurstücknummer (Parzelle)
- Lage nach Straße und Hausnummer

Neben den Flurkarten wird beim Katasteramt noch eine Anzahl weiterer Bücher und Verzeichnisse geführt:

- das Flurbuch
- das Liegenschaftsbuch
- das Eigentümerverzeichnis
- das alphabetische Namensverzeichnis

Aus dem Liegenschaftsbuch sind alle weiteren Angaben wie Eigentumsverhältnisse, Grundbuchblatt sowie Nutzungsart und Größe erkennbar.

Die Katasterkarte wird im Maßstab 1 : 500 bis 1 : 1.000 geführt und dient zur Orientierung.

Als Vermessungsgrundlage wird der Katasternachweis (Fortführungsriss) benutzt und den öffentlich bestellten Vermessungsingenieuren zur Verfügung gestellt, z. B. zur Anfertigung eines Lageplanes.

1.7.5 Liegenschaftsamt

Das Liegenschaftsamt verwaltet die erfassten und vermessenen Grundstücke der beteiligten Kommunen anhand genauer Pläne einschließlich der Angaben des Bebauungsplanes.

1.8 Honorarordnung für Architekten und Ingenieure (HOAI)

In der Verordnung über die Honorare für Architekten- und Ingenieurleistungen (Honorarordnung für Architekten und Ingenieure – HOAI) werden die Leistungen und Honorare der einzelnen Objektplaner geregelt.

Der Bauherr benötigt zur Erstellung seines Objektes „Erfüllungsgehilfen", nämlich die Objektplaner, welche das Objekt in seinem Auftrag planen, ihn in den einzelnen Objektphasen beraten und seine Interessen gegenüber den künftigen Auftragnehmern (Fachplaner, Unternehmer, Handwerker) und Ämtern vertreten.

Mit dem Urteil vom 04.07.2019 hat der EuGH entschieden, dass die Mindest- und Höchstsätze der HOAI europarechtswidrig sind, da sie gegen die Dienstleistungsrichtlinie verstoßen. Daraufhin wurde die HOAI angepasst, die neue Fassung trat am 1.1.2021 in Kraft.

Folgende wesentliche Änderungen ergeben sich für alle seit 2021 abgeschlossenen Verträge:

Das Honorar für Architekten- und Ingenieurleistungen ist künftig frei vereinbar. Das Mindestsatzsystem der HOAI entfällt also. Allerdings soll durch Vereinbarung eines „angemessenen" Honorars den berechtigten Interessen der Ingenieure und Architekten und der zur Zahlung Verpflichteten Rechnung getragen werden. Zu diesem Zweck stellen nach § 2a HOAI 2021 die Honorartafeln mit den darin aufgeführten Honorarspannen nunmehr Orientierungswerte dar, die sich an Art und Umfang der Aufgabe sowie an der Leistung ausrichten. Inhaltlich ändern sich die Werte der Honorartafeln gegenüber den bisher bekannten Ansätzen jedoch nicht.

Eine weitere wichtige Änderung ist die Möglichkeit, das Honorar nach § 7 Abs. 1 S. 1 HOAI 2021 fortan in Textform zu vereinbaren. Das bedeutet, dass keine eigenhändige Unterschrift mehr erforderlich ist, sondern z. B. eine E-Mail ausreicht. Weiterhin muss die Honorarvereinbarung nicht mehr bei Auftragserteilung vorliegen. Ist eine solche (zunächst) nicht getroffen worden, gilt gemäß § 7 Abs. 1 S. 2 HOAI 2021 für Grundleistungen der jeweilige Basishonorarsatz als vereinbart. Die Parteien sind aber nicht gehindert, später noch abweichende Honorarvereinbarungen einvernehmlich und in Textform zu treffen.

Auftraggeber, die Verbraucher sind, müssen vom Architekten zukünftig vor Vertragsschluss darauf hingewiesen werden, dass ein höheres oder niedrigeres Honorar als das in den Honorartafeln ausgewiesene vereinbart werden kann. Unterbleibt ein solcher Hinweis, gilt stattdessen der Basishonorarsatz, sofern das vereinbarte Honorar diesen übersteigt.

Für Verträge, die vor dem 01.01.2021 geschlossen worden sind, bleibt es bei der bisherigen HOAI.

Die HOAI besteht aus 5 Teilen und 15 Anlagen:

In **Teil 1** (Allgemeine Vorschriften) werden z. B. Anwendungsbereiche und Begriffe bestimmt sowie Honorarvereinbarung, Nebenkosten, Zahlungen usw. geregelt.

In den **Teilen 2 bis 4** werden die in sich abgeschlossenen Leistungsbilder der Objektplaner geregelt:

- Teil 2 Flächenplanung
  - Abschnitt 1 Bauleitplanung (Städteplaner)
  - Abschnitt 2 Landschaftsplanung (Gartenbauarchitekt)
- Teil 3 Objektplanung
  - Abschnitt 1 Gebäude und raumbildende Ausbauten (Architekt)
  - Abschnitt 2 Freianlagen (Gartenbauarchitekt)
  - Abschnitt 3 Ingenieurbauwerke
  - Abschnitt 4 Verkehrsanlagen
- Teil 4 Fachplanung
  - Abschnitt 1 Tragwerksplanung (Statiker)
  - Abschnitt 2 Technische Ausrüstung (Haustechniker)

Teil 5 enthält Übergangs- und Schlussvorschriften.

Die **Anlagen** zur HOAI sind nach folgenden Inhalten gegliedert:

- Anlage 1: Beratungsleistungen (Regelungen u. a. für die Leistungen und Honorare von Bauphysiker, Bodengutachter und Vermesser)
- Anlage 2 bis 8: Grundleistungen für die Planung nach Teil 2
- Anlage 9: Besondere Leistungen zur Flächenplanung
- Anlagen 10 bis 15: Grundleistungen und Besondere Leistungen in den Leistungsbildern nach den Teilen 3 und 4

Jedes Objekt hat je nach Größe und Anspruch einen unterschiedlichen Planungs- und Koordinierungsaufwand. Deshalb werden nach § 5 HOAI die Objekte in verschiedene Honorarzonen eingeteilt.

Beispiel

> Beim Architekten sind für Leistungen bei Gebäuden Honorarzonen von Zone I (Gebäude mit sehr geringen Planungsanforderungen wie Behelfsbauten, Wetterschutzhäuser u. a.) bis Zone V (Gebäude mit sehr hohem Planungsaufwand wie Krankenhäuser, Konzertgebäude u. a.) vorgesehen.

Dementsprechend sind in der HOAI die Honorartafeln der einzelnen Planer gegliedert.

Die 100-%-Honorarsumme errechnet sich nach der Zone und den für den Fachplaner jeweils anrechenbaren Kosten. Die anrechenbaren Kosten sind die Objektkosten, für die der jeweilige Fachplaner verantwortlich ist, z. B. der Fachplaner TGA (Haustechniker) für die Kosten der Gewerke Sanitär, Heizung, Elektro, Lüftung u. a. (Kostengruppe 400 nach DIN 276 „Kosten im Bauwesen“(2018-12). Die anrechenbaren Kosten werden nach der Kostengliederung der DIN 276 (siehe Kapitel 2.6) ermittelt. Eine Honorarberechnung der Architektenleistung für das Musterprojekt findet sich in Kapitel 2.11.8.

Die HOAI soll eigentlich nur die Honorare, nicht aber die Leistung regeln, daher sollten im Architektenvertrag alle erforderliche Leistungen, die der Planer für das spezielle Bauvorhaben zu leisten hat, klar und erschöpfend aufgeführt werden (siehe Kapitel 2.11.2).

1.9 Grundlagenermittlung nach HOAI, Leistungsphase 1

Für die erste Phase eines Bauvorhabens sieht die HOAI folgende Aufgaben (hier mit Erläuterungen) vor. Die Grundlagenermittlung wird dabei in folgende Teilleistungen aufgegliedert:

- **Klären der Aufgabenstellung** (Bauwünsche des Bauherrn mit Angabe des Kostenrahmens)
- **Beraten zum gesamten Leistungsbedarf** (Beratungspflicht des Architekten)
- **Formulieren von Entscheidungshilfen für die Auswahl anderer an der Planung fachlich Beteiligter** (Der Architekt schlägt dem Bauherrn Sonderfachleute vor, die notwendig sind, um sein Objekt zu erstellen, z. B. Vermesser, Bodengutachter, Tragwerksplaner, Ingenieur für Haustechnik usw.)
- **Zusammenfassen der Ergebnisse** (Diese Leistung ist nicht formal festgelegt. Sie kann Folgendes enthalten:
  - Bauprogramm
  - Baugrundstück
  - Architekten- und Ingenieurverträge)

Werden für ein Objekt Besondere Leistungen (z. B. Bestandsaufnahme, Standortanalyse, Raumprogramm usw.) notwendig, so sind diese entsprechend zu vereinbaren.

2 Vorplanung

In die Vorplanung fließen alle ermittelten Grundlagen ein:

- Auflagen des Bebauungsplanes bzw. der Abstimmungsergebnisse mit dem Bauaufsichtsamt oder dem Stadtplanungsamt
- Bauwünsche des Auftraggebers
- Kostenrahmen, vorgegeben durch den Auftraggeber
- Abstimmung mit den Fachingenieuren

Mit der Vorplanung sollen Lösungen für die wesentlichen Teile der Planungsaufgabe erarbeitet werden.

2.1 Auswertung der Grundlagen

Zunächst müssen alle Grundlagen sorgfältig ausgewertet werden. Die wichtigsten Punkte werden im Folgenden dargestellt.

Bebauungsplan (B-Plan) bzw. Anpassung an örtliche Bebauung

Die mögliche Bebauung des Grundstückes ist entsprechend dem Bebauungsplan (siehe Abb. 1.4) bzw. der umgebenden Bebauung zu konzipieren. Ihm ist zu entnehmen:

- die bebaubare Fläche – innerhalb der Baugrenze bzw. Baulinien
- die bebaubare Fläche – innerhalb der Baufluchten der umgebenden Bebauung (abgestimmt, mit dem Bauaufsichtsamt)
- die bebaubare Fläche – unterhalb der Grundflächenzahl (GFZ)
- die Bauhöhe, die gebaut werden kann, bzw. die Höhen der umgebenden Bebauung
- die maximal zulässigen Geschosse

Abstandflächen

Aus der zulässigen Gebäudehöhe und der vorhandenen Geländetopografie können die Abstandflächen berechnet werden, die auf dem eigenen Baugrundstück liegen sollten, damit keine Baulasten auf Nachbargrundstücken entstehen. So kann nach den vorgegebenen Randbedingungen das optimale Bauwerksvolumen konzipiert werden.

Die Randbedingungen der zu planenden Bebauung orientieren sich an einer optimalen und rentablen Ausnutzung. Rentabel heißt: möglichst viel Wohnfläche bzw. Gewerbefläche auf dem vorhandenen Grundstück zu erhalten.

Stellplätze und Garagen

Nach der Landesbauordnung NRW (BauO NRW § 48) sind notwendige Pkw-Stellplätze auf dem Grundstück unterzubringen (z. B. bei Wohngebäuden ein Stellplatz je Wohnung), oder diese müssen bei der Kommune abgelöst werden, d. h., für nicht nachgewiesene Stellplätze in Kerngebieten kann der Kommune eine entsprechende Ablösezahlung entrichtet werden. Ebenso werden Stellplätze für Fahrräder auf dem Grundstück gefordert. Die Anzahl ist abhängig von der Gemeindesatzung.

Spielfläche

Die Größe der Spielfläche richtet sich nach Zahl und Art der Wohnungen entsprechend der Gemeindeverordnung:

„BauO Nrw § 8

(4) Bei der Errichtung von Gebäuden mit mehr als drei Wohnungen ist auf dem Baugrundstück oder in unmittelbarer Nähe auf einem anderen geeigneten Grundstück, dessen dauerhafte Nutzung für diesen Zweck öffentlich-rechtlich gesichert sein muss, ein ausreichend großer Spielplatz für Kleinkinder anzulegen. […]"

Erschließung

Bei der Vorplanung müssen hierzu folgende Fragen geklärt sein: Wird das Grundstück von einer öffentlichen oder privaten Straße erschlossen? Sind alle Versorgungsleitungen vor dem Grundstück vorhanden (siehe Kapitel 1.6)?

Entwässerung

Die Entwässerung (Misch- oder Trennsystem) erfolgt in der Regel infolge der Schwerkraft durch Leitungen mit ca. 2 % Gefälle. Entsprechend ist der Einleitungspunkt über der Kanalsohle in das Gebäude „zurückzurechnen". Wenn die Entwässerung im Gebäude bereits unterhalb des errechneten Einleitungspunktes liegt, so ist das Schmutzwasser innerhalb des Gebäudes mittels einer Hebelanlage (Pumpe) auf die benötigte Höhe zu pumpen.

Festlegung der Oberkante Fußboden (OKF) des Erdgeschosses

Sie wird im Lageplan zum Musterprojekt mit OKF = 63,13 m (Höhe über dem Meeresspiegel) dokumentiert (siehe Abb. 2.4 und 2.5) und ist die Bezugshöhe ±0,00 in den Schnitten der Architektenpläne (siehe z. B. Abb. 4.2).

Integration

Geplant werden muss auch die Integration in die schon bestehende Bebauung sowohl in ästhetischer als auch in konstruktiver Hinsicht.

2.2 Musterprojekt Einfamilienhaus

Anhand des Musterprojektes wird in den folgenden Kapiteln die Planung und Erstellung eines Gebäudes veranschaulicht. Als Musterprojekt wurde ein Einfamilienhaus ausgewählt, das aufgrund seiner anspruchsvollen Architektur und Detailgestaltung, der hochwertigen Bauteile und technischen Ausrüstung kostenmäßig als Wohngebäude, unterkellert, mit hohem Standard nach dem Baukostenindex (siehe Kapitel 3.4.3) eingestuft wird.

Abb. 2.1: Zulässige Bebauung; Ausschnitt aus dem amtlichen Lageplan (Whs = Wohnhaus; II = Anzahl der zulässigen Vollgeschosse; FD = zulässige Dachform – Flachdach; + Staffelgeschoss = plus einem Staffelgeschoss)

Das Gebäude wird in einem Gebiet errichtet, für das ein Bebauungsplan im Sinne des § 30 Abs. 1 BauGB existiert. Es handelt sich hier um ein freistehendes Gebäude mit weniger als 2 Wohneinheiten und mit geringer Höhe der Gebäudeklasse 1 gemäß § 2 Abs. 3 BauO NRW:

„§ 2

(3) Gebäude werden in folgende Gebäudeklassen eingeteilt:

1. *Gebäudeklasse 1:*
   a) *freistehende Gebäude mit einer Höhe bis zu 7 m und nicht mehr als zwei Nutzungseinheiten von insgesamt nicht mehr als 400 m² und*
   b) *freistehende land- oder forstwirtschaftlich genutzte Gebäude und Gebäude vergleichbarer Nutzung,*
2. *Gebäudeklasse 2:*
   Gebäude mit einer Höhe bis zu 7 m und nicht mehr als zwei Nutzungseinheiten von insgesamt nicht mehr als 400 m²,
3. *Gebäudeklasse 3:*
   sonstige Gebäude mit einer Höhe bis zu 7 m,
4. *Gebäudeklasse 4:*
   Gebäude mit einer Höhe bis zu 13 m und Nutzungseinheiten mit jeweils nicht mehr als 400 m² in einem Geschoss sowie
5. *Gebäudeklasse 5:*
   sonstige Gebäude einschließlich unterirdischer Gebäude.

Höhe im Sinne des Satzes 1 ist das Maß der Fußbodenoberkante des höchstgelegenen Geschosses, in dem ein Aufenthaltsraum möglich ist, über der Geländeoberfläche im Mittel. Die Grundflächen der Nutzungseinheiten im Sinne dieses Gesetzes sind die Brutto-Grundflächen. Bei der Berechnung der Brutto-Grundflächen nach Satz 1 bleiben Flächen in Kellergeschossen außer Betracht."

Für das Grundstück ist eine Baugrenze (siehe Kapitel 1.2.3) festgesetzt, die nicht überschritten werden darf. Auf dem Lageplanausschnitt ist die zulässige **Art der baulichen Nutzung** (siehe Kapitel 1.2.3) zu erkennen (siehe Abb. 2.1).

Das Gebäude besteht aus einem Kellergeschoss, 2 Vollgeschossen (Erdgeschoss, erstes Obergeschoss) und einem Staffelgeschoss gemäß § 2 Abs. 6 BauO NRW.

„(6) Vollgeschosse sind oberirdische Geschosse, die eine lichte Höhe von mindestens 2,30 m haben. Ein Geschoss ist nur dann ein Vollgeschoss, wenn es die

Flurst.	Fläche m²	zulässige GRZ	zulässige GR	vorh. GR	gepl. GR	ges. GR	GRZ	zulässige GFZ	zulässige GF	vorh. GF	gepl. GF	ges. GF	GFZ	zulässig nach § GRZ	zulässig nach § GR	geplant nach § GRZ	geplant nach § GR
s.o.	1755	0,40	702	0	199	199	0,11	-	-	0	390	390	0,22	0,60	1053	0,40	696

Abb. 2.2: Nachweis der baulichen Nutzung; Ausschnitt aus dem amtlichen Lageplan

B4-T1	= (	69,42	-	63,05)	X	0,4	=>	6,37	m	X	0,4	=	2,55 m	=>	**3,00 m**
B4-T2	= (	72,42	-	63,05)	X	0,4	=>	9,37	m	X	0,4	=	3,75 m	=>	**3,75 m**
B4-T3	= (	69,42	-	63,01)	X	0,4	=>	6,41	m	X	0,4	=	2,56 m	=>	**3,00 m**
B4-T4	= (	72,42	-	63,01)	X	0,4	=>	9,41	m	X	0,4	=	3,76 m	=>	**3,76 m**
B4-T5	= (	72,42	-	63,01)	X	0,4	=>	9,41	m	X	0,4	=	3,76 m	=>	**3,76 m**
B4-T6	= (	69,42	-	63,05)	X	0,4	=>	6,37	m	X	0,4	=	2,55 m	=>	**3,00 m**
B4-T7	= (	67,26	-	63,05)	X	0,4	=>	4,21	m	X	0,4	=	1,68 m	=>	**3,00 m**
B4-T8	= (	70,32	-	63,05)	X	0,4	=>	7,27	m	X	0,4	=	2,91 m	=>	**3,00 m**
B4-T9	= (	72,42	-	63,05)	X	0,4	=>	9,37	m	X	0,4	=	3,75 m	=>	**3,75 m**
B4-T10	= (	69,42	-	63,09)	X	0,4	=>	6,33	m	X	0,4	=	2,53 m	=>	**3,00 m**
B4-T11	= (	72,42	-	63,09)	X	0,4	=>	9,33	m	X	0,4	=	3,73 m	=>	**3,73 m**

Abb. 2.3: Berechnung der Abstandsflächen; Ausschnitt aus dem amtlichen Lageplan

in Satz 1 genannte Höhe über mehr als drei Viertel der Grundfläche des darunterliegenden Geschosses hat.“

Weiterhin besitzt das Gebäude ein Flachdach. Die zulässige Art der Bebauung ist somit eingehalten.

Für den Nachweis des **Maßes der baulichen Nutzung** (siehe Kapitel 1.2.3) werden folgende Berechnungen angestellt:

- Bruttogrundstücksfläche: 1.755,00 m² (per CAD ermittelt)
- bebaute Grundfläche GR: 199,00 m² (per CAD ermittelt)
- Grundflächenzahl GRZ (siehe Kapitel 1.2.3): 199 : 1.755 = 0,11
- Geschossflächenzahl GFZ: 390 : 1.755 = 0,22

Das Maß der baulichen Nutzung wird eingehalten (siehe auch Abb. 2.2):

- berechnete GRZ = 0,11 ≤ 0,40 = zulässige GRZ (Festlegung aus Bebauungsplan)
- berechnete GFZ = 0,22 ≤ 0,60 = zulässige GFZ (Festlegung aus Bebauungsplan)

Die **Berechnung der Abstandsflächen** erfolgt durch den Vermesser und wurde hier in den amtlichen Lageplan eingetragen (siehe Abb. 2.3).

Alle Abstandsflächen liegen auf dem Grundstück (siehe Abb. 2.4). Es sind keine Überschreitungen der zulässigen Abstandsflächen vorhanden, sodass keine Nachbarschaftszustimmung eingeholt bzw. eine Baulast im Grundbuch eines Nachbargrundstückes eingetragen werden muss.

Das Musterprojekt wurde gemäß dem eingereichten Bauantrag (siehe Anhang, Kapitel 11.1 bis 11.13) genehmigt und errichtet.

2.3 Lageplan

Der amtliche Lageplan (die amtliche Flurkarte) ist die planerische Wiedergabe des Grundstückes. Der Lageplan wird auf der Grundlage einer amtlichen Flurkarte im Maßstab 1 : 250 (Orientierung: 1 : 5.000) in der Regel vom Vermessungsingenieur angefertigt.

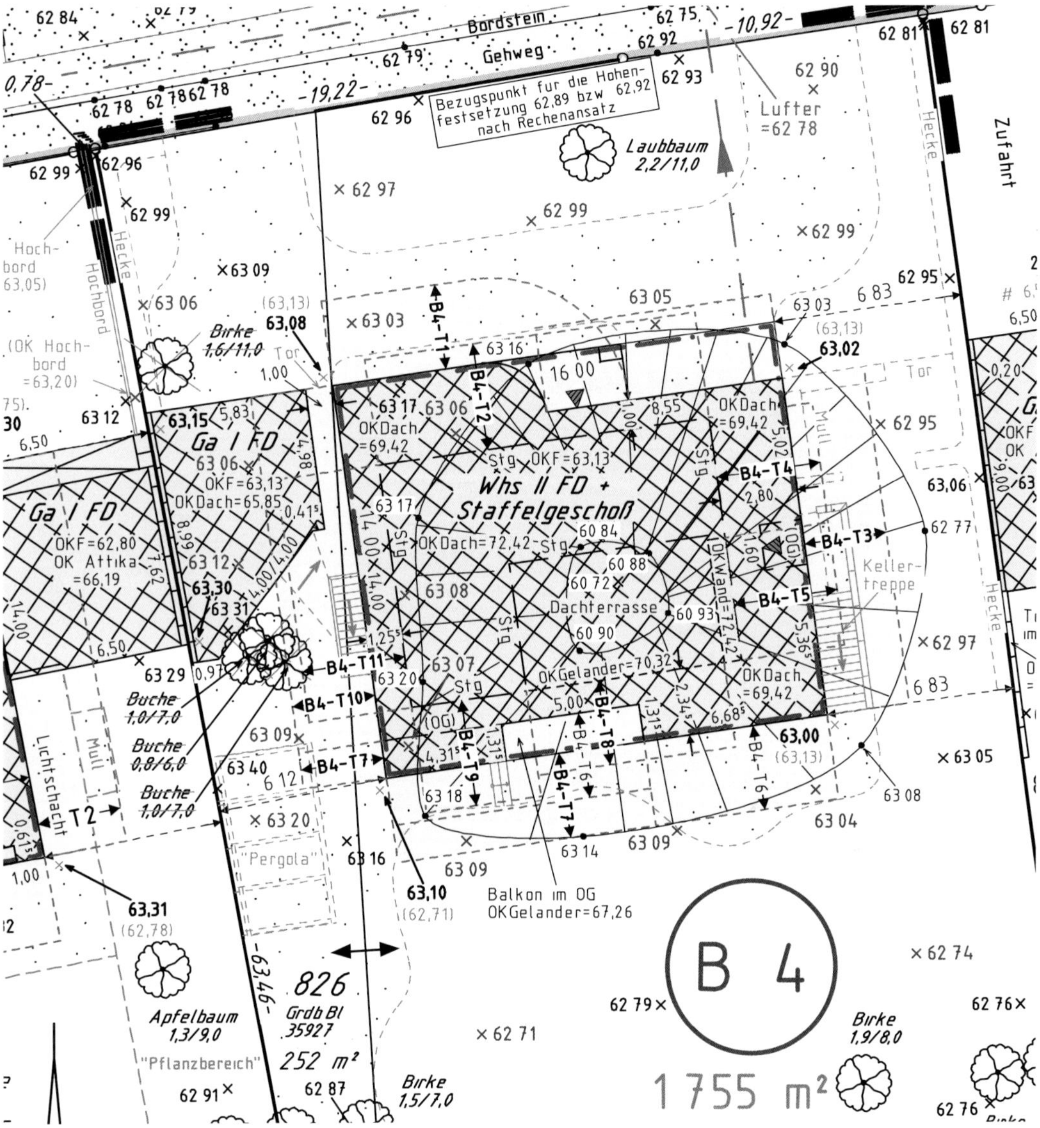

Abb. 2.4: Ausschnitt aus dem amtlichen Lageplan des Musterprojektes

Der Lageplan weist Folgendes aus:

- das Grundstück in seiner Größe und mit den dargestellten Grundstücksgrenzen
- geplante Gebäude mit ihren Abmessungen und Abständen zu den Grundstücksgrenzen
- vorhandene und geplante Verkehrsflächen mit ihren Zu- und Abfahrten
- die örtlich aufgenommenen Höhen
- die geplanten Höhen, wie z. B. Oberkante Fußboden (OKF) des Erdgeschosses, Firsthöhen oder sonstige wesentliche Höhen (Traufhöhen, Höhen von Anbauten)
- die Nachbarbebauung (der Bestand)

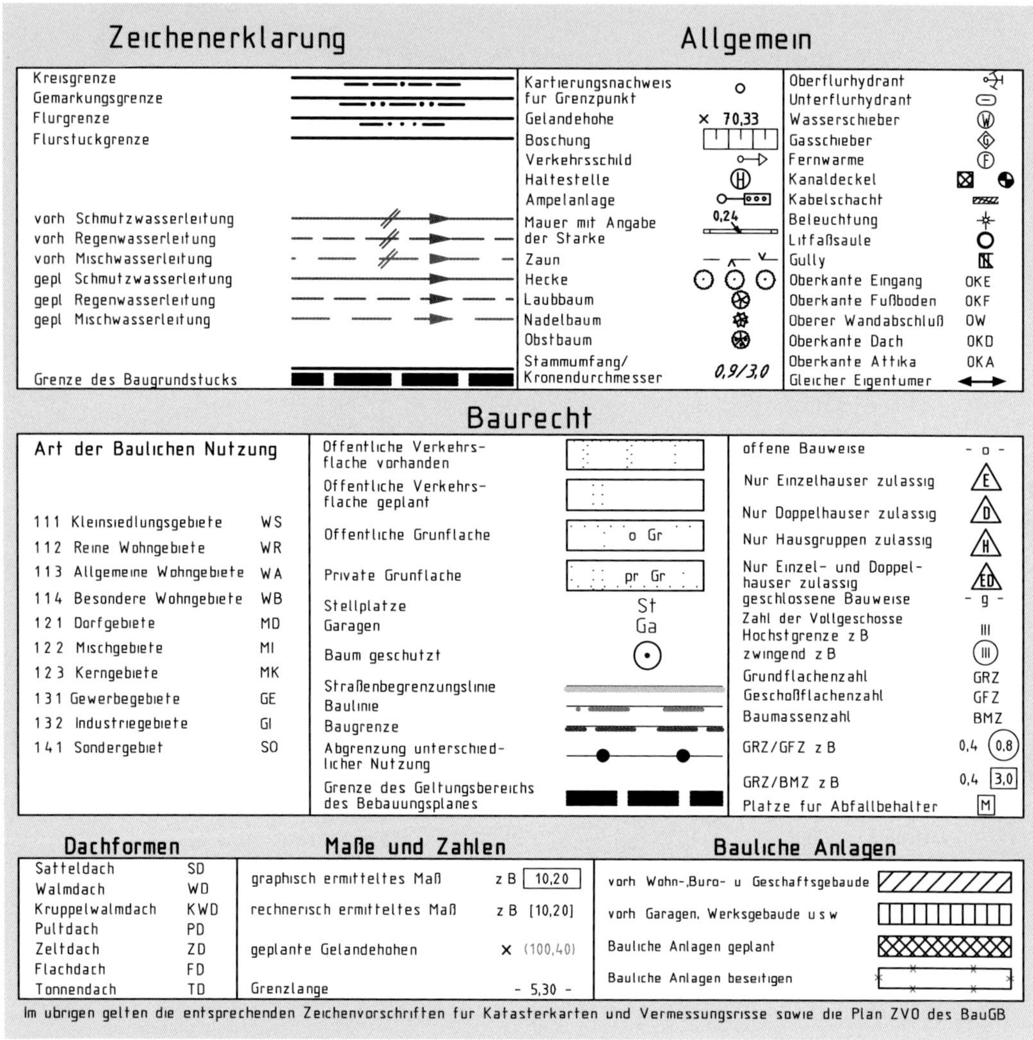

Abb. 2.5: Zeichenerklärung; Ausschnitt aus dem amtlichen Lageplan

- Darstellung der vorhandenen Kanäle mit KD (Kanaldeckel) und KS (Kanalsohlenhöhen)
- Anschluss der Entwässerung an die Objekte
- Darstellung sonstiger Eintragungen, z. B. Wasserflächen, Spielplatz, Wasserhydrant usw.
- textliche Angaben, wie z. B.:
  - Grundstückseigentümer
  - Gemarkung/Flur/Flurstück
  - Maßstab
  - Art und Maß der baulichen Nutzung
  - Bauvorhaben/Bauherr/Gemeinde
  - Zeichenerklärung (siehe Abb. 2.5)
  - Unterschrift des Bauherrn, Vermessers, Architekt
  - Lageplan als Anlage

2.4 Vorplanung (Projekt- und Planungsvorbereitung) nach HOAI, Leistungsphase 2

Die Vorplanung (Projekt- und Planungsvorbereitung) wird in Anlage 10 Nr. 10.1 zu § 34 Abs. 4 HOAI in folgende Teilleistungen aufgegliedert:

- Analyse der Grundlagen (aus Leistungsphase 1); Abstimmen der Leistungen mit den fachlich an der Planung Beteiligten
- Abstimmen der Zielvorstellungen (Randbedingungen, Zielkonflikte)
- Erarbeiten der Vorplanung, Untersuchen, Darstellen und Bewerten von Varianten
- Klären und Erläutern der wesentlichen Zusammenhänge, Vorgaben und Bedingungen:
  - städtebaulich
  - gestalterisch
  - funktional
  - technisch
  - wirtschaftlich-ökologisch
- Bereitstellen der Arbeitsergebnisse als Grundlage für die anderen an der Planung fachlich Beteiligten sowie Koordination und Integration von deren Leistungen
- Vorverhandlungen mit Behörden über Genehmigungsfähigkeit
- Kostenschätzung nach DIN 276 (Ebene 1)
- Erstellen eines Terminplans mit den wesentlichen Vorgängen des Planungs- und Bauablaufs
- Zusammenfassen, Erläutern und Dokumentieren der Ergebnisse

2.5 Vorentwurf

Der Vorentwurf ist die erste zeichnerische oder auch skizzenhafte Wiedergabe des gedachten Bauobjektes entsprechend den Vorstellungen und Wünschen des Bauherrn, nach den Auswertungen der Grundlagen und aufgrund der Überlegungen und Ideen des Architekten.

Nach der HOAI hat der Architekt zur Bearbeitung des Planungskonzeptes alternative Lösungsmöglichkeiten nach gleichen Anforderungen zu untersuchen (als Grundleistung), d. h., er stellt dem Bauherrn Varianten zu seiner Planungsidee vor.

Mehrere Alternativen (nach besonderen Anforderungen), d. h. grundsätzlich parallele Lösungskonzepte, sind dagegen als Besondere Leistung anzusehen und entsprechend zu vergüten. Die Vergütung ist zwischen Bauherrn und dem Architekten abzustimmen.

Der Bauherr benötigt den Vorentwurf als Basis zur Finanzierung bzw. Rentabilitätsberechnung. Deshalb sind die entsprechenden Unterlagen für ihn notwendig, die im Folgenden dargestellt werden.

Vorentwurfszeichnungen

Die Zeichnungen sind nach Art und Umfang der Bauaufgabe im Maßstab 1:200 bzw. 1:100 darzustellen mit folgendem Inhalt:

- die Einbindung der baulichen Anlage in die Umgebung, z. B. die Darstellung des Bauwerkes auf dem Baugrundstück mit der Angabe der Haupterschließung und der Nordrichtung

Abb. 2.6: Perspektive des Musterprojektes

- die Zuordnung der im Raumprogramm genannten Räume
- die angenäherten Maße der Baukörper und Räume, auch als Grundlage für die Berechnung des umbauten Raumes und Wohn- und Nutzfläche
- konstruktive Angaben, soweit notwendig
- Darstellung der Maße, Gebäudeform und Bauteile in Grundrissen, Schnitten und wesentlichen Ansätzen mit Verdeutlichung der räumlichen Wirkung, soweit notwendig: Ansichten, Perspektiven (siehe Abb. 2.6).

Katasteramtlicher Lageplan

Er wird als Grundlage benötigt.

Kurzer Erläuterungsbericht

Er dient als Beschreibung der Art und Lage, der städtebaulichen Situation, der Konstruktion und der Architektur.

Berechnung des umbauten Raumes

Der umbaute Raum ist hier nach DIN 277 „Grundflächen und Rauminhalte im Bauwesen – Teil 1: Hochbau“ (2016) überschlägig zu ermitteln (siehe Kapitel 4.6.1 und 11.13 [Anhang]).

Berechnung der Nutz- bzw. Wohnfläche

Die Nutz- und die Wohnfläche werden hier nach DIN 277 bzw. nach der Wohnflächenverordnung (WoFlV) ebenfalls überschlägig berechnet (siehe Kapitel 4.6.2 und 11.13 [Anhang]).

2.6 Baukosten

Die anrechenbaren Kosten für ein Bauprojekt, die Grundlage für das Honorar des Architekten bzw. Fachplaners sind, werden nach der DIN 276 in ihrer aktuellen Fassung (derzeit DIN 276 „Kosten im Bauwesen“) ermittelt, die eine Kostengliederung nach 3 Ebenen vorsieht.

In dem vorliegenden Buch wird sowohl eine klassische Gliederung nach Bauelementen verwendet als auch die ausführungsorientierte Kostengliederung nach Leistungsbereichen in Analogie zum Standardleistungsbuch für das Bauwesen, ein durch das Deutsche Institut für Normung e. V. veröffentlichtes Werk mit den aktuellen Leistungsbereichen, das seit einigen Jahren in Form des STLB-Bau fortgeführt wird (STLB-Bau – Dynamische BauDaten®; Datenbank zu Ausschreibungstexten für Bauleistungen).

Bei den ausführungsorientierten Kostenermittlungsverfahren werden objektspezifische, bautechnische und geometrische Besonderheiten gut erkennbar. Somit sind Kostenauswirkungen durch Planungsentscheidungen auch gut steuerbar. Unabhängig von gewählten Verfahren müssen bei jedem Projekt die Kosten vor der Vergabe in Form von Vergabeeinheiten gegliedert werden. Die Vergabeeinheiten können nicht allgemein definiert werden, sondern sind im Einzelfall entsprechend der vorgesehenen Vergabe und der Bauabwicklung festzulegen.

Für die Ermittlung und Überprüfung der Baukosten sind den Projektphasen (Leistungsphasen) in der HOAI die folgenden Grundleistungen zugeordnet:

- **Kostenrahmen** im Zuge der Grundlagenermittlung, Leistungsphase 1, Er dient zur Bestimmung des quantitativen und qualitativen Rahmens, in welchem sich das Bauprodukt bewegen kann.
- **Kostenschätzung** für die Vorplanung, Leistungsphase 2 (zur Finanzierungsplanung): Sie soll die Kosten bis mindestens zur ersten Ebene nach DIN 276 enthalten.
- **Kostenberechnung** für die Entwurfsplanung, Leistungsphase 3 (zur Finanzierung und zur Ermittlung der Honorare der Architekten und Ingenieure); **Kostenkontrolle** durch Vergleich mit Kostenschätzung: Sie soll die Kosten bis mindestens zur zweiten Ebene nach DIN 276 enthalten.
- **Kostenermittlung** und **Kostenkontrolle** durch Vergleich mit der Kostenberechnung erfolgen auf der Grundlage der vom Planer bepreisten Leistungsverzeichnisse (Leistungsphase 6).
- **Vergleichen der Ausschreibungsergebnisse** mit den vom Planer bepreisten Leistungsverzeichnissen oder der Kostenberechnung (Leistungsphase 7); der **Kostenanschlag nach DIN 276 wurde in der HOAI 2021 nicht mehr übernommen**; er diente als Kostenkontrolle durch Vergleich mit der Kostenberechnung.
- **Kostenfeststellung** in der Objektüberwachung (Leistungsphase 8), durchgeführt aufgrund der tatsächlich abgerechneten Bauleistung (inkl. aller Nachträge); **Kostenkontrolle** durch Vergleich mit den Ausschreibungsergebnissen: Auch sie soll die Kosten bis mindestens zur dritten Ebene nach DIN 276 enthalten.

2.7 Kostenschätzung

Die Kostenschätzung, die in der Leistungsphase 2 durchgeführt wird (siehe Abb. 2.7), ist eine überschlägige Ermittlung von Kosten. Sie dient als Grundlage für die Entscheidung über die Vorplanung und zur Ermittlung der Honorare für Architekten und Fachplaner.

Bauherr: Eheleute Musterhaus Musterprojekt			
	Kostengruppen	**Teilbetrag (€)**	**Gesamtbetrag (€)**
100	Grundstück	keine Angabe	
200	Herrichten und Erschließen	45.370,00	
300	Bauwerk – Baukonstruktionen	718.000,00	
400	Bauwerk – Technische Anlagen	147.500,00	
500	Außenanlagen	keine Angabe	
600	Ausstattung und Kunstwerke	keine Angabe	
700	Baunebenkosten	115.463,00	
800	Finanzierung	keine Angabe	
	zur Abrundung		1.026.280,00
	geschätzte Gesamtkosten		
Bauherr:		Architekt:	

Abb. 2.7: Kostenschätzung für das Musterprojekt nach DIN 276, erste Ebene

Grundlagen hierfür sind:

- Bezugsgrößen, z. B. Nutzflächen oder Rauminhalte
- erläuternde Angaben
- Angaben zum Baugrundstück und zur Erschließung

Die Kostenschätzung ist auf Grundlage der gesamten Vorplanung zu erstellen und so genau wie möglich zu berechnen. Fehlerhafte Abweichungen können zu Haftungsansprüchen führen.

2.8 Rentabilität

Die Rentabilität eines Objektes wird im Vorentwurf schon entscheidend beeinflusst: durch die Vorgaben des Bauherrn, die Planung des Architekten und auch durch die Umsetzung der Planung der Fachingenieure.

Der Architekt bzw. der Projektkoordinator hat in Bezug auf die Rentabilität eine Beratungspflicht gegenüber dem Bauherrn. Laut HOAI ist er im Rahmen des an ihn erteilten Auftrages verpflichtet, den Bauherrn frühzeitig und gewissenhaft zu beraten. Dies ist eine Nebenleistung bzw. Nebenpflicht, die nicht besonders honoriert wird.

Für die Finanzierung des Bauvorhabens ist die Kenntnis aller durch das Bauvorhaben entstehenden Kosten entscheidend und damit die Frage, ob sich das Bauobjekt rentiert.

Die Rentabilität eines Bauvorhabens ist u. a. zu beeinflussen durch:

- gründliche und geschickte Planung
- Auswahl geeigneter Firmen

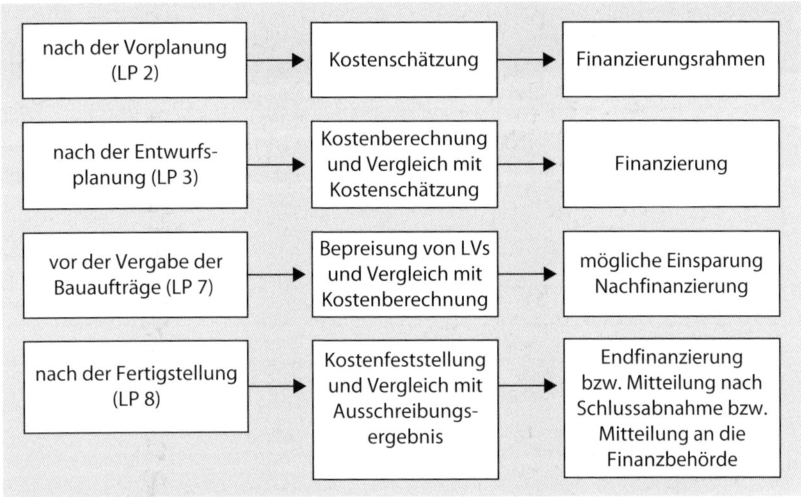

Abb. 2.8: Kostenkontrolle in den einzelnen Leistungsphasen (LP = Leistungsphase; LV = Leistungsverzeichnis)

- eine professionelle Bauleitung
- eine baubegleitende Qualitätsüberwachung (unabhängiger Sachverständiger)

Finanzierungsrahmen

Den Finanzierungsrahmen stellt der Bauherr in der Regel auf Basis der Vorplanungsunterlagen (Kostenschätzung) sicher. Die Finanzierungssumme sollte den Gesamtkosten entsprechen (dabei sind auch die Finanzierungskosten selbst zu berücksichtigen). Der Finanzierungsplan (siehe Kapitel 2.9.2 und Abb. 2.9) wird in der Regel durch Banken oder Versicherungen erstellt.

Das Aufstellen eines Finanzierungsplanes durch den Architekten wäre eine Besondere Leistung.

2.9 Finanzierung

Die Finanzierung eines Bauobjektes ist auf den Bauherrn individuell abzustimmen, da sie von vielen Faktoren beeinflusst wird, z. B.:

- Ist der Bauherr selbst Nutzer oder Anleger?
- Handelt es sich um eine einzelne Person oder eine Gesellschaft?
- Welche Einkünfte und Abschreibungsmöglichkeiten hat der Bauherr?
- Welche Förderungen können genutzt werden?
- Wie hoch sind die Eigenmittel, Einkünfte usw.?
- Für welchen Zeitraum ist die Nutzungsdauer bzw. Abschreibung anzusetzen?

2.9.1 Kostenkontrolle

Die Finanzierung ist immer den Gesamtkosten gegenüberzustellen, um zu kontrollieren, inwieweit sie noch den aktuellen Kosten entspricht. Diese Kontrolle ist unbedingt in den entsprechenden Objektphasen (Leistungsphasen) durchzuführen (siehe Abb. 2.8).

Objekt (Kurzbezeichnung)					
Fremdmittel	**Zins (%)**	**Tilgung (%)**	**Zins (€)**	**Tilgung (€)**	**nominal (€)**
I. Hypothek					
II. Hypothek					
Bausparvertrag					
Darlehen					
Arbeitgeberdarlehen					
öffentliches Darlehen					
				Summe Fremdmittel	
Eigenmittel					
Grundstück					
Barmittel					
Sparguthaben					
Wertpapiervermögen (Aktien)					
Bausparverträge Ansparsumme					
Eigenleistung					
Reserven für Unvorhergesehenes					
				Summe Eigenkapital	
Gesamtkosten					

Abb. 2.9: Muster eines Finanzierungsplanes

2.9.2 Finanzierungsplan

Der Finanzierungsplan (siehe Abb. 2.9) wird in der Regel von einem Kreditinstitut erstellt. Die Mitwirkung bei Aufstellung des Finanzierungsplanes durch den Architekten gilt nach HOAI als Besondere Leistung der Leistungsphase 2 und muss besonders honoriert werden.

2.10 Genehmigungsfähigkeit

Die Genehmigungsfähigkeit ist vom Architekten oder vom Bauherrn in der Leistungsphase 2 aufgrund der ermittelten Grundlagen zu klären.

Viele Kommunen (Städte und Gemeinden) haben zur Feststellung der Genehmigungsfähigkeit eine Servicestelle, die Bauberatung, eingerichtet. Ansonsten können bezüglich der Genehmigungsfähigkeit des Objektes auch Auskünfte bei der Bauaufsicht bzw. dem Bauplanungsamt eingeholt werden.

Zur Feststellung der Genehmigungsfähigkeit sollten alle Unterlagen aus der Grundlagenermittlung als Basis vorgelegt werden, d. h.:

- Lageplan (Auszug aus dem Katasterplan) mit Angaben zu den Eigentumsverhältnissen und Lagebezeichnungen wie Gemarkung, Flur, Flurstück, genaue Adresse

- Angaben über das zu planende Objekt in Art und Maß der baulichen Nutzung
- erste Vorentwurfsskizzen

Der Architekt klärt seinen Fragenkatalog bezüglich der Genehmigungsfähigkeit bzw. eventuell beabsichtigter Abweichungen vom Bebauungsplan.

2.10.1 Bauberatung

Die Bauberatungsstellen geben im persönlichen Gespräch oder telefonisch Auskünfte über grundsätzliche Fragestellungen z. B. zur Genehmigungsfreiheit, zum geeigneten Genehmigungsverfahren, zur Bebaubarkeit eines Grundstücks, zum Vorliegen eines Bebauungsplanes, zu Auflagen aus Landschafts- oder Denkmalschutz, die zu beachten sind, zur Fassadengestaltung, zur Dachform, zum Ausmaß des geplanten Gebäudes.

Der Wert der Beratung besteht in der

- Entlastung des späteren Sachbearbeiters,
- Hilfe für den Bauherrn und Architekten, ein reibungsloses Genehmigungsverfahren zu bewirken und die größte Wahrscheinlichkeit, die Baugenehmigung zu erhalten.

Die Ergebnisse dieser Beratungen sollten zum Schutz und zur Klarheit für den Architekten und den Bauherrn in einer Aktennotiz festgehalten werden. Die Aktennotiz sollte von den Beteiligten durch Unterschrift anerkannt sein bzw. der beratenden Behörde nachweislich zugegangen sein.

Wichtige Aktennotizen sind später Teile der Baudokumentation.

2.10.2 Aktennotiz

Wie schon im Bezug auf die Bauberatung erwähnt, sollte von jeder wichtigen Besprechung eine Aktennotiz angefertigt werden (auf keinen Fall sind mehrere Aktennotizen mit unterschiedlichen Interpretationen zu verfassen).

Eine Aktennotiz sollte folgende Bestandteile enthalten:

- Briefkopf des Erstellers
- genaue Bezeichnung des Objektes
- Datum der Besprechung
- Teilnehmer der Besprechung
- alle besprochenen Punkte (Besprechungspunkte sind fortlaufend zu nummerieren. Bei Wiederholungsbesprechungen (Jour-fixe-Termine) verbleiben die Punkte so lange im Protokoll, bis sie erledigt sind.)
- Ergebnisse, die mit den Beteiligten vor Niederschrift abgestimmt wurden
- Dokumentation, wer was bis wann zu erledigen hat
- Erstellungsdatum und Unterschrift des Erstellers

2.10.3 Bauvoranfrage

Bei Bauvorhaben, bei denen von der Beratungsstelle hinsichtlich der Genehmigungsfähigkeit keine eindeutige Aussage gemacht wird, besteht die Möglichkeit, bei der Baubehörde einen Antrag auf Vorbescheid zu planungsrechtlichen und bauordnungsrechtlichen Fragen des Bauvorhabens schriftlich einzureichen. Es werden unterschieden:

- planungsrechtlicher Vorbescheid
- Vorbescheid zur Klärung von Einzelfragen
- „umfassender" Vorbescheid (beinhaltet die Prüfung aller bauplanungs- und bauordnungsrechtlichen Belange mit Ausnahme des Statischen)

Abhängig von der Art des Antrages sind folgende Unterlagen einzureichen:

- **Antragsformular:** Es handelt sich hierbei um einen amtlichen Vordruck.
- **Baubeschreibung** (auf amtlichen Vordruck): Die Baubeschreibung ist zur Beurteilung der durch den Vorbescheid zu entscheidenden Fragen erforderlich (z. B. bei Gestaltungsfragen).
- **Betriebsbeschreibung** (auf amtlichen Vordruck): Die Betriebsbeschreibung ist zur Beurteilung der durch den Vorbescheid zu entscheidenden Fragen erforderlich (z. B. Öffnungszeiten bei gewerblichen Nutzungen).
- **Lageplan, Flurkarte, Deutsche Grundkarte:** Ein Lageplan sollte im Maßstab 1:500 auf der Grundlage eines Auszuges aus der Liegenschaftskarte/ Flurkarte erstellt sein. Handelt es sich um ein Vorhaben, das in einem Bereich ohne Bebauungsplan oder im Außenbereich liegt, dann ist zusätzlich die Vorlage der Flurkarte und einer Deutschen Grundkarte – Maßstab 1:5.000 – erforderlich. Beide Karten sind beim Amt für Liegenschaft, Vermessung und Kataster erhältlich.
- **Bauzeichnungen:** Es sind die Bauzeichnungen beizufügen, die zur Beurteilung der durch den Vorbescheid zu entscheidenden Fragen erforderlich sind (in der Regel Ansichten, Schnitte, Grundrisse).
- **Schallschutzgutachten:** In Abhängigkeit von der Umgebung kann ein spezielles Schallschutzgutachten zur Beurteilung der Immissionen erforderlich sein – beispielsweise für Außengastronomie, Gewerbebetriebe und Versammlungsstätten. Erstellt werden diese Gutachten von Sachverständigen.
- **rechnerische Nachweise:** Es sind die Berechnungen des Maßes der baulichen Nutzung – GRZ, BMZ, GFZ, Geschossigkeit – einzureichen, die zur Beurteilung der durch den Vorbescheid zu entscheidenden Fragen erforderlich sind. Bei Nutzungsänderungen ist die Nutzfläche anzugeben. Bei Gebäuden ist die Berechnung des umbauten Raumes nach DIN 277 zu berechnen.
- **Bauvorlageberechtigung:** Bei Errichtung oder Änderung eines Gebäudes müssen die dem Antrag auf Vorbescheid beizufügenden Bauvorlagen vom bauvorlageberechtigten Entwurfsverfasser (siehe Kapitel 4.11.2) unterschrieben sein.

Die Genehmigungsbehörde ist an den Vorbescheid gebunden und darf darin enthaltene Zusagen nicht später im Genehmigungsverfahren wieder ablehnen.

Die Gebühr für die Voranfrage ist verhältnismäßig gering im Vergleich zur späteren Genehmigungsgebühr, deren Zahlung bei Ablehnung der Bauvoranfrage vermieden bzw. bei Genehmigung auf die später zu stellende Baugenehmigung angerechnet wird.

2.11 Am Bau Beteiligte – Architekt

Die Berufsbezeichnung Architekt (Stadtplaner, Beratender Ingenieur) ist für NRW im Gesetz über den Schutz der Berufsbezeichnungen „Architekt", „Architektin", „Stadtplaner" und „Stadtplanerin" sowie über die Architektenkammer, über den Schutz der Berufsbezeichnung „Beratender Ingenieur" und „Beratende Ingenieurin" sowie über die Ingenieurkammer-Bau (Baukammerngesetz – BauKaG NRW) definiert. Architekt darf sich nur nennen, wer in die Architektenliste eingetragen ist. Diese Liste führt die Architektenkammer; über Eintragung und Löschung entscheidet der Eintragungsausschuss.

Die Eintragung in die Liste regelt § 4 BauKaG NRW:

„§ 4
Eintragung

(1) In die Liste ihrer Fachrichtung wird die Person eingetragen, die ihre Hauptwohnung, ihre Niederlassung oder ihren Beschäftigungsort in Nordrhein-Westfalen hat und

a) ein Studium mit einer mindestens vierjährigen Regelstudienzeit für eine der in § 1 Abs. 1 bis 4 genannten Berufsaufgaben an einer deutschen Hochschule mit Erfolg abgeschlossen und danach in ihrer Fachrichtung eine praktische Tätigkeit gemäß Absatz 6 ausgeübt hat,
b) Lehrer oder Lehrerin einer der Fachrichtungen nach § 1 Abs. 1 bis 4 an einer deutschen Hochschule ist oder
c) die Befähigung zum höheren oder gehobenen bautechnischen Verwaltungsdienst der Fachrichtungen Hochbau oder Städtebau oder zum höheren Dienst Landschaftspflege und Naturschutz des Landes Nordrhein-Westfalen in der Landespflege besitzt oder dem gehobenen Dienst in der Landschaftspflege und dem Naturschutz angehört oder angehörte.

[…]

(6) Die praktische Tätigkeit muss zwei Jahre vollzeitlich oder angemessen länger teilzeitlich ausgeübt werden. In ihrem Verlauf sollen praktische Kenntnisse und Fähigkeiten in den wesentlichen Teilen der Berufsaufgaben nach § 1 erworben werden. Dies ist durch Vorlage eigener Arbeiten und durch Arbeits- und Dienstzeugnisse nachzuweisen. Während der praktischen Tätigkeit sind die für die spätere Berufsausübung erforderlichen Weiterbildungsmaßnahmen wahrzunehmen. Die Maßnahmen müssen mit den Berufsaufgaben der jeweiligen Fachrichtung in Verbindung stehen. […]"

2.11.1 Aufgaben und Pflichten

Die Auflagen (Leistungen) der Architekten und Ingenieure sind in der HOAI (siehe Kapitel 1.8) genau beschrieben und abgegrenzt.

In der HOAI wird nach Grundleistungen (die zur ordnungsgemäßen Erfüllung eines Auftrages erforderlich sind) und nach Besonderen Leistungen (vgl. Anlage 10 HOAI) unterschieden. So ist z. B. die zeichnerische Darstellung eines Gebäudes eine Grundleistung, das Erarbeiten von Modellen eines Gebäudes eine Besondere Leistung. Alle Leistungskataloge der am Bau Beteiligten sind nach Grundleistungen und Besonderen Leistungen aufgeteilt, was für die Vergütung notwendig ist, da jede Besondere Leistung auch besonders zu vergüten ist. Jedoch regelt die HOAI in erster Linie die Honorare – nicht die Leistungen; diese sind im Architektenvertrag detailliert und eindeutig zu beschreiben.

2.11.2 Architektenvertrag

Der Architektenvertrag (Ingenieurvertrag) kann nicht in beliebiger Rechtsform abgeschlossen werden. Er muss den folgenden Grundlagen (Gesetzen und Verordnungen) entsprechen:

- Werkvertragsrecht (§ 631 bis 651 BGB)
- §§ 305 bis 310 BGB (ehemals AGB-Gesetz) – hiernach z. B. nicht zulässig: Verkürzung der Verjährungsfrist, Haftungsausschlüsse
- HOAI (ist als Rechtsverordnung bindend und muss angewendet werden)

„Das neue Bauvertragsrecht findet auf alle Architekten- und Ingenieurverträge Anwendung, die ab dem 1. Januar 2018 geschlossen werden. „Vor dem 1. Januar 2018 gab es im BGB keinerlei spezielle Regelungen für den Architekten- und Ingenieurvertrag. Ab dem 1. Januar 2018 werden in den §§ 650p bis 650t BGB der Architektenvertrag und der Ingenieurvertrag geregelt. Der Vertragstyp ist damit Teil der Werkverträge und ähnlichen Verträgen. Hintergrund der Neuregelung ist die Überzeugung des Gesetzgebers, dass es sich bei Architekten- und Ingenieurvertragsrecht um eine komplexe Spezialmaterie mit umfangreicher Rechtsprechung handelt, die klare gesetzliche Vorgaben für den Rechtsanwender erforderlich macht."[…]

„§ 650p BGB beschreibt künftig die Vertragspflichten von Architekten und Ingenieuren. Nach § 650p Abs. 1 BGB ist Inhalt eines Architekten- oder Ingenieurvertrages die Verpflichtung des Unternehmers (Architekten oder Ingenieurs), die Leistungen zu erbringen, die nach dem jeweiligen Stand der Planung und Ausführung des Bauwerks oder der Außenanlage erforderlich sind, um die zwischen den Parteien vereinbarten Planungs- und Überwachungsziele zu erreichen. Sollte vertraglich nichts anderes vereinbart sein, sind nur die erforderlichen Leistungen zu erbringen."[…]

„Soweit wesentliche Planungs- und Überwachungsziele allerdings noch nicht vereinbart sind, muss nach § 650p Abs. 2 BGB der Unternehmer zunächst eine Planungsgrundlage zur Ermittlung dieser Ziele erstellen, und diese dem Besteller (Bauherrn) zusammen mit einer Kosteneinschätzung für das Vorhaben zur Zustimmung vorlegen. Wendet sich ein Bauherr mit geringen Vorstellungen von dem zu planenden Gebäude an den Architekten oder Ingenieur, so muss dieser zunächst eine Planungsgrundlage mit Kosteneinschätzung erstellen, um das Planungsziel des Bauherrn in der Zielfindungsphase zu ermitteln. Die Planungsgrundlage stellt jedoch noch keine eigentliche Planung dar, sondern nur eine Beschreibung des zu planenden Vorhabens, die als Grundlage für die Planung dient."

Daher sollte vor Beginn der Zielfindungsphase ein konkreter Vertrag über deren Durchführung geschlossen werden, der Regelungen über die Honorierung der Phase enthält.

Quelle: Kemper, Ralf; Schwarz, Karl; Wronna, Alexander (Hrsg.): Praxis-Handbuch Ingenieur- und Architektenrecht. Köln: Verlagsgesellschaft Rudolf Müller, 2017, Kapitel 6.6 S. 96 f.

Der Vertrag soll die Interessen beider Parteien voll und ganz vertreten, d. h. eindeutig und für beide Parteien im gleichen Sinne zu verstehen sein.

Aus den Erfahrungen der Beziehungen zwischen Architekten und Bauherren haben sich Vertragsvorlagen entwickelt, die immer wieder aktualisiert werden. Die Architektenkammern z. B. geben ihren Mitgliedern Vertragsmuster an die Hand, die ggf. unter Mitwirkung eines Juristen der jeweiligen Vertragssituation anzupassen sind. Für das Musterprojekt wurde der Architektenvertrag auf Grundlage eines Mustervertrages aus dem Buch „Architekten- und Ingenieurvertrag nach HOAI“ (Kemper/Wronna, 2013) erstellt (siehe Abb. 2.10).

Im Architektenvertrag (Ingenieurvertrag) sollte Folgendes geregelt sein:

- Art des Objektes (Neubau, Erweiterung, Modernisierung)
- Umfang des Objektes (entsprechend den Leistungsphasen)
- Aufgaben des Bauherrn (Beauftragung der Fachingenieure, Abnahme der Bauleistung nach Beratung durch die Erfüllungsgehilfen usw.)
- Grundlagen des Honorars (Honorarsatz, anrechenbare Kosten, Besondere Leistungen, Nebenkosten, Zahlungen usw.)
- Urheberrecht (Veröffentlichung des Objektes durch den Bauherrn)
- Verlängerung der Bauzeit (Differenzen der hieraus entstehenden Mehrkosten für den Architekten)
- Haftung, Gewährleistung und Verjährung (Festlegung der Dauer und Höhe durch den Architekten)
- Haftpflichtversicherung (Festlegung der Deckungssummen)
- vorzeitige Auflösung des Vertrages – Honorarfrage bei Kündigung
- Aufbewahrungspflichten (auch Regelung über Objektunterlagen, die der Bauherr bekommt; der Architekt muss die Bauunterlagen 10 Jahre aufbewahren)
- Schlussbestimmungen (Honorarfestsetzung im Falle einer neuen HOAI)
- zusätzliche Vereinbarungen (z. B. wenn das Gebäude einen niedrigeren Energiebedarf haben soll, als es die EnEV vorschreibt)

Der Bauherr verpflichtet sich zur Bezahlung der vereinbarten Vergütung.

Architekten und Ingenieure sind verpflichtet, zur Erstellung des versprochenen Werkes

- nach den genehmigten Bauvorlagen,
- nach den öffentlich-rechtlichen Vorschriften,
- nach den anerkannten Regeln der Baukunst und Technik (das Bauwerk muss für den Gebrauch tauglich und darf nicht mit Fehlern behaftet sein)

zu planen und zu bauen.

Architekten- und Ingenieurvertrag

zwischen

Eheleuten Musterhaus, Musterstraße 100, 00000 Musterstadt

nachstehend Auftraggeber (AG) genannt

und

Nailis Architekten, Erkelenzdamm 59/60, 10999 Berlin

nachstehend Auftragnehmer (AN) genannt

Abb. 2.10: Auszug aus dem Architektenvertrag für das Musterprojekt (nach Kemper/Wronna, 2013)

Gliederung

§ 1 Gegenstand des Vertrages

§ 2 Grundlagen des Vertrages

§ 3 Leistungen des Auftragnehmers

§ 4 Weitere Pflichten des Auftragnehmers

§ 5 Pflichten des Auftraggebers

§ 6 Vertragsfristen

§ 7 Vergütung des Auftragnehmers

§ 8 Abrechnung

§ 9 Haftung, Mängelansprüche des Auftraggebers

§ 10 Haftpflichtversicherung

§ 11 Kündigung

§ 12 Urheber- und Verwertungsrechte

§ 13 Gerichtsstandsvereinbarung

§ 14 Schlussbestimmungen

Abb. 2.10: Fortsetzung

§ 1
Gegenstand des Vertrages

1 Der Auftraggeber ist Eigentümer des Grundstücks in 00000 Musterstadt (eingetragen im Grundbuch von Musterort Grundbuchblatt 100, Flur 32, Flurstück/Flurstücke 112 und 113). Das Grundstück ist unbebaut.

2 Das Grundstück des Auftraggebers soll wie folgt bebaut werden:

Errichtung eines Einfamilienhauses mit KG, EG, OG und DG

3 Der Bebauung des Grundstücks sollen neben den nachfolgend vertraglich im Einzelnen bestimmten Leistungsinhalten stets folgende Planungsziele des Auftraggebers, die im Sinne selbstständig geschuldeter Teilerfolge anzusehen sind, zugrunde gelegt werden:

3.1 Einhaltung maximaler Baukosten in Höhe von 875.000,– € netto (Gesamtkosten gemäß Kostengruppen 300 und 400 gemäß DIN 276) als verbindliche Kostenobergrenze im Sinne einer Beschaffenheitsvereinbarung.

3.2 Erstellung des gesamten Bauvorhabens innerhalb von 9 Monaten unter Berücksichtigung einer Baugenehmigungsfrist von 1 Monat.

§ 2
Grundlagen des Vertrages

1 Folgende Inhalte werden Vertragsbestandteil:

1.1 Die Regelungen gemäß §§ 1 bis 14 dieses Vertrages

1.2 Das Honorarangebot des Auftragnehmers vom 7. Oktober 2017

1.3 Sämtliche für das vertragsgegenständliche Bauvorhaben einschlägigen gesetzlichen Bestimmungen und behördlichen Vorschriften in ihrer jeweils gültigen Fassung

1.4 Die allgemein anerkannten Regeln der Technik, insbesondere die DIN des Deutschen Instituts für Normung e. V. einschließlich der Gelbdrucke, TÜV-Vorschriften, Regelwerke des VDE, VDI und vergleichbarer Institutionen etc.

1.5 Die Honorarordnung für Architekten und Ingenieure (HOAI) in der bei Vertragsabschluss gültigen Fassung

1.6 Das Bürgerliche Gesetzbuch, insbesondere die Bestimmungen über den Werkvertrag (§§ 631 ff. BGB)

2 Bei Widersprüchen der diesem Vertrag zugrunde liegenden Bestimmungen, der Vertragsbestandteile oder der Anlagen untereinander oder zueinander gilt die Rangfolge entsprechend vorstehender Reihenfolge (also 1.1 geht vor 1.2 usw.), soweit die Widersprüche nicht durch Auslegung des Vertrages einschließlich aller Vertragsbestandteile als sinnvolles Ganzes dahin gehend gelöst werden können, dass eine bestimmte Vereinbarung geschlossen wurde. Bei Widersprüchen innerhalb der Anlagen gilt die Rangfolge der Nummerierung (also Anlage 1 geht vor Anlage 2 usw.). Bei Widersprüchen innerhalb einer Rangstufe geht grundsätzlich das zeitlich jüngere Dokument dem älteren vor.

Abb. 2.10: Fortsetzung

§ 3
Leistungen des Auftragnehmers

1 Der Auftraggeber beauftragt den Auftragnehmer für die in § 1 bezeichnete Bauaufgabe mit allen erforderlichen Planungsleistungen, die notwendig werden, das Bauvorhaben unter Beachtung der in § 1 Abs. 3 genannten Planungsziele mangelfrei zu erstellen. Geschuldet im Sinne selbstständiger Teilerfolge sind insbesondere diejenigen Leistungen, die als Grundleistungen in den nachfolgend genannten Leistungsbildern der HOAI im Einzelnen genannt sind, wobei der dort jeweils genannte Leistungskatalog auch den Leistungsumfang der geschuldeten Leistungen des Auftragnehmers bestimmt:

Architektenleistungen gemäß § 34 HOAI, Anlage 10, für Gebäude und raumbildende Ausbauten:

- Leistungsphase 1 bis Leistungsphase 9

2 Der Auftragnehmer schuldet des Weiteren sämtliche notwendigen Architektenleistungen, die zur ordnungsgemäßen, den hier vertraglich vereinbarten Anforderungen an das Bauvorhaben entsprechenden Erstellung des Bauwerks erforderlich sind, auch wenn sie vorstehend nicht im Einzelnen genannt sind.

3 Bei geänderten oder zusätzlichen Leistungen, die nach Erbringung der vertraglich geschuldeten Leistungen vom Auftraggeber gefordert werden und einen nicht unwesentlichen Zeitaufwand verursachen, hat der Auftragnehmer vor Ausführung der Leistungen ein Zusatzangebot für die geänderte oder zusätzliche Leistung vorzulegen.

§ 4
Weitere Pflichten des Auftragnehmers

1 Der Auftragnehmer verpflichtet sich, die Interessen des Auftraggebers umfassend zu beachten und wahrzunehmen. Er erbringt sämtliche seiner Leistungen unter Berücksichtigung der Funktionalität und Wirtschaftlichkeit.

2 Der Auftragnehmer hat den Auftraggeber unverzüglich schriftlich auf voraussichtliche Qualitäts-, Kosten- und Terminabweichungen zu jedem Planungsstand hinzuweisen und gleichzeitig Lösungsvorschläge zu erarbeiten, wie die vom Auftraggeber vorgegebenen Qualitäten, Kosten und Termine unter den veränderten Umständen dennoch eingehalten werden können.

3 Der Auftragnehmer kann sich bei Fehlern oder Mängeln grundsätzlich nicht auf die Sachkunde des Auftraggebers berufen. Bestätigungen oder Freigaben von Planungen oder sonstigen Leistungen des Auftragnehmers durch den Auftraggeber entbinden den Auftragnehmer nicht von seiner alleinigen Verantwortlichkeit für die von ihm auf der Grundlage dieses Vertrages erbrachten Leistungen.

(Auszug)

Abb. 2.10: Fortsetzung

2.11.3 Haftung

Die vertragliche Haftung des Architekten (Ingenieurs) wird durch die Verjährung auf 5 Jahre begrenzt und beginnt mit der Abnahme seiner Vertragsleistung durch den Auftraggeber.

Die Verjährungsfrist für Mängelansprüche gegenüber dem Unternehmer beträgt für Bauwerke, wenn die Vergabe- und Vertragsordnung für Bauleistungen (VOB) Vertragsgrundlage ist (und nichts anderes vereinbart wurde), nach § 13 Abs. 4 Nr. 1 VOB Teil B (VOB/B – Allgemeine Vertragsbedingungen für die Ausführung von Bauleistungen) 4 Jahre.

Der Architekt (Ingenieur) kann durch einen Fehler in der Aufsicht bei einem Ausführungsfehler des Unternehmers mit in die (gesamtschuldnerische) Haftung genommen werden.

Tritt der Mangel erst nach mehr als 4 Jahren auf, so kann der Bauherr nur noch den Architekten für den Schaden in Anspruch nehmen. Es empfiehlt sich deshalb, die Verjährungsfrist möglichst einheitlich zu gestalten. Handwerkerverträge sollten ebenfalls mit 5 Jahren (gemäß BGB) Gewährleistung abgeschlossen werden.

Ist ein Mangel bei der Abnahme arglistig verschwiegen worden (wenn der Auftragnehmer einen ihm bekannten Mangel dem Auftraggeber bei der Abnahme verschweigt), beträgt die Verjährungsfrist 30 Jahre.

2.11.4 Leistungsbild des Architekten

Die Tabelle 2.1 zeigt das Leistungsbild des Architekten nach § 34 HOAI.

Tabelle 2.1: Leistungsbild des Architekten (Grundleistungen Gebäude) nach § 34 HOAI

Leistungsphasen	Prozentsatz des Honorars (%)
1. Grundlagenermittlung Ermitteln der Voraussetzung zur Lösung der Bauaufgabe durch die Planung	2
2. Vorplanung (Projekt- und Planungsvorbereitung) Erarbeiten der wesentlichen Teile einer Lösung der Planungsaufgabe	7
3. Entwurfsplanung (System- und Integrationsplanung) Erarbeiten der endgültigen Lösung der Planungsaufgabe	15
4. Genehmigungsplanung Erarbeiten und Einreichen der Vorlagen für die erforderlichen Genehmigungen oder Zustimmungen	3
5. Ausführungsplanung Erarbeiten und Darstellen der ausführungsreifen Planungslösung	25
6. Vorbereitung der Vergabe Ermitteln der Mengen und Aufstellen von Leistungsverzeichnissen	10
7. Mitwirkung bei der Vergabe Ermitteln der Kosten und Mitwirkung bei der Auftragsvergabe	4
8. Objektüberwachung (Bauüberwachung) Überwachen der Ausführung des Objektes	32
9. Objektbetreuung und Dokumentation Überwachen der Beseitigung von Mängeln und Dokumentation des Gesamtergebnisses	2
Summe:	**100**

2.11.5 Besondere Leistungen

Besondere Leistungen des Architekten (Ingenieurs) laut HOAI sind Leistungen, die über die Grundleistungen hinausgehen oder an deren Stelle treten. Sie sind besonders zu honorieren und vorher besonders zu vereinbaren. Dazu gehören z. B. folgende Leistungen:

- Beschaffen von Unterlagen, die für das Vorhaben erheblich sind
- Bestandsaufnahme (Leistungsphase 1)
- Durchführen einer Voranfrage (Bauanfrage) bei der Behörde (Leistungsphase 2)
- Aufstellen eines Finanzierungs- und Wirtschaftlichkeitsplanes (Leistungsphase 2)
- Analyse der Alternativen/Varianten und deren Wertung mit Kostenuntersuchung (Optimierung; Leistungsphase 3)
- Untersuchen alternativer Lösungsansätze nach verschiedenen Anforderungen einschließlich Kostenbewertung
- Ändern von Planungs- oder auch Genehmigungsunterlagen ohne Verschulden des Architekten (Leistungsphase 4)
- Aufstellen, Überwachen und Fortschreiben von differenzierten Zeit-, Kosten- oder Kapazitätsplänen (Leistungsphase 8)
- Leistungen nach der Übergabe des Bauobjektes
- ergänzende Planungen zur Reduzierung von Schadstoffen und des Energieverbrauchs

2.11.6 Vollmacht

Der Architekt (Ingenieur) besitzt aufgrund seiner Berufstätigkeit gegenüber den ausführenden Firmen keine Vertretungsvollmacht des Bauherrn. Er braucht also, um rechtsgeschäftliche Tätigkeiten für den Bauherrn ausführen zu können, eine Vollmacht, um z. B. Nachträge der ausführenden Firmen in Auftrag zu geben, Terminverlängerungen zu gewähren (vor allen Dingen bei Vertragsstrafe), Abnahmen von fertiggestellten Leistungen durchzuführen usw.

Diese Vollmacht für den Architekten (Ingenieur) stellt der Bauherr aus, damit ihn dieser bei allen Verhandlungen mit den Behörden und den Nachbarn vollgültig vertreten kann.

2.11.7 Schlichtungsausschuss

Bauprozesse werden am Landgericht geführt und schließen dort in den meisten Fällen mit einem Vergleich ab.

Seit Bestehen der HOAI und der Architektenkammer gibt es den Schlichtungsausschuss, eine Einrichtung in der Kammer zur Schlichtung von Streitigkeiten zwischen Bauherren und Architekten. Damit wird angestrebt, einen gütlichen Vergleich zu erreichen und dadurch oft unnötige, aber immer zeitraubende und für den Bau kostspielige Prozesse zu vermeiden und die schon große Zahl der Prozesse zu reduzieren.

Ein Schlichtungsverfahren bei der Architektenkammer erlaubt meistens eine schnelle Regelung und führt oft zu einem für beide Parteien erträglichen Vergleich. Außerdem ist er kostensparend.

2.11.8 Honorarermittlung für das Musterprojekt

Am Beispiel des Leistungsbildes Gebäude und Innenräume (§ 34 HOAI) wird die Berechnung des Architektenhonorars für das Musterprojekt erstellt. Sämtliche Honorarberechnungskriterien werden ermittelt bzw. festgelegt und in einer prüffähigen Berechnung dargestellt.

Folgende Vertragsvereinbarungen wurden getroffen:

- **Anspruchsgrundlage:** schriftliche Begründung des Vertragsverhältnisses zum Zeitpunkt der Auftragserteilung
- **Honorarberechnungsgrundlage:** Zustandekommen des Vertragsverhältnisses am TT.MM.JJJJ im Geltungszeitraum der HOAI 2021
- **Leistungsbild des Vertragsgegenstandes:** Planungs- und Bauleitungsleistungen für den Neubau des Einfamilienhauses in 00000 Musterstadt, Musterstraße 100
- **Umfang der Leistungsverpflichtung des Architekten:** Leistungsphasen 1 bis 9 für den Neubau des Gebäudes, also 100 % (siehe Kapitel 2.11.4)
- **Vergütungsverpflichtung** des Bauherrn nach folgenden Vereinbarungen:
  - Die **Honorarzone** wurde im Sinne des § 5 Abs. 1 HOAI sowie Anlage 10.2 der HOAI (Objektliste für Gebäude) und § 35 Abs. 2 HOAI (Bewertungsmerkmale für Gebäude) als durchschnittlich eingestuft und somit der Honorarzone III zugeordnet.
  - Der **Honorarsatz** wird als Höchstsatz festgelegt.
  - Die **Nebenkosten** im Sinne des § 14 HOAI werden pauschal mit 5 % des Honorars zusätzlich berechnet.

Anrechenbare Kosten aus der Kostenschätzung (siehe Kapitel 2.7) ergaben eine Nettosumme von 865.500,00 €. Angerechnet wurden die Kostengruppen 300 (zu 100 %) und 400 (zu 25 %).

Honorarberechnung

Die Honorarberechnung erfolgt gemäß § 35 Abs. 1 HOAI (vgl. Auszug aus Honorartafel in Tabelle 2.2) unter Berücksichtigung des § 13 HOAI (Interpolation der Werte aus der Honorartafel).

Tabelle 2.2: Auszug aus der Honorartafel nach § 35 Abs. 1 HOAI (Gebäude und Innenräume)

anrechenbare Kosten (€)	Zone III	
	von (€)	bis (€)
750.000	89.927	112.156
1.000.000	115.675	144.268

Die Mindest- und Höchstsätze für Zwischenstufen der in den Honorartafeln angegebenen anrechenbaren Kosten, Werte und Verrechnungseinheiten sind durch lineare **Interpolation** zu ermitteln (§ 13 HOAI):

Beispiel

- bei 750.000,00 € (aus Honorartafel) = 89.227,00 € Höchstsatz
- bei 1.000.000,00 € (aus Honorartafel) = 144.268,00 € Höchstsatz
- bei 865.000,00 € – zu ermitteln durch Interpolation:

$$\frac{(865.000\ 0150 - 750.000) \cdot (144.268 - 112.156)}{1.000.000 - 750.000} = 14.835{,}74\ €$$

- Honoraranspruch 100 % = 126.991,74 € (112.156,00 + 14.835,74)
- Nebenkosten 5 % = 6.349,59 €
- Nettohonorar = 133.341,13 € (126.991,74 + 6.349,59)
  19 % MwSt. = 25.334,85 € (19 % von 133.341,85)
- Bruttohonorar Endsumme = 158,676,16 €

Der Architekt erhält nach dieser Berechnung für seine Leistungen ein Gesamthonorar in Höhe von brutto 158.676,18 €, sofern sich die Kosten nicht bis zur Kostenberechnung in der Entwurfsplanungsphase ändern. Bei Über- bzw. Unterschreitung der auf Grundlage der Kostenberechnung einvernehmlich zwischen Bauherrn und Architekten festgelegten anrechenbaren Kosten kann ein Ab- bzw. Aufschlag des Honorars gemäß § 7 Abs. 7 HOAI vereinbart werden.

2.12 Checkliste zur Vorplanung

Das Ankreuzkästchen in der folgenden Checkliste steht bei der jeweiligen Leistungsart. Die Checkliste ist nach dem Objekt abzustimmen und zwischen den Vertragspartnern zu vereinbaren (diese Vorlage erhebt keinen Anspruch auf Vollständigkeit).

Leistungen	Grund-leistung	Besondere Leistung
Analyse der Grundlagen		
eine für den Bauherrn verständlich gegliederte Darstellung der ermittelten Grundlagen	☐	
Klären wesentlicher Zusammenhänge		
in der Nutzung, den Kosten, der Gestaltung der Konstruktion, der Zeit, der planungsrechtlichen Auflagen	☐	
Aufstellen eines Zielkataloges		
in Raum und Funktionsprogramm bzw. Art, Umfang und Größe	☐	
Erarbeiten eines Planungskonzeptes		
Das Planungskonzept ist in folgender Hinsicht zu erarbeiten: • städtebaulich (Integration Umgebung) • gestalterisch (Planungsidee) • funktionell (Raumprogramm, Himmelsrichtung, Aussicht etc.) • technisch (haus- und tragwerkstechnisch etc.) • wirtschaftlich (Kosten/Nutzen) • energiewirtschaftlich und ökologisch	☐	
Planungskonzept: • alternative Lösungsmöglichkeiten (gleiche Anforderung) • alternative Lösungen (verschiedene Anforderung)		☐
Koordinieren (Integrieren) der Fachplaner (Sonderfachleute)		
• Vermesser • Tragwerksplaner • Haustechniker • Gutachter/Sachverständige (Brand-, Wärme-, Schallschutz) • Bodengutachter soweit in dieser Leistungsphase tätig, sind ihre Beiträge in das Planungskonzept einzuordnen	☐	
Genehmigungsfähigkeit		
abgestimmt mit Planungsamt/Bauaufsichtsamt Dokumentation in: • Besprechungsnotiz bzw.	☐	
• Stellen einer Bauvoranfrage		☐
Kosten und Finanzierung		
• Kosten nach DIN 276 (Ebene 1) überschlägig zu ermitteln	☐	
• Finanzierungsplan für Finanzierungsträger aufstellen		☐
Erläuterung der Vorplanung		
mündliche oder schriftliche Erläuterung der Pläne bzw. der Beiträge der sachverständigen Ingenieure (Form ist nicht festgelegt)		☐
Bestandsaufnahme bei vorhandener Bebauung		☐
Perspektive/Modelle		☐
Zeit- und Organisationsplan		☐
Unterstützen des Bauherrn bei gerichtlichen Angelegenheiten		☐
Ändern von Planungs- oder auch Genehmigungsunterlagen ohne Verschulden des Architekten		
Leistungen nach der Übergabe des Bauobjektes		☐
ergänzende Planungen zur Reduzierung von Schadstoffen und des Energieverbrauchs		☐

3 Entwurf

Der Entwurf ist die endgültige Festlegung der Bauplanung nach den Vorstellungen des Bauherrn unter Einbeziehung der Angaben der Fachingenieure und der Vorgaben des Bauaufsichtsamtes.

Die zeichnerische Darstellung erfolgt in der Regel im Maßstab 1 : 100 (siehe beispielhaft Abb. 3.1).

3.1 Anforderungen an den Entwurf

Nach dem Entwurf soll die Ausführungsplanung ohne große Änderungen fortgeführt werden. Er muss folgende Anforderungen erfüllen:

- Einfügung in die Umgebung
- Gestaltung der Räumlichkeiten
- funktionsgerechtes Bauen
- bauphysikalisch und energetisch ausgereifte Lösung
- tragkonstruktiv und gebäudetechnisch ausgereifte Lösung
- Realisierung im Kostenrahmen
- Beachtung der ökologischen Gesichtspunkte
- Genehmigungsfähigkeit nach der jeweiligen Landesbauordnung

3.2 Verbindlichkeit und Vollständigkeit des Entwurfes

Die Entwurfspläne sind verbindlich und werden zur Baugenehmigung vollständig beim Bauaufsichtsamt eingereicht.

Der Architekt verpflichtet sich (durch Unterschrift), das Objekt nach den genehmigten Plänen (vom Bauherrn unterschrieben) zu errichten. Änderungen des Entwurfes sind nur mit beiderseitiger schriftlicher Zustimmung möglich.

Der Architekt ist für die Genehmigungsfähigkeit des Entwurfes verantwortlich, d. h., der Entwurf muss in seiner zeichnerischen Darstellung und Vermaßung alle zur Genehmigung notwendigen Punkte enthalten.

3.3 Entwurfsplanung nach HOAI, Leistungsphase 3

Die Entwurfsplanung wird in der HOAI in folgende Teilleistungen gegliedert:

- Durcharbeiten des Planungskonzeptes (der Vorplanung)
- Bereitstellen der Arbeitsergebnisse als Grundlage für die anderen an der Planung fachlich Beteiligten sowie Koordination und Integration von deren Leistungen
- Objektbeschreibung
- Fortschreiben des Terminplans
- Zusammenfassen, Erläutern und Dokumentieren der Ergebnisse

- zeichnerische Darstellung im Hinblick auf folgende Aspekte:
  - städtebauliche
  - gestalterische
  - funktionale
  - technische, bauphysikalische
  - wirtschaftliche
  - energiewirtschaftliche
  - landschaftsökologische
- Verhandlungen mit Behörden und Fachplanern über Genehmigungsfähigkeit
- Kostenberechnung/Kostenkontrolle

Besondere Leistungen sind in dieser Phase u. a.:

- Analyse der Alternativen/Varianten und deren Wertung mit Kostenuntersuchung (Optimierung)
- Wirtschaftlichkeitsberechnung
- Kostenberechnung durch Aufstellung von Mengengerüsten oder eines Bauelementekataloges

3.3.1 Durcharbeiten des Vorplanungskonzeptes

Im Entwurf als Weiterentwicklung der Vorplanung sind alle Ergebnisse der Entwurfsplanung einzuarbeiten:

- Resultate der Überlegungen des Bauherrn
- Ergebnisse der Fachingenieure
- Verhandlungsergebnisse mit den Behörden über die Genehmigungsfähigkeit (Voranfrage)
- Prüfung des finanziell Machbaren durch Abgleich der Kostenschätzung mit dem Finanzierungsrahmen, erstellt durch den Finanzierungsträger

3.3.2 Zeichnerische Darstellung des Gesamtobjektes

Der Entwurf ist folgendermaßen darzustellen:

- in den Grundrissen (alle Geschosse) mit allen notwendigen Maßen zur:
  - Berechnung der bebauten Fläche (GRZ)
  - Wohn- und Nutzflächenberechnung
  - Berechnung des umbauten Raumes
  - Bestimmung der Belichtungsflächen (Fenstergrößen)
- in den Ansichten (von allen Seiten) mit dem Verlauf des vorhandenen und geplanten Geländes:
  - zur Geschossflächenberechnung
  - zur Abstandsflächenberechnung
- in den Schnitten (Anzahl nach Notwendigkeit) mit Angaben der Höhen zur:
  - Einfügung in die Umgebung (Firsthöhe, Traufhöhe)
  - Abstandflächenberechnung
  - Überprüfung der Vollgeschossigkeit ≥ GFZ
  - Überprüfung der notwendigen Kopfhöhen (Treppen)
  - Berechnung der Wohn- und Nutzfläche im Dachgeschoss
  - Darstellung in der Geländetopografie

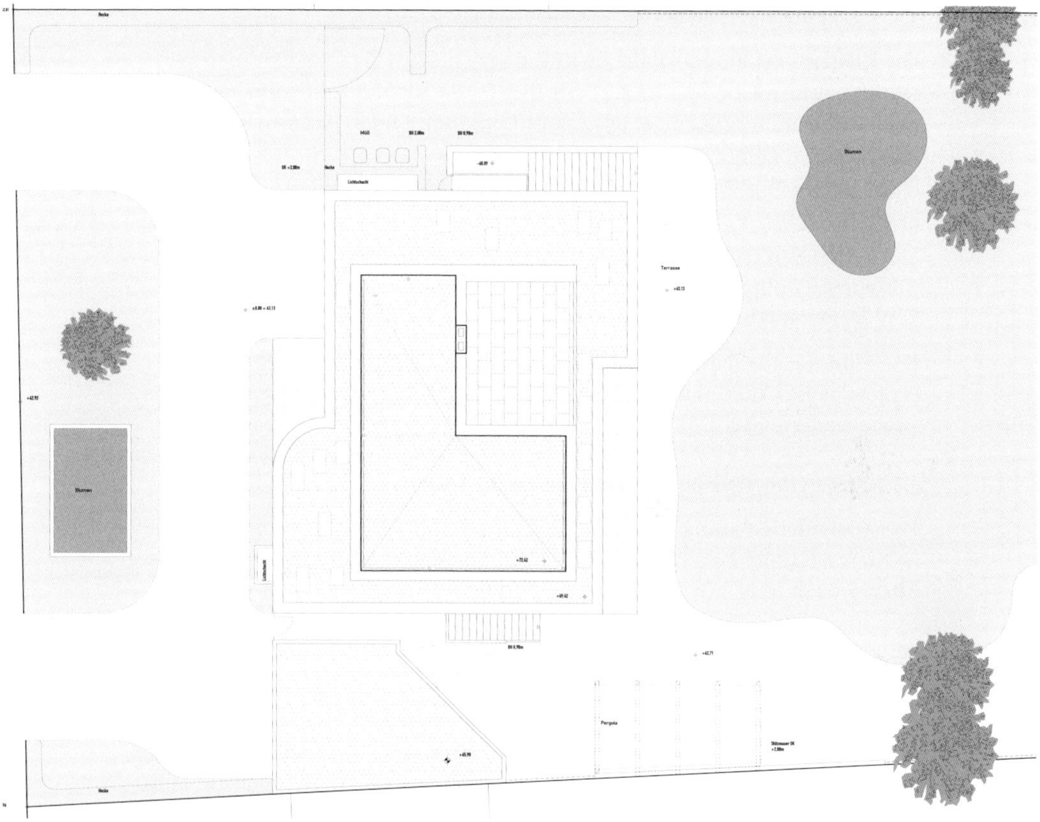

Abb. 3.1: Gebäude mit Außenanlage, Musterprojekt (Draufsicht im Maßstab 1 : 100 [im Original; hier abweichend])

Die Entwurfszeichnungen werden nach Fertigstellung von dem Vermessungsingenieur in den Lageplan übernommen, zur Überprüfung der GRZ, GFZ und der Abstandflächen.

3.3.3 Objektbeschreibung

In der Objektbeschreibung wird die Entwurfsplanung erläutert bzw. dokumentiert, möglicherweise mit entsprechenden Besprechungsnotizen (mit der Genehmigungsbehörde, dem Bauherrn, den Fachingenieuren).

3.3.4 Zusammenfassung der Entwurfsunterlagen

Die Zusammenfassung der Entwurfsunterlagen kann durch ein Anschreiben an den Bauherrn erfolgen, in dem ihm alle Entwurfsunterlagen übergeben werden. Hierbei sollte der Bauherr darauf hingewiesen werden, dass die Entwurfsplanung abgeschlossen ist und nunmehr mit der Ausführungsplanung begonnen werden kann. Nach der Entwurfsplanung sind keine Änderungen mehr möglich.

Die Entwurfsplanung wird in der Leistungsphase Genehmigungsplanung mit den Genehmigungsunterlagen bei der Bauaufsicht zur Genehmigung eingereicht.

3.4 Kostenberechnung

Die Kostenberechnung ist die Fortführung (höhere Genauigkeit) der Kostenschätzung (siehe Kapitel 2.7). Sie dient auch als Kontrolle, inwieweit die neu erarbeiteten Ergebnisse der Entwurfsplanung noch der Finanzierung entsprechen. Möglicherweise sind preiswertere Alternativen mit dem Bauherrn abzustimmen oder der Bauherr müsste eine Nachfinanzierung erwägen.

Die Kostenberechnung dient als Grundlage für die Entscheidung über die Entwurfsplanung. Auf Änderungen, die zu Mehrkosten führen, ist der Bauherr rechtzeitig hinzuweisen.

Das Honorar für die Leistungsbilder der Objekt- und Fachplanung (Teil 3 und 4 der HOAI 2021) berechnet sich auf Grundlage der Kostenberechnung (siehe auch Kapitel 1.8).

3.4.1 Kostenberechnung nach DIN 276, zweite Ebene

Die Kostenberechnung sollte entsprechend DIN 276 gegliedert werden (siehe hierzu Kapitel 1.8 und 2.6). Im Folgenden sind die Kostengruppen (erste Ebene) nach DIN 276 aufgeführt und erläutert.

Kostengruppe 100 – Grundstück

Diese Kostengruppe beinhaltet Kosten, die im Zusammenhang mit dem Grundstück entstehen oder entstanden sind. Zum Zeitpunkt der Entwurfsplanung liegen die Grundstücks- und Grundstücksnebenkosten zum Teil vor oder können in der Genauigkeit der Kostenebene 3 (siehe Kapitel 2.6) angegeben werden.

Kostengruppe 200 – Vorbereitende Maßnahmen

Die öffentlichen Erschließungskosten werden erhoben für die Ver- und Entsorgungsleitungen bis zur Grundstücksgrenze und sind bei erschlossenen Grundstücken nicht mehr zu berücksichtigen.

Die nicht öffentliche Erschließung bedeutet die Verlegung der Versorgungsleitung bis in das Haus. Mit dem Beantragen der Erschließung bei den Versorgungsträgern werden die Erschließungskosten von den Versorgungsträgern angeboten. Diese relativ genauen rechtsverbindlichen Angebote werden entsprechend übernommen.

Kostengruppe 300 – Bauwerk – Baukonstruktionen

Hierfür werden die Kosten (nach der Kostenfeststellung) von schon erstellten und vergleichbaren Objekten ausgewertet und mit den Mengenansätzen des zu planenden Objektes hochgerechnet (siehe hierzu auch die Kapitel 3.4.2 und 3.4.3).

Kostengruppe 400 – Bauwerk – Technische Anlagen

Wie in Kostengruppe 300 werden auch hierfür die Kosten von vergleichbaren Objekten ausgewertet und hochgerechnet.

Kostengruppe 500 – Außenanlagen und Freiflächen

Die Kosten für die Vegetation (begrünte Flächen) können nur nach einem Pflanzplan pauschal bewertet werden. Die Kosten für befestigte Flächen (Pflasterflächen) werden nach schon erstellten Objekten ausgewertet und nach den Mengenansätzen des geplanten Objektes hochgerechnet. Die Einfriedungen (Zäune, Mauern) werden nach dem Umfang der einzugrenzenden Flächen der entsprechenden Kosten hochgerechnet. Konstruktionen in Außenanlagen (Carports, Überdachungen) sind pauschal zu bewerten.

Kostengruppe 600 – Ausstattung und Kunstwerke

Ausstattungen sind Möbel (Einbauschränke, Wohnküchen) und Textilien (Vorhänge, Gardinen).

Unter Kunstwerken sind Skulpturen oder Brunnen zu verstehen, z. B. bei öffentlichen Gebäuden. Diese können nur pauschal bewertet werden.

Kostengruppe 700 – Baunebenkosten

In dieser Gruppe sind alle Honorare zu ermitteln, wie die des Architekten und der Fachingenieure, dazu auch alle Genehmigungsgebühren und Finanzierungskosten. Die Honorare können nach der HOAI ermittelt werden, die Genehmigungskosten nach den Gebührentabellen des Bauaufsichtsamtes.

Kostengruppe 800 – Finanzierung

Im Zuge der Aktualisierung der DIN 276 im Jahr 2018, wurden die Kosten zur Finanzierung eines Bauvorhabens aus der Kostengruppe 700 herausgenommen und in die Kostengruppe 800 ausgegliedert. Hierunter fallen alle im Zusammenhang mit der Finanzierung des Bauprojektes stehenden Kosten, wie die Finanzierungskosten, Fremdkapitalzinsen, Eigenkapitalzinsen, Bürgschaften und sonstige Finanzierungskosten.

Die Erfahrung zeigt, dass in jeder Kostengruppe Reserven für Unvorhergesehenes vorzusehen sind.

Als Beispiel einer Gliederung für die Kostenberechnung zeigt Abb. 3.2 eine praxisbezogene Einteilung nach Leistungsbereichen gemäß dem Standardleistungsbuch für das Bauwesen (STLB-Bau – Dynamische BauDaten®; Datenbank zu Ausschreibungstexten für Bauleistungen), wie sie die DIN 276: 2018-12 unter Abschnitt 5.3 als Alternative zu den vorgegebenen Gliederungen vorsieht:

„In geeigneten Fällen und bei den dafür geeigneten Kostengruppen (z. B. KG 300 Bauwerk — Baukonstruktionen), können die Kosten vorrangig ausführungsorientiert gegliedert werden. Dabei können bereits die Kostengruppen der ersten Ebene der Kostengliederung nach ausführungs- oder gewerkeorientierten Strukturen unterteilt werden. Diese Unterteilung entspricht der zweiten Ebene der Kostengliederung. Hierfür können die Gliederungen z. B. in Leistungsbereiche entsprechend dem Standardleistungsbuch (STLB-Bau) oder in Gewerke (ATV) nach VOB Teil C verwendet werden.

Bauherr: Objekt:			
Nr.	**Kostengruppe**	**Teilbetrag (€)**	**Gesamtbetrag (€)**
100	**Grundstück**		
110	Grundstückswert		
120	Grundstücksnebenkosten		
130	Freimachen		
		Summe 100	
200	**Herrichten und Erschließen**		
210	Herrichten		
220	Öffentliche Erschließung		
230	Nicht öffentliche Erschließung		
240	Ausgleichsabgaben		
250	Übergangsmaßnahmen		
		Summe 200	
300	**Bauwerk – Baukonstruktion**		
	Rohbau		
000	Sicherheitseinrichtungen, Baustelleneinrichtung		
002	Erdarbeiten		
009	Entwässerungskanalarbeiten		
012	Mauerarbeiten		
013	Betonarbeiten		
014	Natur- und Betonwerksteinarbeiten		
016	Zimmer- und Holzbauarbeiten		
018	Abdichtungsarbeiten		
021	Dachabdichtungsarbeiten		
022	Klempnerarbeiten		
	Ausbau		
023	Putz- und Stuckarbeiten, Wärmedämmsysteme		
024	Fliesen- und Plattenarbeiten		
025	Estricharbeiten		
026	Fenster, Außentüren		
027	Tischlerarbeiten		
028	Parkett-, Holzpflasterarbeiten		

Abb. 3.2: Kostenberechnung nach DIN 276: 2018-12, zweite Ebene; Gliederung der Kostengruppen 300 und 400 nach Leistungsbereichen gemäß STLB-Bau

Nr.	Kostengruppe	Teilbetrag (€)	Gesamtbetrag (€)
031	Metallbauarbeiten inkl. 035		
034	Maler- und Lackiererarbeiten		
036	Bodenbelagsarbeiten		
039	Trockenbauarbeiten		
		Summe 300	
400	**Bauwerk – Technische Anlagen**		
040	Wärmeversorgungsanlagen inkl. 041		
042	Gas- und Wasserinstallationsarbeiten		
044	Abwasserinstallationen, Leitungen inkl. 043		
045	Gas-, Wasser-Einrichtungsgegenstände inkl. 046		
047	Wärmedämmarbeiten an betriebstechnischen Anlagen		
053	Niederspannungsanlagen inkl. 054		
058	Leuchten und Lampen inkl. 059		
060	Elektroakustische Anlagen, Sprechanlagen		
061	Kommunikationsnetze inkl. 062		
063	Gefahrenmeldeanlagen		
075	Raumlufttechnische (RLT-)Anlagen		
		Summe 400	
500	**Außenanlagen**		
510	Geländeflächen		
520	Befestigte Flächen		
530	Baukonstruktionen in Außenanlagen		
540	Technische Anlagen in Außenanlagen		
550	Einbauten in Außenanlagen		
560	Wasserflächen		
570	Pflanz- und Saatflächen		
590	Sonstige Außenanlagen		
		Summe 500	
600	**Ausstattung und Kunstwerke**		
610	Ausstattung (Möbel, Geräte, Schilder u. a.)		
620	Kunstwerke		
		Summe 600	

Abb. 3.2: Fortsetzung

Nr.	Kostengruppe	Teilbetrag (€)	Gesamtbetrag (€)
700	**Baunebenkosten**		
710	Bauherrenaufgaben		
720	Vorbereitung der Objektplanung		
730	Architekten- und Ingenieurleistungen		
740	Fachplanung		
750	Künstlerische Leitung		
760	Allgemeine Baunebenkosten		
790	Sonstige Baunebenkosten		
		Summe 700	
800	**Finanzierung**		
810	Finanzierungskosten		
820	Fremdkapitalzinsen		
830	Eigenkapitalzinsen		
840	Bürgschaften		
890	Sonstige Finanzierungskosten		
		Summe 800	

Zusammenstellung der Kosten

Kostengruppe		Teilbetrag (€)	Gesamtbetrag (€)
Summe 100	Grundstück		
Summe 200	Herrichten und Erschließen		
Summe 300	Bauwerk – Baukonstruktion		
Summe 400	Bauwerk – Technische Anlagen		
Summe 500	Außenanlagen		
Summe 600	Ausstattung und Kunstwerke		
Summe 700	Baunebenkosten		
	zur Abrundung		
geschätzte Gesamtkosten			

Abb. 3.2: Fortsetzung

Im Falle einer solchen ausführungsorientierten Gliederung der Kosten ist eine weitere Unterteilung, z. B. in Teilbereiche oder in Teilleistungen, erforderlich, damit die Leistungen hinsichtlich Inhalt, Eigenschaften und Menge beschrieben und erfasst werden können. Diese Unterteilung entspricht der dritten Ebene der Kostengliederung."

Im Zuge der Aktualisierung der DIN 276 im Jahr 2018 wurden die Kosten zur Finanzierung eines Bauvorhabens aus der Kostengruppe 700 herausgenommen und in die Kostengruppe 800 ausgegliedert.

Hierunter fallen alle im Zusammenhang mit der Finanzierung des Bauprojektes stehenden Kosten, wie Finanzierungskosten, Fremdkapitalzinsen, Eigenkapitalzinsen, Bürgschaften und sonstige Finanzierungskosten.

3.4.2 Auswertung der Baukostenfeststellung

Das folgende Beispiel zeigt eine Aufstellung, nach deren Muster die Auswertung der Baukostenfeststellung nach Gewerken – unter Berücksichtigung der verschiedenen Bezugseinheiten – ausgewertet werden kann.

Beispiel

1. $\dfrac{\text{Gesamtkosten der Erdarbeiten}}{\text{Kubikmeter Aushub der Baugrube}}$

2. $\dfrac{\text{Gesamtkosten Rohbau}}{\text{Kubikmeter umbauter Raum}}$

3. $\dfrac{\text{Gesamtkosten Verblendmauerwerk}}{\text{Quadratmeter Fassade}}$

4. $\dfrac{\text{Gesamtkosten Putz}}{\text{Quadratmeter Wände}}$

5. $\dfrac{\text{Gesamtkosten Fenster}}{\text{Quadratmeter Fenster}}$

6. $\dfrac{\text{Kosten der Dächer}}{\text{Quadratmeter der Dächer}}$

7. konstruktive Einbauten (Treppen) nach Stück bewerten

3.4.3 Schlüssel für die Baukostenaufstellung

Für die Aufstellung der Baukosten hat das Baukosteninformationszentrum (BKI) nach Erfahrungen am Bau gewisse Schlüssel entwickelt, nach denen die aktuellen Prozentsätze für einzelne Leistungsbereiche zugrunde gelegt werden können.

Die folgende Tabelle 3.1 zeigt ein dem Musterprojekt entsprechendes Beispiel aus dem Wohnungsbau für Ein- und Zweifamilienhäuser hohen Standards, unterkellert, und zwar die Schlüssel für den Rohbau, den Ausbau und die Gebäudetechnik. Die Grundlage für den jeweiligen Preisansatz stellt folgende Formel dar:

Brutto-Grundfläche BGF (siehe Kapitel 4.6.2) · Ausgangs-(Grund-)Preis

Tabelle 3.1: Kostenkennwerte für Leistungsbereiche gemäß Standardleistungsbuch; Ein- und Zweifamilienhäuser, unterkellert, hoher Standard (Kostenstand: erstes Quartal 2022, inkl. Mehrwertsteuer [Bundesdurchschnitt] nach BKI Baukosten Gebäude Neubau 2023, Teil 1)

LB	Leistungsbereiche	von	% an 300 + 400	bis
000	Sicherheits-, Baustelleneinrichtung inkl. 001	1,2	**2,1**	3,2
002	Erdarbeiten	1,6	**2,8**	3,9
006	Spezialtiefbauarbeiten inkl. 005	–	–	–
009	Entwässerungskanalarbeiten inkl. 011	0,3	**0,7**	1,1
010	Drän- und Versickerungsarbeiten	< 0,1	**0,4**	0,9
012	Mauerarbeiten	3,1	**6,7**	9,8
013	Betonarbeiten	14,4	**17,1**	22,7
014	Natur-, Betonwerksteinarbeiten	< 0,1	**1,0**	3,3
016	Zimmer- und Holzbauarbeiten	0,6	**3,2**	5,7
017	Stahlbauarbeiten	< 0,1	**0,5**	4,3
018	Abdichtungsarbeiten	0,4	**1,2**	2,3
020	Dachdeckungsarbeiten	0,8	**2,2**	5,5
021	Dachabdichtungsarbeiten	0,3	**2,0**	4,0
022	Klempnerarbeiten	0,8	**1,4**	5,0
Rohbau		34,7	**41,1**	44,1
023	Putz- und Stuckarbeiten, Wärmedämmsysteme	4,4	**7,1**	10,6
024	Fliesen- und Plattenarbeiten	1,0	**2,4**	4,2
025	Estricharbeiten	0,9	**1,4**	1,8
026	Fenster, Außentüren inkl. 029, 032	6,0	**10,1**	15,0
027	Tischlerarbeiten	1,8	**4,3**	7,7
028	Parkettarbeiten, Holzpflasterarbeiten	0,7	**2,7**	5,0
030	Rollladenarbeiten	0,8	**2,0**	3,3
031	Metallbauarbeiten inkl. 035	1,0	**3,5**	7,5
034	Maler- und Lackiererarbeiten inkl. 037	1,6	**2,4**	3,9
036	Bodenbelagarbeiten	< 0,1	**0,6**	2,4
038	Vorgehängte hinterlüftete Fassaden	0,0	**0,3**	4,8
039	Trockenbauarbeiten	1,0	**3,0**	4,7
Ausbau		35,6	**39,7**	43,9

Tabelle 3.1: Fortsetzung

LB	Leistungsbereiche	von	% an 300 + 400	bis
040	Wärmeversorgungsanlagen – Betriebseinrichtungen inkl. 041	5,5	**7,5**	10,5
042	Gas- und Wasserinstallation, Leitungen inkl. 043	0,8	**1,4**	3,9
044	Abwasserinstallationsarbeiten – Leitungen	0,4	**0,8**	1,8
045	GWA-Einrichtungsgegenstände inkl. 046	1,0	**2,0**	3,0
047	Dämmarbeiten an betriebstechnischen Anlagen	< 0,1	**0,3**	0,5
049	Feuerlöschanlagen, Feuerlöschgeräte	–	**–**	–
050	Blitzschutz- und Erdungsanlagen	< 0,1	**0,2**	0,4
052	Mittelspannungsanlagen	–	**–**	–
053	Niederspannungsanlagen inkl. 054	2,3	**3,7**	5,2
055	Sicherheits- und Ersatzstromversorgungsanl.	0,0	**< 0,1**	0,2
057	Gebäudesystemtechnik	0,0	**0,2**	1,5
058	Leuchten und Lampen inkl. 059	< 0,1	**0,5**	1,3
060	Sprechanlagen, elektroakust. Anlagen inkl. 064	< 0,1	**0,3**	0,8
061	Kommunikationsnetze inkl. 062	< 0,1	**0,5**	0,8
063	Gefahrenmeldeanlagen	< 0,1	**0,1**	0,4
069	Aufzüge	–	**–**	–
070	Gebäudeautomation	0,0	**0,4**	2,7
075	Raumlufttechnische Anlagen	< 0,1	**1,1**	2,9
Gebäudetechnik		14,6	**18,9**	23,9
Sonstige Leistungsbereiche inkl. 008, 033, 051		< 0,1	**0,3**	0,8

Kapitalkosten	(€)	Anteil
Aufwendungen für Zinsen und Tilgung in %		
Kapitalkosten aus Finanzierungsplan		
Bewirtschaftungskosten (soweit vom Mieter nicht erstattet), z. B. Abwassergebühren, Grundsteuer		
Abschreibung		
Verwaltungskosten		
Mietausfall		2 % der Jahresmiete
Instandhaltungspauschale (Reparaturen)		3–5 € /m^2
Summe Aufwendungen		
Erträge		
Kostenmiete pro Jahr und Monat zur Deckung der Aufwendungen		
Miete Wohneinheit 1		
Miete Wohneinheit 2		
Miete Gewerbeeinheit		
Fördermittel		
steuerliche Abschreibung		
Summe Erträge		

Abb. 3.3: Muster für den Aufbau eines Wirtschaftlichkeitsplanes

3.5 Wirtschaftlichkeitsberechnung

In der Wirtschaftlichkeitsberechnung werden die jährlichen Aufwendungen für ein Objekt mit den jährlichen Erträgen verglichen. Hier ist zu unterscheiden zwischen Eigennutzung oder Vermietung von Objekten. Den Aufbau eines Wirtschaftlichkeitsplanes zeigt Abb. 3.3.

Die Summe der Aufwendungen ist in der Steuererklärung den Mieteinnahmen gegenüberzustellen. Soweit dieser Saldo negativ ist, mindert sich das zu versteuernde Einkommen.

3.6 Am Bau Beteiligte

3.6.1 Tragwerksplaner

Der Tragwerksplaner wird vom Bauherrn direkt beauftragt. Bei der Auswahl ist der Architekt behilflich. Die Leistungen des Tragwerksplaners werden in den §§ 49 bis 52 HOAI sowie der Anlage 14 zu § 51 Abs. 5 und § 52 Abs. 2 HOAI behandelt.

Weitere am Bau Beteiligte sind:

- Bauphysiker
- Brandschutzgutachter
- ggf. Sachverständiger Artenschutz
- Freiraumplaner
- ggf. Verkehrsgutachter

Das Leistungsbild der Tragwerksplanung ist in § 51 HOAI in 6 Leistungsphasen gegliedert, die folgend unter Benennung beispielhafter Grundleistungen sowie der prozentualen Bewertung der Honorare beschrieben sind:

- **Grundlagenermittlung (3 %):** Klärung der Aufgabenstellung auf dem Fachgebiet Tragwerksplanung
- **Vorplanung (Projekt- und Planungsvorbereitung [10 %]):** Erarbeiten des statisch-konstruktiven Tragwerkkonzeptes unter Berücksichtigung der Belange der Gebrauchsfähigkeit und der Wirtschaftlichkeit mittels skizzenhafter Darstellungen
- **Entwurfsplanung (System- und Integrationsplanung [15 %]):** Erarbeiten der Tragwerkslösung mit überschlägiger statischer Berechnung (Festlegung des statischen Systems, Dimensionierung der Fundamente, Wand und Decken), Mitwirken bei u. a. Kostenberechnung, Terminplanung, Objektbeschreibung; überschlägiges Ermitteln der Baustoffmengen
- **Genehmigungsplanung (30 %):** Aufstellen der prüffähigen statischen Berechnungen für das Tragwerk, Anfertigen der Positionspläne für das Tragwerk; Abstimmen mit Prüfämtern und Prüfingenieuren
- **Ausführungsplanung (40 %):** Anfertigen der Tragwerksausführungszeichnungen (Schal- und Bewehrungspläne [siehe Abb. 3.4 und 3.5]), Aufstellen detaillierter Stahl- oder Stücklisten
- **Vorbereitung der Vergabe (2 %):** Beitrag zur Mengenermittlung und zum Leistungsverzeichnis (Betonstahl, Stahl und Holz)

Die Leistungsphasen 7 bis 9 sind beim Tragwerksplaner Besondere Leistungen.

Da sich die Architektur grundsätzlich mit der Tragwerksplanung bezüglich des statischen Systems bzw. der statischen Machbarkeit abstimmen muss, ist der Tragwerksplaner bereits frühzeitig zu beauftragen.

3.6.2 Fachingenieur für Technische Gebäudeausrüstung (TGA)

Die Technische Gebäudeausrüstung umfasst die Leistungen, die in der Kostengruppe 400 nach DIN 276 aufgelistet sind. Die Leistungen der Fachplaner TGA werden in den §§ 53 bis 56 HOAI (Teil 4 [Fachplanung], Abschnitt 2 [Technische Ausrüstung]) behandelt.

Das Leistungsbild Technische Ausrüstung ist in § 55 HOAI analog zu dem des Architekten in 9 Leistungsphasen gegliedert, die folgend unter Benennung beispielhafter Grundleistungen (vgl. Anlage 15 HOAI) sowie der prozentualen Bewertung der Honorare beschrieben sind:

- **Grundlagenermittlung (2 %):**
  - Klärung der Aufgabenstellung auf dem Fachgebiet TGA
  - Zusammenfassen der Ergebnisse

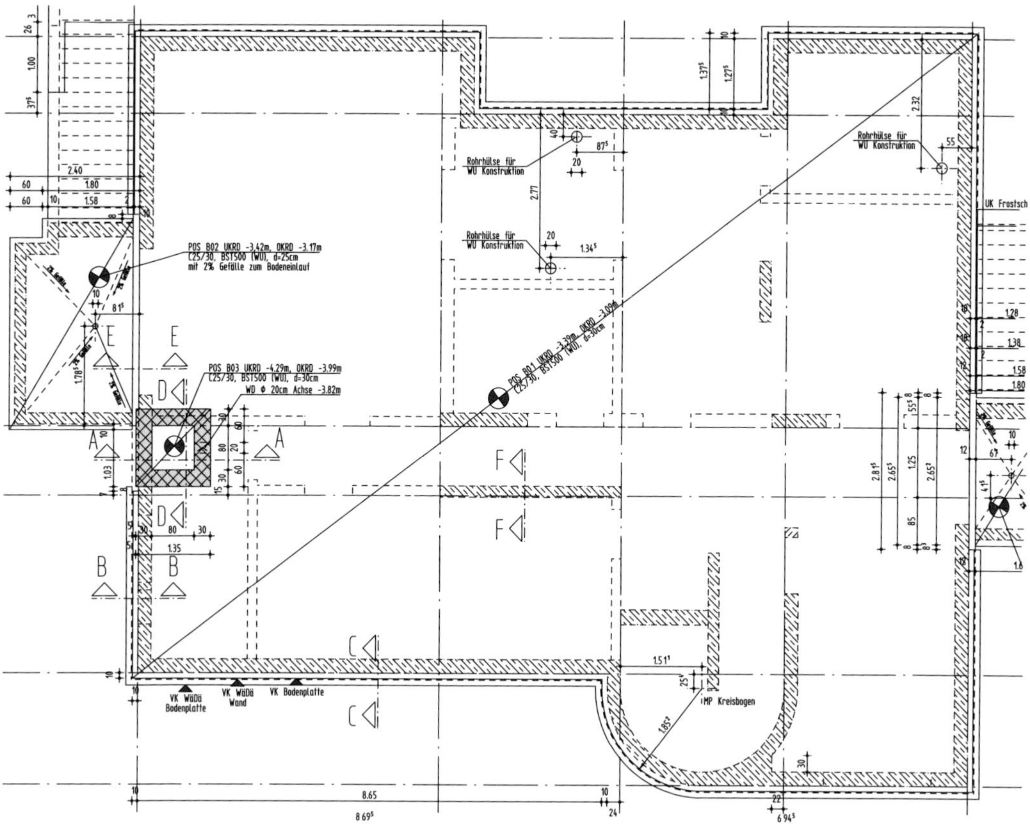

Abb. 3.4: Ausschnitt aus dem Schalplan der Bodenplatte des Musterprojektes

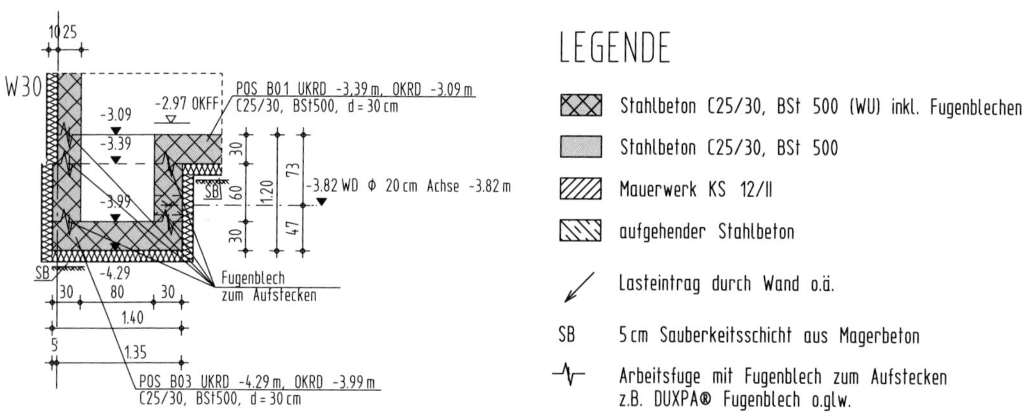

Abb. 3.5: Ausschnitte aus dem Schalplan der Bodenplatte des Musterprojektes (Detailschnitt A-A und Legende)

- **Vorplanung (9 %):**
  - Erarbeiten eines Planungskonzepts mit überschlägiger Auslegung der wichtigen Systeme und Anlagenteile
  - Mitwirken bei der Kostenschätzung
  - Mitwirken bei Vorverhandlungen mit Behörden und anderen an der Planung fachlich Beteiligten
- **Entwurfsplanung (System- und Integrationsplanung [17 %]):**
  - Festlegen aller Systeme und Anlagenteile
  - Berechnung und Bemessung sowie zeichnerische Darstellung und Anlagenbeschreibung
- **Genehmigungsplanung (2 %):** Erarbeiten der Vorlagen für die nach den öffentlich-rechtlichen Vorschriften erforderlichen Genehmigungen oder Zustimmungen; Mitwirken bei Verhandlungen mit Behörden
- **Ausführungsplanung (22 %):**
  - ausführungsreife zeichnerische Darstellung der Anlagen
  - Anfertigen von Schlitz- und Durchbruchsplänen
- **Vorbereitung der Vergabe (7 %):** Aufstellen von Leistungsbeschreibungen, Kostenermittlung, Kostenkontrolle
- **Mitwirkung bei der Vergabe (5 %):**
  - Einholen, Prüfen und Werten der Angebote, Kostenkontrolle
  - Mitwirken bei der Auftragserteilung
- **Objektüberwachung (Bauüberwachung [35 %]):**
  - Überwachen der Ausführung des Objektes
  - fachtechnische Abnahme der Leistungen und Feststellen der Mängel
  - Zusammenstellen und Übergeben der Revisionsunterlagen
  - Kostenkontrolle und Kostenfeststellung
- **Objektbetreuung und Dokumentation (1 %):**
  - fachliche Bewertung der innerhalb der Verjährungsfristen für Gewährleistungsansprüche festgestellten Mängel
  - Objektbegehung zur Mängelfeststellung und -behebung vor Ablauf der Verjährungsfristen

Auch der Fachingenieur für TGA wird vom Bauherrn direkt beauftragt und haftet wie der Architekt für seine Gewerke gegenüber dem Bauherrn. Er hat jedoch nicht die Koordinierungs- und Integrationspflicht.

Bei kleineren Objekten ist der Bauherr bestrebt, die Baunebenkosten (Honorare) in ein günstiges Verhältnis zu den Baukosten (Gewerke) zu stellen. Das heißt, er versucht, das Honorar des Fachingenieurs zu sparen.

Wenn der Architekt nunmehr Leistungen des Fachingenieurs mit übernimmt (z. B. Mengenermittlung, Ausschreibung, Vergabe, Bauleitung) besteht die Gefahr, dass diese Leistung versicherungstechnisch nicht abgedeckt ist. Beauftragt der Bauherr einen Handwerkerbetrieb mit der Ingenieurleistung, so besteht die Gefahr des verdeckten Preisvorteils, wenn die Firma später bei der Vergabe von Bauleistungen mitbietet.

Durch die Zusammenfassung der Energieeinsparverordnung (EnEV) und des Erneuerbaren-Energien-Wärmegesetzes (EEWärmeG) in dem seit 11. November 2020 in Kraft getretenen Gebäudeenergiegesetz (GEG) (siehe Kapitel 1.3.3) kommt dem Fachingenieur TGA eine wesentlich größere Bedeutung zu als noch vor einigen Jahren. Aufgrund der Angaben der Anlagentechnik, die für die Berechnung des Jahresprimärenergiebedarfs eines Gebäudes durch den staatlich anerkannten Sachverständigen für Wärmeschutz (siehe Kapitel 3.6.3) unverzichtbar sind, ist die Beauftragung des Fachingenieurs TGA bereits frühzeitig erforderlich. Erst mit dem Zusammenwirken von Architekt, Tragwerksplaner, Fachingenieur TGA und dem Sachverständigen für Schall- und Wärmeschutz kann – unter Berücksichtigung des Einsatzes von Technologien der erneuerbaren Energien und nicht zuletzt der damit verbundenen Kosten – eine hinreichend genaue Weichenstellung für die Gebäudegeometrie und Fassadengestaltung erfolgen.

3.6.3 Staatlich anerkannter Sachverständiger (saSV)

Im Zuge der Vereinfachung und Beschleunigung von Genehmigungsverfahren ist nach der Landesbauordnung von NRW 1995 der staatlich anerkannte Sachverständige (saSV) eingeführt worden.

Bei allen genehmigungspflichtigen Bauvorhaben sowie Wohngebäuden mit mehr als 2 Wohnungen sind bautechnische Nachweise von den staatlich anerkannten Sachverständigen zu prüfen (siehe Kapitel 4.6.3).

Diese sind Experten in bestimmten Fachbereichen, die durch eine umfangreiche Prüfung – z. B. bei der Ingenieurkammer-Bau Nordrhein-Westfalen (IK-Bau NRW) – nachgewiesen haben, dass sie neben langjähriger Berufserfahrung über eine besondere Sachkunde in ihren Fachbereichen verfügen. Sie sind berechtigt, je nach Fachbereich gesetzlich vorgeschriebene Nachweise aufzustellen, Prüfungen vorzunehmen und Bescheinigungen auszustellen. Staatlich anerkannte Sachverständige arbeiten privatrechtlich und übernehmen Aufgaben, die früher ausschließlich von Behörden abgedeckt wurden. Der Bauherr hat den Vorteil, dass er den saSV bereits in einem frühen Entwurfsstadium einschalten kann und nicht mehr, wie es zum Teil in der Vergangenheit erforderlich war, die Beauftragung durch die Bauaufsichtsbehörde abwarten muss.

Die frühzeitige Einschaltung des saSV bewirkt nicht nur einen Beschleunigungseffekt, sondern führt auch zu einer gewünschten Abstimmung bzw. Optimierung der Planungen unter allen in Betracht kommenden technischen und finanziellen Aspekten.

Es werden Sachverständige in folgenden Bereichen anerkannt:

- staatlich anerkannte Sachverständige für die Prüfung der Standsicherheit in den Fachrichtungen Massivbau, Metallbau und Holzbau (Prüfstatiker)
- staatlich anerkannte Sachverständige für den baulichen Brandschutz
- staatlich anerkannte Sachverständige für Erd- und Grundbau (siehe Kapitel 1.7.2)
- staatlich anerkannte Sachverständige für Schall- und Wärmeschutz

Die Leistungen der saSV, jedoch nicht die Leistungen des Prüfstatikers und des saSV für Brandschutz, werden in Anlage 1 zu § 3 Abs. 1 HOAI (Beratungsleistungen) behandelt. Hier sind auch die Honorare enthalten, welche allerdings nicht verbindlich geregelt sind, also nur als Orientierung dienen sollen. Die Leistungen und Honorare für Prüfstatiker und Brandschutzsachverständiger werden in einer eigenen Honorarordnung geregelt.

4 Baugenehmigung

Für die Baugenehmigung sind die Landesbauordnungen der Länder maßgebend, d. h., der einzureichende Bauantrag wird nach der Landesbauordnung des Bundeslandes beurteilt, in dem das Objekt erstellt wird.

4.1 Bauaufsichtsbehörde

Bauaufsichtsbehörden sind folgende Behörden:

- die oberste Bauaufsichtsbehörde, das zuständige Ministerium
- die obere Bauaufsichtsbehörde, Bezirksregierung und Landratsämter
- die untere Bauaufsichtsbehörde, Städte und Kreise

Die Aufgaben der Bauaufsicht sind folgende:

- Überwachen und Erteilen der Baugenehmigung
- Überwachen der Baumaßnahme während der Erstellung, nach der Genehmigung bzw. der Landesbauordnung

Die Überwachung erfolgt durch Bauzustandsbesichtigungen durch das ausführende Organ der Bauaufsicht. Die Bauzustandsbesichtigungen werden nach Notwendigkeit durchgeführt, in jedem Fall aber zur Rohbauabnahme und zur Abnahme nach endgültiger Fertigstellung (Gebrauchsabnahme). Die Bauaufsichtsbehörde kann z. B. bei Abweichung von Genehmigungen Baustellen stilllegen.

Ansprechpartner des Architekten bzw. des Bauherrn im Genehmigungsverfahren ist der entsprechende Sachbearbeiter der Bauaufsichtsbehörde. Alle mündlichen und schriftlichen Anträge gehen an ihn und werden über ihn eingereicht.

4.2 Genehmigungsverfahren

Das Bauaufsichtsamt beteiligt am Genehmigungsverfahren die zuständigen Fachämter, z. B.

- das Planungsamt (für die städtebauliche Situation),
- das Gewerbeaufsichtsamt (bei Gewerbeobjekten),
- das Tiefbauamt (zur Genehmigung der Entwässerung, Erschließung),
- die Feuerwehr (zur Beurteilung des Brandschutzes),
- die untere Wasserbehörde (zur Minierung von Verrieselungs- oder Versickerungsanlagen).

Zusätzliche Ämter in der Beteiligung:

- Grünflächenamt (für die Grünflächen-Situation)
- untere Naturschutzbehörde (zur Wahrung des Arten- und Baumschutzes)
- Amt für Wohnungswesen (z. B. bei Abriss von Wohnbestand zur Errichtung eines Neubaus)

- Amt für Kinderinteressen (zur Beurteilung der Spielflächen im Neubau)
- Amt für Verkehrswesen (zur Beurteilung der verkehrstechnischen Erschließung)

Auch die Beteiligung der Nachbarn ist notwendig, z. B. wenn Baulasten eingetragen werden müssen. Ihnen werden vom Bauaufsichtsamt die Pläne vorgelegt. Sie müssen sich mit den entsprechenden Vorhaben einverstanden erklären.

Die Unterlagen des Bauantrages sind in der Regel zwei- bis dreifach einzureichen, je nach Status der Behörde (Gemeinde mit übergeordneter Kreisbehörde oder genehmigungsfähige Stadt).

Zur Beschleunigung des Genehmigungsverfahrens kann der Sachbearbeiter die Fachämter parallel beteiligen. Die Unterlagen dafür sind ebenfalls in entsprechender Anzahl einzureichen. Alternativ kann der Bauherr durch seinen Architekten oder Fachplaner z. B. die Feuerwehr, das Amt für Denkmalschutz usw. vorab anfragen.

Ist der Bauantrag eingereicht, so kann bei Vorlage einer entsprechenden Teilbaugenehmigung mit dem Bau von einzelnen Bauteilen (Abbruch, Erdarbeiten usw.) schon begonnen werden.

Den genauen Ablauf des Genehmigungsverfahrens zeigt Abb. 4.1.

4.3 Notwendigkeit der Genehmigung

Für die Genehmigungsfreiheit und -bedürftigkeit werden hier wieder die Bestimmungen der Landesbauordnung NRW zugrunde gelegt. In anderen Landesbauordnungen kann es erhebliche Abweichungen geben. Architekten und Bauherren können diese Ausführungen daher lediglich als Anhaltspunkte nehmen und müssen sich bei Bauvorhaben in anderen Ländern mit den dortigen Bedingungen vertraut machen.

4.3.1 Grundsatz nach § 60 BauO NRW

Allen voran steht der § 60 Grundsatz, der die grundsätzliche Genehmigungspflicht von Bauvorhaben vorgibt, bzw. ihre Ausnahmen:

„(1) Die Errichtung, Änderung und Nutzungsänderung bedürfen der Baugenehmigung, soweit in den §§ 61 bis 63, 78 und 79 nichts anderes bestimmt ist.

(2) Die Genehmigungsfreiheit nach den §§ 61 bis 63, 78 und 79 Absatz 1 Satz 1 sowie die Beschränkung der bauaufsichtlichen Prüfung nach § 64 entbinden nicht von der Verpflichtung zur Einhaltung der Anforderungen, die durch öffentlich-rechtliche Vorschriften an Anlagen gestellt werden, und lassen die bauaufsichtlichen Eingriffsbefugnisse unberührt.“

4.3.2 Verfahrensfreie Bauvorhaben, Beseitigung von Anlagen nach § 62 BauO NRW

Genehmigungsfreie Vorhaben sind vom Baugenehmigungsverfahren befreit und unterliegen nicht der Bauüberwachung. Dazu gehören z. B.

- Gebäude im Innenbereich bis zu 75 m^3 Brutto-Rauminhalt (ohne Aufenthaltsräume, Ställe, Aborte oder Feuerungsstätten),
- Verkleidungen von Balkonbrüstungen,

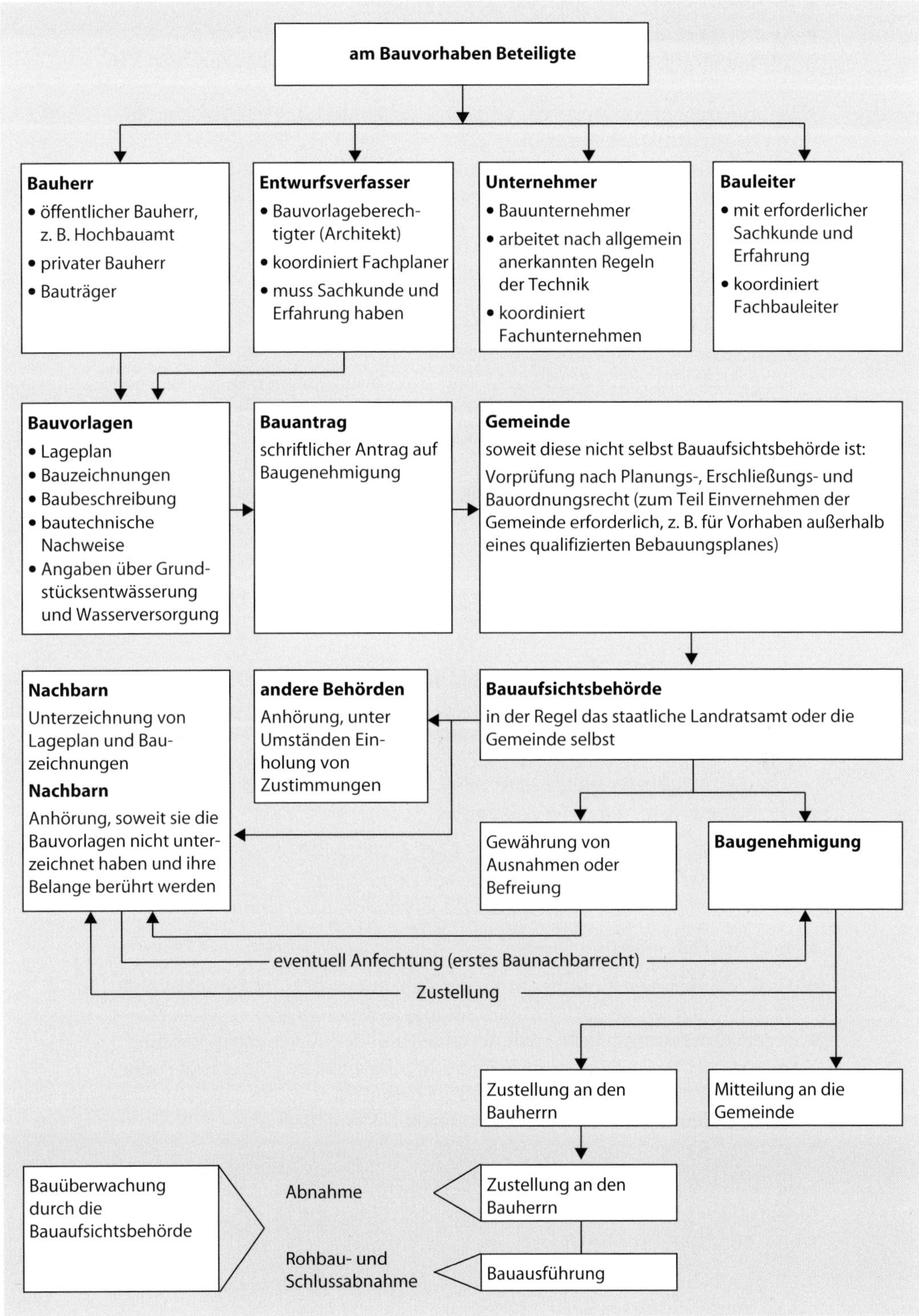

Abb. 4.1: Ablauf des Genehmigungsverfahrens mit allen Beteiligten

- Einfriedungen (Zäune usw.) bis zu 2 m Höhe,
- Solarenergieanlagen auf oder an Gebäuden,
- Änderungen, soweit sie nicht tragende oder aussteifende Bauteile betreffen sowie
- Veränderungen von Anstrich, Verputz, Dacheindeckung und Austausch von haustechnischen Anlagen,
- Garagen einschließlich überdachter Stellplätze mit einer mittleren Wandhöhe bis zu 3 m und einer Brutto-Grundfläche bis zu insgesamt 30 m^2, außer im Außenbereich,
- Terrassenüberdachungen mit einer Fläche bis zu 30 m^2 und einer Tiefe bis zu 4,50 m, Balkonverglasungen sowie Balkonüberdachungen bis 30 m^2 Grundfläche, Wintergärten bis 30 m^2 Brutto-Grundfläche bei Gebäuden der Gebäudeklassen 1 bis 3 mit einem Mindestabstand von 3 m zur Nachbargrenze,
- Solaranlagen in, an und auf Dach- und Außenwandflächen ausgenommen bei Hochhäusern sowie die damit verbundene Änderung der Nutzung oder der äußeren Gestalt des Gebäudes,
- Kleinwindanlagen bis zu 10 m Anlagengesamthöhe sowie die damit verbundenen Änderungen der Nutzung oder der äußeren Gestalt des Gebäudes, außer in reinen, allgemeinen und besonderen Wohngebieten sowie Mischgebieten,
- Blitzschutzanlagen,
- Werbeanlagen und Hinweiszeichen bis zu einer Größe von 1 m^2,
- Gerüste.

4.3.3 Genehmigungsfreistellung nach § 63 BauO NRW

Die Genehmigungsfreiheit ist in der BauO NRW auf folgende Baumaßnahmen (Errichtung und Änderung) beschränkt worden:

„(1) Keiner Baugenehmigung bedarf unter den Voraussetzungen des Absatzes 2 die Errichtung, Änderung oder Nutzungsänderung von

1. *Wohngebäuden der Gebäudeklassen 1 bis 3,*
2. *sonstigen Gebäuden der Gebäudeklassen 1 und 2 und*
3. *Nebengebäuden und Nebenanlagen für Gebäude nach Nummer 1 und 2."*

Dies ist der Fall, wenn

- das Gebäude im Geltungsbereich eines Bebauungsplans im Sinne des § 30 Absatz 1 oder der §§ 12, 30 Absatz 2 Baugesetzbuch liegt,
- es den Festsetzungen des Bebauungsplans und den Regelungen örtlicher Bauvorschriften (§ 89) nicht widerspricht oder sie keiner Ausnahme oder Befreiung nach § 31 des Baugesetzbuchs bedürfen,
- die Erschließung im Sinne des Baugesetzbuchs gesichert ist,
- es keiner Abweichung nach § 69 bedarf.

Eine weitere Voraussetzung ist, dass die Gemeinde nicht innerhalb eines Monats nach Einreichen der Bauvorlage erklärt, dass ein Genehmigungsverfahren durchgeführt werden soll.

Im Wesentlichen sind dies alle Wohngebäude innerhalb eines Bebauungsplanes bis zur Hochhausgrenze (> 22 m).

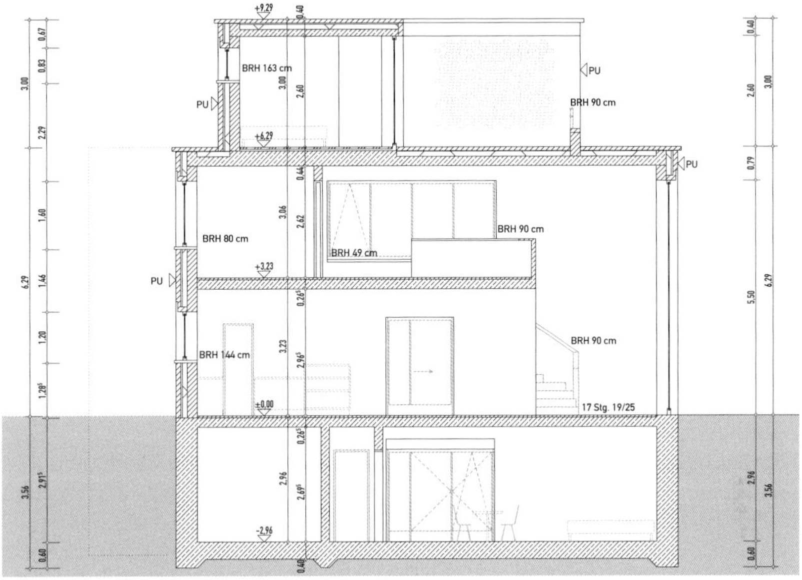

Abb. 4.2: Schnitt C-C des Musterprojektes im Maßstab 1 : 100 (im Original; hier abweichend)

Abb. 4.3: Grundriss Dachgeschoss des Musterprojektes im Maßstab 1 : 100 (im Original; hier abweichend)

Genehmigungsfreiheit bedeutet, es müssen von einem Bauvorlageberechtigten folgende Unterlagen (einfach) bei der Stadt bzw. Gemeinde eingereicht werden:

- Lageplan
- Berechnung des Maßes der baulichen Nutzung
- Bauzeichnungen im Maßstab 1 : 100 (siehe beispielhaft Abb. 4.2 und 4.3)

- rechnerischer Nachweis über die Höhe des Fußbodens des höchstgelegenen Aufenthaltsraumes
- Erhebungsbogen
- Entwässerungsanschluss
- bautechnische Nachweise (Schall- und Wärmeschutz, Standsicherheit und ggf. Brandschutz)

4.3.4 Vereinfachtes Baugenehmigungsverfahren nach § 64 BauO NRW

Das vereinfachte Baugenehmigungsverfahren gilt für alle Bauvorhaben, die nicht unter die Genehmigungsfreistellung (§ 63) fallen (ausgenommen Sonderbauten).

Im Wesentlichen betrifft dies alle eingeschossigen Gebäude und Wohngebäude bis zur Hochhausgrenze.

Die beim genehmigungsfreien Verfahren bei der Stadt oder Gemeinde notwendigen Unterlagen (siehe Kapitel 4.3.3) sind bei diesem Verfahren in dreifacher Ausführung einzureichen. Darüber hinaus werden folgende zusätzliche Unterlagen ebenfalls benötigt:

- beglaubigter Auszug aus der Liegenschaftskarte/Flurkarte
- Auszug aus der Deutschen Grundkarte 1 : 5.000
- Baubeschreibung auf amtlichem Vordruck

In einfacher Form werden benötigt:

- Berechnung des umbauten Raumes
- Herstellungskosten einschließlich Umsatzsteuer
- Bauvorlageberechtigung

Die Bauaufsichtsbehörde hat über den Bauantrag innerhalb einer Frist von 6 Wochen nach Eingang zu entscheiden,

- wenn für das Vorhaben ein Bebauungsplan vorliegt,
- wenn für das Vorhaben ein Vorbescheid erteilt wurde.

Die Bauaufsichtsbehörde kann die Frist aus wichtigen Gründen bis zu 6 Wochen verlängern.

4.3.5 Ausnahmen und Befreiungen

Für die Erstellung der Bauvorlagen und das Genehmigungsverfahren gibt es einige Ausnahmeregelungen und Befreiungen:

Abweichungen von den allgemein anerkannten Regeln der Bautechnik und den technischen Vorschriften sind zulässig, wenn gleichwertige Lösungen nachgewiesen werden können. Befreiungen von Sollvorschriften der Bauordnung oder des Bebauungsplanes können gestattet werden, wenn diese zu einer unbilligen Härte führen würden oder das Wohl der Allgemeinheit die Abweichung erfordert.

Auch für die Beteiligung der Nachbarn gibt es Ausnahmeregelungen: Bauvorhaben, die baurechtlich zulässig sind, können von Nachbarn nicht verhindert werden, jedoch können sie den Baufortschritt des Gebäudes erheblich behindern. Insofern sollten sich der Architekt und der Bauherr möglichst frühzeitig mit den Nachbarn in Verbindung setzen, um sich z. B. die Eintragung von Baulasten genehmigen zu lassen. Der Nachbar muss die entsprechende Bewilligung bzw. Genehmigung vor dem Bauaufsichtsamt bestätigen.

4.4 Wichtige Paragrafen der BauO NRW zu baulichen Anlagen

Die folgenden Paragrafen betreffen wichtige bauliche Anlagen, die bei Bauvorhaben besonders zu beachten sind.

Die Landesbauordnung in Ihrer Novellierung 2018 hat die Begrifflichkeit der **Gebäudeklassen** und deren Unterteilung neu eingeführt, § 2 Abs. 3 BauO NRW:

„(3) Gebäude werden in folgende Gebäudeklassen eingeteilt:

1. *Gebäudeklasse 1:*
   a) freistehende Gebäude mit einer Höhe bis zu 7 m und nicht mehr als zwei Nutzungseinheiten von insgesamt nicht mehr als 400 m² und
   b) freistehende land- oder forstwirtschaftlich genutzte Gebäude und Gebäude vergleichbarer Nutzung,

2. *Gebäudeklasse 2:*
   Gebäude mit einer Höhe bis zu 7 m und nicht mehr als zwei Nutzungseinheiten von insgesamt nicht mehr als 400 m²,

3. *Gebäudeklasse 3:*
   sonstige Gebäude mit einer Höhe bis zu 7 m,

4. *Gebäudeklasse 4:*
   Gebäude mit einer Höhe bis zu 13 m und Nutzungseinheiten mit jeweils nicht mehr als 400 m² in einem Geschoss sowie

5. *Gebäudeklasse 5:*
   sonstige Gebäude einschließlich unterirdischer Gebäude.
   Höhe im Sinne des Satzes 1 ist das Maß der Fußbodenoberkante des höchstgelegenen Geschosses, in dem ein Aufenthaltsraum möglich ist, über der Geländeoberfläche im Mittel. Die Grundflächen der Nutzungseinheiten im Sinne dieses Gesetzes sind die Brutto-Grundflächen. Bei der Berechnung der Brutto-Grundflächen nach Satz 1 bleiben Flächen in Kellergeschossen außer Betracht.“

Alle **tragenden Bauteile,** wie Wände, Pfeiler, Stützen und Decken müssen unbeschadet des § 26 Abs. 2 BauO NRW hinsichtlich ihres Brandverhaltens die Mindestanforderungen der §§ 27 und 31 BauO NRW erfüllen.

Bedachungen müssen gemäß § 31 Abs. 1 BauO NRW gegen Flugfeuer- und strahlende Wärme widerstandsfähig sein (harte Bedachung).

Notwendige Treppen und Flure dienen auch als Flucht- und Rettungswege, deshalb sind die Anforderungen der §§ 34 und 36 BauO NRW einzuhalten. Von notwendigen Treppenräumen (Treppenhaus) spricht man bei Wohngebäuden mittlerer Höhe mit mehr als 2 Wohnungen. Die Anforderungen sind in § 37 BauO NRW definiert.

Aufzüge sind durch einen Sachverständigen (TÜV) abzunehmen. Weitere Anforderungen enthält § 37 BauO NRW.

§ 37 BauO NRW regelt u. a., dass Öffnungen in Fenstern, die als Rettungswege dienen, im Lichten mindestens 0,90 m × 1,20 m groß und nicht höher als 1,20 m über der Fußbodenkante angeordnet sein müssen.

Notwendige Geländer (Umwehrungen) von Balkonen und Treppen müssen mindestens 90 cm hoch sein, solange sie eine Absturzhöhe von unter 12 m besitzen. Ab 12 m Absturzhöhe müssen diese 1,10 m hoch sein (§ 38 Abs. 3 BauO NRW).

Haustechnische Anlagen sind in den §§ 41 bis 45 BauO NRW behandelt.

Aufenthaltsräume (Räume, die zum dauernden Aufenthalt von Personen dienen) müssen gemäß § 46 BauO NRW eine lichte Höhe von mindestens 2,40 m haben (Ausbau und Maßtoleranzen sind zu beachten). Es müssen Fenster von mindestens einem Achtel der Grundfläche des Raumes vorhanden sein (Rohbauöffnung).

Für **Wohnungen** gilt nach § 47 BauO NRW:

- Reine Nordlage aller Wohn- und Schlafräume ist unzulässig.
- Jede Wohnung muss mindestens eine Küche oder Kochnische haben.
- In Wohnungen müssen Schlafräume und Kinderzimmer sowie Flure, über die Rettungswege von Aufenthaltsräumen führen, jeweils mindestens einen Rauchwarnmelder haben. Diese sind von den Eigentümern selbständig zu warten.
- In Gebäuden der Gebäudeklassen 3 bis 5 mit Wohnungen sind leicht und barrierefrei erreichbare Abstellflächen für Kinderwagen und Mobilitätshilfen sowie für jede Wohnung eine ausreichend große Abstellfläche herzustellen.

In **Wohngebäuden der Gebäudeklasse 3 bis 5** müssen die Wohnungen im erforderlichen Umfang barrierefrei sein. (Im Gegensatz zur alten BauO NRW sind **alle Wohnungen barrierefrei** auszuführen, nicht nur die eines einzelnen Geschosses).

Von der generellen Pflicht der Barrierefreiheit kann nur abgewichen werden, wenn durch schwierige Geländeverhältnisse oder wegen ungünstiger vorhandener Bebauung ein unverhältnismäßiger Mehraufwand bei der Umsetzung der Barrierefreiheit entstünde.

4.5 Bauvorlageberechtigung

In § 67 BauO NRW ist die Bauvorlageberechtigung geregelt:

„[…]

(3) Bauvorlageberechtigt ist, wer

1. *die Berufsbezeichnung „Architektin" oder „Architekt" führen darf,*
2. *als Mitglied einer Ingenieurkammer in die von der Ingenieurkammer-Bau Nordrhein-Westfalen geführte Liste der Bauvorlageberechtigten eingetragen ist; Eintragungen anderer Länder gelten auch im Land Nordrhein-Westfalen,*

soweit diese die Mitgliedschaft in einer Ingenieurkammer nachweisen können,

3. *aufgrund des Baukammerngesetzes vom 16. Dezember 2003 (GV. NRW. S. 786), das zuletzt durch Gesetz vom 9. Dezember 2014 (**GV. NRW. S. 876**) geändert worden ist, die Berufsbezeichnung „Innenarchitektin" oder „Innenarchitekt" führen darf, durch eine ergänzende Hochschulprüfung ihre oder seine Befähigung nachgewiesen hat, Gebäude gestaltend zu planen, und mindestens zwei Jahre in der Planung und Überwachung der Ausführung von Gebäuden praktisch tätig war,*
4. *aufgrund des Baukammerngesetzes die Berufsbezeichnung „Innenarchitektin" oder „Innenarchitekt" führen darf, für die mit der Berufsaufgabe der Innenarchitektinnen und Innenarchitekten verbundene bauliche Änderung von Gebäuden,*
5. *aufgrund des Ingenieurgesetzes vom 5. Mai 1970 (GV. NRW. S. 312) in der jeweils geltenden Fassung als Angehörige oder Angehöriger der Fachrichtung Architektur (Studiengang Innenarchitektur) die Berufsbezeichnung „Ingenieurin" oder „Ingenieur" führen darf, während eines Zeitraums von zwei Jahren vor dem 1. Januar 1990 wiederholt Bauvorlagen für die Errichtung oder Änderung von Gebäuden als Entwurfsverfasserin oder Entwurfsverfasser durch Unterschrift anerkannt hat und Mitglied der Architektenkammer Nordrhein-Westfalen oder der Ingenieurkammer-Bau Nordrhein-Westfalen ist oder*
6. *die Befähigung zum bautechnischen Verwaltungsdienst der Laufbahngruppe 2 besitzt, für ihre oder seine dienstliche Tätigkeit.*

(4) In die Liste der Bauvorlageberechtigten ist auf Antrag von der Ingenieurkammer-Bau Nordrhein-Westfalen einzutragen, wer

1. *einen berufsqualifizierenden Hochschulabschluss eines Studiums der Fachrichtung Bauingenieurwesen nachweist,*
2. *danach mindestens zwei Jahre in der Planung und Überwachung der Ausführung von Gebäuden praktisch tätig war und*
3. *über ausreichende Kenntnisse der deutschen Sprache verfügt, die bei Bedarf in geeigneter Weise nachzuweisen sind.*

Dem Antrag sind die zur Beurteilung erforderlichen Unterlagen beizufügen. Die Ingenieurkammer-Bau Nordrhein-Westfalen stellt eine Empfangsbestätigung nach § 71b Absatz 3 und 4 des Verwaltungsverfahrensgesetzes für das Land Nordrhein-Westfalen aus. Hat die Anerkennungsbehörde nicht innerhalb einer Frist von drei Monaten entschieden, gilt die Anerkennung als erteilt. Es gilt § 42a des Verwaltungsverfahrensgesetzes für das Land Nordrhein-Westfalen mit der Maßgabe, dass die Fristverlängerung zwei Monate nicht übersteigen darf."

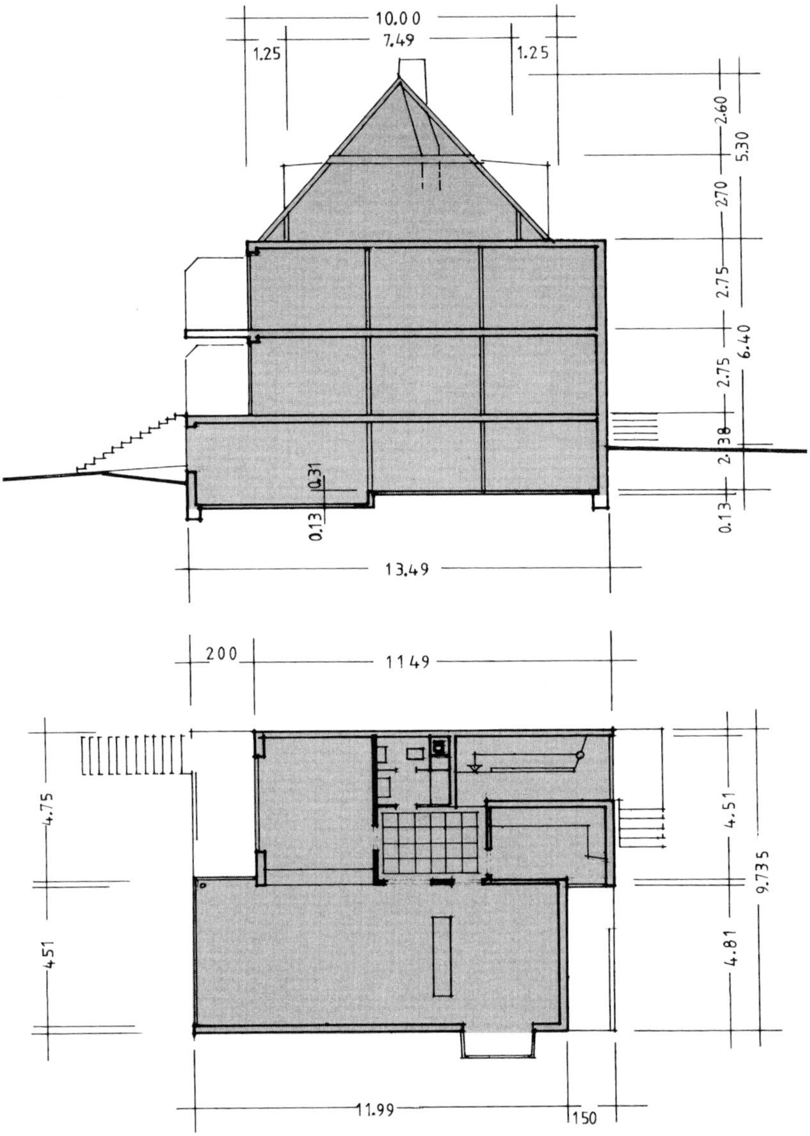

Abb. 4.4: Erklärende Darstellung zur Berechnung des umbauten Raumes

4.6 Bauvorlagen im Einzelnen

In den folgenden Kapiteln werden die einzelnen Bauvorlagen erläutert.

4.6.1 Berechnung des umbauten Raumes (BRI)

Der umbaute Raum (Brutto-Rauminhalt [BRI]) wird nach DIN 277 folgendermaßen berechnet (siehe Abb. 4.4 und am Beispiel des Musterprojektes auch Kapitel 11.13 [Anhang]):

> Länge × Breite des Baukörpers (Außenkante) × Höhe Unterkante Kellerboden bis Oberfläche Dachhaut

- Nicht abgezogen werden Aussparungskörper wie Loggien, Freisitze (überdeckt), Dachterrassen (Dachausschnitte).
- Nicht abgezogen werden Fundamente, Kellerlichtschächte, Außentreppen, Eingänge, Erker, Dachgesimsüberstände, Dachgauben, Schornsteine (die vorgenannten Bauteile erscheinen bei den dafür besonders angegebenen Baukosten, ausgenommen normale Schornsteine, Dachüberstände und Fundamente).
- Bei Bauten mit Flachdach wird anstatt mit der Außenkante Dachhaut mit der Oberkante der Ummauerung (Attika) gerechnet.

Ein nicht ausgebauter Dachraum wird zwar voll im Kubus (umbauter Raum) erfasst, aber in der Baukostenaufstellung getrennt vom ausgebauten Dachraum aufgeführt und mit einem entsprechend geringen Kubuspreis berechnet.

4.6.2 Wohnflächenberechnung

Die Wohnfläche kann grundsätzlich nach der Wohnflächenverordnung (WoFlV) vom 25. November 2003 berechnet werden. Für öffentlich geförderte Bauvorhaben ist sie bindend. Für alle anderen Gebäude kann die Berechnung auch nach der DIN 277 erfolgen.

Die Wohnfläche eines Gebäudes wird nach der WoFlV wie folgt berechnet:

- Die Grundfläche ist nach den lichten Maßen zwischen den Bauteilen zu ermitteln; dabei ist von der Vorderkante der Bekleidung der Bauteile auszugehen. Bei fehlenden begrenzenden Bauteilen ist der bauliche Abschluss zugrunde zu legen.
- Die Grundflächen sind folgendermaßen anzurechnen (siehe beispielhaft Abb. 4.5):
  - von Räumen und Raumteilen mit einer lichten Höhe von mindestens 2 m vollständig
  - von Räumen und Raumteilen mit einer lichten Höhe von mindestens 1 m und weniger als 2 m zur Hälfte
  - von unbeheizbaren Wintergärten, Schwimmbädern und ähnlichen nach allen Seiten geschlossenen Räumen zur Hälfte
  - von Balkonen, Loggien, Dachgärten und Terrassen in der Regel zu einem Viertel, höchstens jedoch zur Hälfte
- Bei der Ermittlung der Grundflächen bleiben außer Betracht:
  - die Grundflächen von Schornsteinen, Vormauerungen, Bekleidungen, frei stehenden Pfeilern und Säulen, wenn sie eine Höhe von mehr als 1,50 m aufweisen und ihre Grundfläche mehr als 0,1 m^2 beträgt
  - Treppen mit über 3 Steigungen und deren Treppenabsätze
  - Türnischen
  - Fenster- und offene Wandnischen, die nicht bis zum Fußboden herunterreichen oder bis zum Fußboden herunterreichen und 0,13 m oder weniger tief sind

Die Flächen im Dachgeschoss hängen im Wesentlichen von Dachneigung, Drempelausführung usw. ab.

In der DIN 277 ergibt sich die **Netto-Raumfläche** (NRF) aus der **Brutto-Grundfläche** ([BGF] Grundflächen aller Grundrissebenen und deren konstruktive Umschließung eines Bauwerkes) **abzüglich** der **Konstruktionsgrundfläche** (KGF).

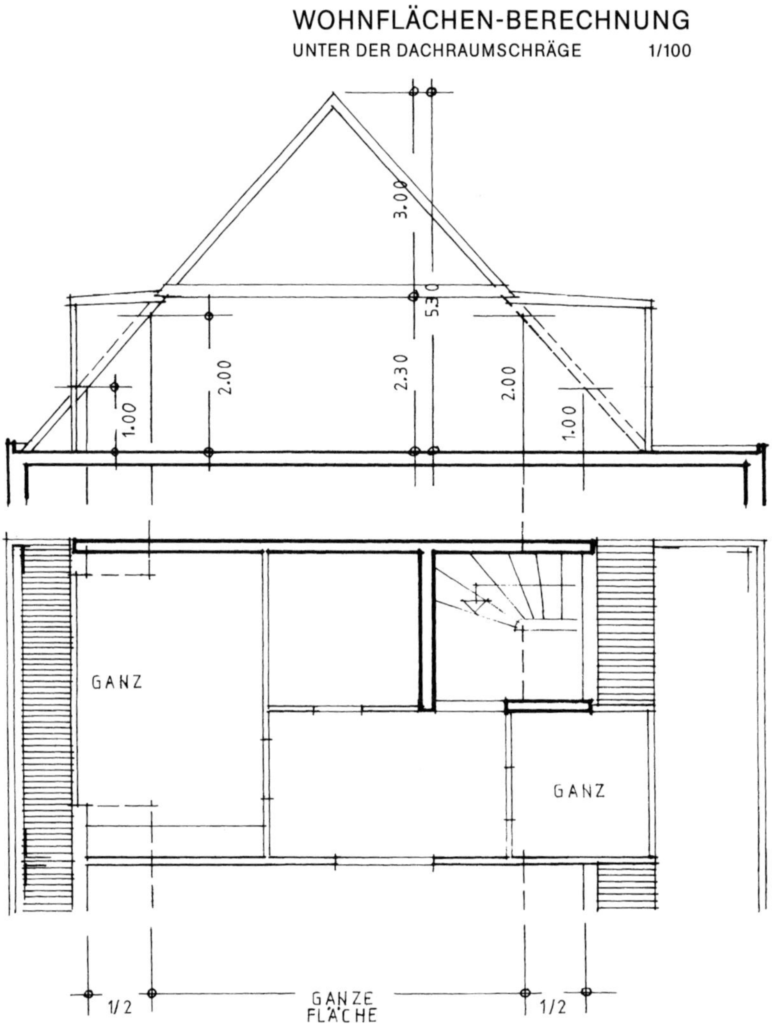

Abb. 4.5: Wohnflächenberechnung

Die KGF wird aus der **Summe der Grundflächen** der aufgehenden Bauteile aller Grundrissebenen eines Bauwerkes gebildet:

- von Wänden, Stützen, Pfeilern, Schornsteinen
- von raumhohen Vormauerungen und Bekleidungen
- von Installationshohlräumen
- von Wandnischen und -schlitzen
- von Wandöffnungen (z. B. Türen, Fenster, Durchgänge)
- von Installationskanälen und -schächten bis 1,0 m^2 lichtem Querschnitt

Die Formel lautet entsprechend:

NGF = BGF – KGF

Die Netto-Grundfläche wiederum wird in Nutzflächen, Technische Funktionsflächen und Verkehrsflächen unterteilt. Die DIN 277 wird daher besonders bei Bauvorhaben mit unterschiedlicher Nutzung angewendet.

4.6.3 Bautechnische Nachweise

Die bautechnischen Nachweise sind wichtige Unterlagen beim Genehmigungsverfahren. Im Folgenden wird dargestellt, was in diesem Zusammenhang zu beachten ist.

- **Schall- und Wärmeschutz:**
  - Die Aufstellung des Nachweises für den Schallschutz erstellt der Architekt bzw. Bauingenieur nach der Normengruppe DIN 4109 „Schallschutz im Hochbau" (2016) bzw. der VDI Richtlinie VDI 4100 „Schallschutz im Hochbau – Wohnungen – Beurteilung und Vorschläge für erhöhten Schallschutz" (2012).
  - Die Aufstellung des Wärmeschutznachweises erstellt der Architekt bzw. Bauingenieur nach der Normengruppe DIN 4108 „Wärmeschutz und Energie-Einsparung in Gebäuden" bzw. nach dem Gebäudeernergiegesetz (GEG; siehe Kapitel 1.3.1).
  - Die Prüfung (bzw. Aufstellung) erfolgt durch den staatlich anerkannten Sachverständigen für Schall- und Wärmeschutz vor Baubeginn. Bei Wohngebäuden mit weniger als 2 Wohnungen ist die Prüfung nicht vorgeschrieben.
- **Brandschutz:**
  - Bei genehmigungsfreien Wohnanlagen genügt eine Erklärung des Architekten zum Brandschutz.
  - Bei genehmigungspflichtigen Bauvorhaben erfolgt eine Aufstellung des Brandschutznachweises durch den Architekten bzw. Bauingenieur.
  - Die Prüfung (bzw. Aufstellung) erfolgt durch den staatlich anerkannten Sachverständigen für Brandschutz (siehe Kapitel 3.6.3) vor Baubeginn.
- **Standsicherheit:**
  - Die Aufstellung des Standsicherheitsnachweises erfolgt durch den Tragwerksplaner.
  - Bei allen genehmigungspflichtigen Bauvorhaben bzw. bei Wohngebäuden mit mehr als 2 Wohnungen erfolgt die Prüfung (bzw. Aufstellung) durch den staatlich anerkannten Sachverständigen für Standsicherheit vor Baubeginn.

Bei Fertigstellung (vor Benutzung) des Bauobjektes müssen Bescheinigungen der Sachverständigen vorliegen, wonach sie sich durch stichprobenhafte Kontrollen während der Bauausführung davon überzeugt haben, dass die baulichen Anlagen entsprechend den geprüften Nachweisen errichtet worden sind.

Bei allen genehmigungspflichtigen Bauvorhaben sowie genehmigungsfreien Wohngebäuden mit mehr als 2 Wohnungen sind bautechnische Nachweise von den anerkannten Sachverständigen zu prüfen oder auch aufzustellen.

Die Tabelle 4.1 zeigt eine Aufstellung aller bautechnischen Nachweise.

Tabelle 4.1: Darstellung der bautechnischen Nachweise (Quelle: Richelmann, Dirk; Moewes, Udo; Proff, Friederike: Landesbauordnung NRW im Bild. 6. Aufl. Köln: Verlagsgesellschaft Rudolf Müller, 2021)

Bauvorhaben* / **bautechnischer Nachweis**	**§ 68 Abs. 3** • Wohngebäude GK 1 + 2 • frei stehende landwirtschaftliche Betriebsgebäude • eingeschossige Gebäude mit einer Grundfläche bis 200 m²	**§ 68 Abs. 4** • Gebäude GK 1 + 2 • einschließlich ihrer Nebengebäude und Nebenanlagen • Wohngebäude der GK 3	**§ 68 Abs. 2** • alle Weiteren nicht • verfahrensfreie Bauvorhaben • Beseitigung von Anlagen • Sonderbauten (Brandschutzkonzept)
Schall- und Wärmeschutz			
Aufsteller:	*	sa SV*	sa SV*
Vorlage spätestens	mit Anzeige Baubeginn einzureichen	mit Anzeige Baubeginn einzureichen	mit Anzeige Baubeginn einzureichen
Standsicherheit			
Aufsteller:	sa SV* oder qTWP*	sa SV* oder qTWP*	sa SV*
Vorlage spätestens	Erklärung Übereinstimmung mit Anzeige Baubeginn einzureichen	mit Anzeige Baubeginn einzureichen	mit Anzeige Baubeginn einzureichen
Brandschutz			
Aufsteller:	erkl. Verfasser	erkl. Verfasser	sa SV*
Vorlage spätestens	mit Anzeige Baubeginn einzureichen	mit Anzeige Baubeginn einzureichen	mit Anzeige Baubeginn einzureichen

sa SV: staatlich anerkannte Sachverständige, staatlich anerkannter Sachverständiger (§ 87 Abs. 2)
qTWP: qualifizierte Tragwerksplanerin, qualifizierter Tragwerksplaner (§ 54 Abs. 4)
erkl. Verfasser: Erklärung der Entwurfsverfassenden (§ 68 Abs. 4)
*: Es sind stichprobenhaft Kontrollen zu beauftragen/durchzuführen (§ 68 Abs. 2 Satz 2 beachten).

4.7 Checkliste zu den Unterlagen zur Baugenehmigung

Unterlagen	Erläuterungen	Bemerkungen
Plangut		
Lageplan M 1:250 bis 1:500 mit Orientierungsplan M 1:5.000	Grundlage: amtliche Flurkarte in der Regel vom Vermessungsingenieur Inhalt der Darstellung nach § 3 BauprüfVO	
Bauzeichnungen im M 1:100 nach § 4 BauprüfVO:	Maße der Öffnungen, der Grundflächen und Höhen	
• Grundrisse aller Geschosse	Angaben: Nutzung der Räume, Treppen, Türen und Rettungswege, Abgasanlagen, Feuerstätten und Brennstoffe, Aufzüge, Lüftungsleitungen, Feuerlöscheinrichtungen	
• Schnitte und Höhenangaben	Erdgeschoss-Fußbodenhöhe, Geländehöhen, Fußbodenhöhe höchster Aufenthaltsraum, lichte Raumhöhen, Firsthöhen, Dachneigung, Höhen zur Abstandflächenberechnung	
• Ansichten	vorhandene und geplante Gelände, möglicherweise Darstellung der Umgebung	
Maschinenaufstellungsplan	bei Gewerbeobjekten	
Entwässerungspläne M 1:100	je nach Tiefbauamt: Lageplan, Grundleitungen, Strangschema (Schnitt), Darstellung der Entwässerung in den Geschossen	
Positionsplan M 1:100	zur statischen Berechnung	
Schriftgut		
Antrag	Bauantragsvordruck, ausgefüllt	
Bauvorlageberechtigung	Vordruck der Architekten- bzw. der Ingenieurkammer	
Versicherungsschutz	Nachweis der Versicherungsgesellschaft	
Erhebungsbogen	für die Statistik zur Baugenehmigung	
Stellungnahme der Gemeinde	Wenn kein Bebauungsplan vorhanden ist, gibt der Planungs- und Bauausschuss eine Stellungnahme zur Genehmigung ab.	
Art und Maß der baulichen Nutzung	Berechnung der GRZ, der GFZ, der BMZ, Berechnung der Geschossigkeit	
Berechnungen	• des umbauten Raumes DIN 277 • der Wohn- und Nutzfläche nach DIN 277 bzw. der Zweiten Berechnungsverordnung • der Rohbausumme und der Herstellungssumme nach DIN 276 • der Abstandflächen, z. B. nach § 6 BauO NRW	
Baubeschreibung	nach Vordruck	
Betriebsbeschreibung bei gewerblichen Objekten	nach Vordruck	
Befreiungen	mit Begründung, soweit im Einzelfall notwendig, z. B.: Befreiungen von Auflagen aus dem Bebauungsplan	
Nachbarschaftszustimmungen	soweit im Einzelfall von Bedeutung, z. B. ein Wegerecht	
Baulasten	bei Eintragung von Baulasten in das Baulastenverzeichnis, Grundbuchauszüge und Lageplan	
versiegelte Fläche z. B. (Dach- und Pflasterflächen)	Darstellung der Außenanlagen, ggf. mit Berechnungen der Ersatzleistungen	
Nachweise	Stellplatznachweis z. B. nach § 51 BauO NRW Nachweise von Spielplatzgrößen z. B. nach § 9 BauO NRW	
bautechnische Nachweise	Tragwerksplanung (Standsicherheitsnachweis), Wärme- und Schallschutznachweis, Brandschutznachweis	

4.8 Fachunternehmererklärung

Bei Schlussabnahme durch die Bauaufsicht sind Fachunternehmererklärungen, die in dieser Phase zu beschaffen sind, vorzulegen. Andernfalls kann die Schlussabnahmebescheinigung nicht ausgehändigt werden. Im Folgenden werden diese Erklärungen in ihrer Bedeutung dargestellt sowie andere notwendige Anträge aufgeführt. Die Tabelle 4.2 gibt einen Gesamtüberblick über notwendige Bescheinigungen und Anträge in NRW.

Strom

An den Versorgungsträger (RWE, RheinEnergie usw.) wird ein Antrag zum Anschluss an das Niederspannungsnetz durch den Architekten, Bauherrn oder einen Fachunternehmer gestellt. Der Versorgungsträger nennt Anschlusstermine und Kosten. Nach Fertigstellung der Installation stellt der Fachunternehmer, ein konzessionierter Elektrofachbetrieb, den Antrag auf Stromlieferung (Zählerantrag). Nur mit dessen Unterschrift erhält man einen Stromzähler durch den Versorgungsträger.

Gas

An den Versorgungsträger (Gasversorgungsgesellschaft) wird ein Antrag auf Gesamtanschluss durch den Architekten, Bauherrn oder eine Heizungsfachfirma gestellt. Der Versorgungsträger nennt Anschlusstermine und Kosten. Nach Fertigstellung der Installation stellt der Fachunternehmer, ein konzessionierter Heizungsfachbetrieb, den Antrag auf Gaslieferung. Nur mit dessen Unterschrift erhält man einen Gaszähler.

Das Bauaufsichtsamt verlangt vor Benutzung eine Fachunternehmererklärung für

- Feuerungsanlagen,
- Wärmepumpen,
- Behälter von Gas und Öl,
- Schornsteinanlagen (durch den Bezirksschornsteinfeger).

Wasser

An das Wasserwerk der Kommune wird ein Antrag auf Wasserversorgung durch den Architekten, Bauherrn oder eine Sanitärfachfirma gestellt. Der Versorgungsträger nennt Anschlusstermine und Kosten. Nach Fertigstellung der Installation stellt der Fachunternehmer, ein konzessionierter Sanitärfachbetrieb, den Antrag auf Wasserlieferung. Nur mit dessen Unterschrift erhält man eine Wasseruhr.

Das Bauaufsichtsamt verlangt vor Benutzung eine Fachunternehmererklärung für die Wasserversorgungsanlage.

Abwasser

Mit dem Bauantrag wird das Entwässerungsgesuch an das zuständige Amt (z. B. Amt für Stadtentwässerung) der Kommune durch den Architekten oder den Fachingenieur für Haustechnik eingereicht. Die entsprechenden Unterlagen sind je nach Kommune unterschiedlich.

Tabelle 4.2: Darstellung der in NRW notwendigen Bescheinigungen und Anträge

	Antrag auf Hausanschluss durch	Antrag auf Inbetriebnahme durch	Fachunternehmererklärung für	Erschließung Gebühren	Erschließung Kosten	Abnahme durch
Strom	Bauherr, Fachplaner, Fachunternehmer	konzessionierte Fachunternehmer	Elektroinstallation	je nach Grundstücksgröße	je nach Anzahl, Länge und Querschnitt	Bauherr und Fachplaner (technische Abnahme)
Gas-/Öl-Heizung	Bauherr, Fachplaner, Fachunternehmer	konzessionierte Fachunternehmer	Feuerungsanlagen, Gasbehälter, Ölbehälter, Heizanlagen	je nach Grundstücksgröße	je nach Anzahl, Länge und Querschnitt	Bauherr und Fachplaner (technische Abnahme)
Wasser	Bauherr, Fachplaner, Fachunternehmer	konzessionierte Fachunternehmer	Wasserversorgungsanlagen	je nach Grundstücksgröße	je nach Anzahl, Länge und Querschnitt	Bauherr und Fachplaner (technische Abnahme)
Abwasser	Bauherr, Fachplaner, Fachunternehmer Entwässerungsgesuch Kanalhöhenschein	konzessionierte Fachunternehmer	Abwasseranlagen	nur bei öffentlichem Kanal	je nach Entwässerungsanlage	nach Fertigstellung mittels Farb- bzw. Druckprobe durch Fachunternehmer
Schornstein			Bescheinigung des Bezirksschornsteinfegers			nach Rohbau und Fertigstellung durch Schornsteinfeger
Telefon, Kabelanschluss	Bauherr, Fachplaner	Telekom und andere Netzbetreiber		durch Telefongebühren	durch Telefongebühren	
Sonstiges			Wärmepumpe, Lüftungsanlage			

Das Bauaufsichtsamt erteilt die Zustimmung zum Kanalanschluss. Der Kanalanschluss erfolgt durch eine konzessionierte Fachfirma. Die Abnahme der Revisionsschächte und Kleinkläranlagen erfolgt durch das zuständige Amt der Kommune.

Schornstein

Der Schornsteinquerschnitt wird durch die Leistung der Heizung von der Fachfirma bestimmt. Die Abnahme und Prüfung der Schadstoffabgabe und der Konstruktion führt der Bezirksschornsteinfeger zur Rohbau- und Komplettfertigstellung durch.

4.9 Genehmigungsplanung nach HOAI, Leistungsphase 4

Die Genehmigungsplanung wird in der HOAI in folgende Teilleistungen gegliedert:

- Erarbeiten der erforderlichen Unterlagen zur Genehmigung
- Vervollständigen und Anpassen der Planungsunterlagen (Koordinierungspflicht)
- Einholen von Zustimmungen und Genehmigungen.

Als Besondere Leistungen gelten u. a.:

- Mitwirken bei der Beschaffung nachbarrechtlicher Zustimmungen
- Ändern der Genehmigungsunterlagen infolge von Umständen, die der Auftragnehmer nicht zu vertreten hat

4.10 Erteilung der Baugenehmigung

Der Bauherr erhält vom Bauaufsichtsamt ein Exemplar des Bauantrages mit entsprechendem Genehmigungsvermerk zurück. Diese Baugenehmigung berechtigt zum Baubeginn.

Mit der Baugenehmigung erhält der Bauherr ein Bauschild in DIN-A4-Größe, das an der Baustelle gut sichtbar aufzuhängen ist.

Die Gebühren für die Genehmigung werden von dem Bauaufsichtsamt nach den Baukosten errechnet (unabhängig von der Kostenberechnung des Architekten) und sind vom Bauherrn zu entrichten.

Die Baugenehmigung erlischt

- in der Regel nach 3 Jahren, wenn nicht mit der Ausführung des Bauvorhabens begonnen wurde,
- wenn die Bauausführung ein Jahr unterbrochen wurde.

Eine Verlängerung der Baugenehmigung kann beantragt werden.

Ein eventueller Nachtrag zur Baugenehmigung ist mit den entsprechenden Änderungen ergänzend zum Bauantrag rechtzeitig zur Genehmigung einzureichen.

4.11 Am Bau Beteiligte

4.11.1 Bauherr (nach § 53 BauO NRW)

Die Bauherrin oder der Bauherr hat zur Vorbereitung, Überwachung und Ausführung eines nicht verfahrensfreien Bauvorhabens sowie der Beseitigung von Anlagen geeignete Beteiligte nach Maßgabe der §§ 54 bis 56 zu bestellen, soweit sie oder er nicht selbst zur Erfüllung der Verpflichtungen nach diesen Vorschriften geeignet ist. Der Bauherrin oder dem Bauherrn obliegen außerdem die nach den öffentlich-rechtlichen Vorschriften erforderlichen Anträge, Anzeigen und Nachweise. Sie oder er hat die zur Erfüllung der Anforderungen dieses Gesetzes oder aufgrund dieses Gesetzes erforderlichen Nachweise und Unterlagen zu den verwendeten Bauprodukten und den angewandten Bauarten bereitzuhalten.

Treten bei einem Bauvorhaben mehrere Personen als Bauherrin oder als Bauherr auf, so kann die Bauaufsichtsbehörde verlangen, dass ihr gegenüber eine Vertreterin oder ein Vertreter bestellt wird. Diese oder dieser hat die Verpflichtungen zu erfüllen, die der Bauherrin oder dem Bauherrn nach den öffentlich-rechtlichen Vorschriften obliegen.

4.11.2 Entwurfsverfassende (nach § 54 BauO NRW)

Die Entwurfsverfasserin oder der Entwurfsverfasser muss nach Sachkunde und Erfahrung zur Vorbereitung des jeweiligen Bauvorhabens geeignet sein. Sie oder er ist für die Vollständigkeit und Brauchbarkeit ihres oder seines Entwurfs verantwortlich. Die Entwurfsverfasserin oder der Entwurfsverfasser hat dafür zu sorgen, dass die für die Ausführung notwendigen Einzelzeichnungen, Einzelberechnungen und Anweisungen den öffentlich-rechtlichen Vorschriften entsprechen.

Hat die Entwurfsverfasserin oder der Entwurfsverfasser auf einzelnen Fachgebieten nicht die erforderliche Sachkunde und Erfahrung, so sind geeignete Fachplanerinnen und Fachplaner (z. B. Tragwerksplaner, Sachverständige für Schall-, Wärme- und Brandschutz, Bodenmechanik u. a.) heranzuziehen. Diese sind für die von ihnen gefertigten Unterlagen, die sie zu unterzeichnen haben, verantwortlich. Für das ordnungsgemäße Ineinandergreifen aller Fachplanungen bleibt die Entwurfsverfasserin oder der Entwurfsverfasser verantwortlich.

4.11.3 Bauträger

Bauträger sind Bauunternehmen, die bebaute oder unbebaute Grundstücke im eigenen Namen und auf eigene Rechnung kaufen, um sie zu erschließen und zu bebauen bzw. zu sanieren und als fertige Wohn- und Gewerbeimmobilien (Häuser Eigentumswohnungen, Gewerbeeinheiten) zu verkaufen.

Bauherr ist also nicht der spätere Erwerber, sondern das Bauträgerunternehmen selbst. Im Rahmen der Entwicklung werden sämtliche Bauleistungen von der Architektenplanung über die behördlichen Genehmigungen bis zur Bauausführung in Auftrag gegeben. Eigene Bauleistungen werden zumeist nicht erbracht.

Da der einzige Vertragspartner des Erwerbers einer Immobilie der Bauträger ist, ist eine direkte Abstimmung mit Planern und Handwerkern nicht erforderlich, jedoch auch nur mit Zustimmung und Mitwirkung des Bauträgers möglich.

Der Bauträger ist gegenüber dem Käufer für eine mängelfreie Ausführung verantwortlich und muss dafür sorgen, dass sämtliche Mängel beseitigt werden, die während der Bauzeit oder innerhalb des Gewährleistungszeitraumes auftreten.

Bauträgervertrag

Mit Abschluss eines Bauträgervertrages wird sowohl das Grundstück auf den Käufer übertragen als auch der Bauträger zur Errichtung des Gebäudes verpflichtet. Der Bauträgervertrag enthält Elemente des Werk- sowie des Kaufvertrages, daher bedarf er der notariellen Beurkundung.

Ein Bauträger unterliegt den strengen Regelungen der Makler- und Bauträgerverordnung (MaBV), die den Bauträger z. B. verpflichtet, das Objekt exakt nach der Baubeschreibung zu errichten.

Verkaufsbaubeschreibung

Die Verkaufsbaubeschreibung (siehe Abb. 4.6) dient dem gewerblichen Verkäufer als Beschreibung seines Leistungsumfangs und sollte detailliert die Art der Bauausführung sowie die zum Einbau gelangenden Materialien auflisten und beschreiben. Daneben enthält sie zumeist noch Änderungs- und Haftungsausschlüsse.

Bei einer privaten Immobilienfinanzierung gehört die Baubeschreibung zu den Unterlagen, die der Immobilienkäufer für die Kreditbewilligung bei seiner Bank einreichen muss.

Die Baubeschreibung wird Bestandteil des Bauvertrages. Steht der Bau im Zusammenhang mit einem Grundstückskauf bzw. Erwerb vom Bauträger, wird sie als Bestandteil des Kaufvertrags notariell beurkundet. Um Streitigkeiten nach dem Kauf zu verhindern, sollte die Baubeschreibung stets gemeinsam mit dem Verkäufer sowie einem Fachmann (Architekt, Anwalt) überprüft werden. Allgemeingültige Musterbaubeschreibungen sind vielfältig angeboten und dienen als Grundlage für die Überprüfung der Verkaufsbaubeschreibung.

Vor- und Nachteile

Vorteile des Bauens mit einem Bauträger sind u. a.:

- Der Käufer hat nur einen Ansprechpartner.
- Der Bauträger gilt gegenüber den Behörden als Bauherr, er erledigt alle Formalitäten.
- Der Käufer hat feste Baukosten.

Nachteile des Bauens mit einem Bauträger sind u. a.:

- Die Grunderwerbsteuer ist auf die gesamte vertraglich zu zahlende Summe zu zahlen, d. h. auch auf die Herstellungskosten.
- Der Käufer hat keinen Einfluss auf die Bauausführung.
- Bauträger unterscheiden sich erheblich in der Qualität der Arbeiten; kommt es zur Insolvenz des Bauträgers, so entfällt die Geltendmachung von Gewährleistungsrechten.
- In dem Festpreis sind nicht alle Leistungen enthalten.

Empfehlungen für Bauträger und Erwerber

- Begleitung der Baumaßnahme durch ö. b. u. v. SV, mit Dokumentation der einzelnen Bauphasen
- Aufzeigen von Ausführungs-/Planungsmängeln und Dokumentation der Mängelbesichtigung, Begleitung der Abnahmen.

Bau- und Leistungsbeschreibung
Neubau von Eigentumswohnungen

Inhaltsverzeichnis

Abb. 4.6: Auszug aus einer Baubeschreibung für den Neubau von Eigentumswohnungen

A Vorbemerkung

Das zu bebauende Grundstück liegt in ________________________.

Es handelt sich dabei um die Gemarkung ______, Flur ______, Flurstück ______.

Bei diesem Neubauvorhaben werden 4 Wohneinheiten sowie eine Tiefgarage mit 5 Pkw-Stellplätzen unter Berücksichtigung der zum Zeitpunkt des Bauantrages gültigen GEG durch Unterstützung einer Solarthermieanlage errichtet.

Die Baumaßnahme wird im ___ Quartal _____ begonnen und soll im ___ Quartal _____ abgeschlossen sein.

Grundsätzlich entspricht die gesamte Bauausführung den anerkannten Regeln der Technik, den einschlägigen DIN-Normen und den gültigen Vorschriften zum Zeitpunkt der Erstellung dieser Baubeschreibung.

Zur Sicherstellung der technischen und gestalterischen Qualitäten wurden folgende Architekten und Fachingenieure mit der Planung und Überwachung der Baumaßnahme beauftragt:

Planung und Bauleitung: ____________________
Vermessung: ____________________
Statik: ____________________
Prüfstatik: ____________________
Brandschutz: ____________________
Schall- und Wärmeschutz: ____________________
Heizung Sanitär Elektro: ____________________
Grundbau/Bodenmechanik: ____________________
SiGeKo: ____________________

B Technische Baubeschreibung

1 Abbruch- und Erdarbeiten

Das vorhandene Gebäude und alle versiegelten Flächen werden komplett abgebrochen und fachgerecht – entsprechend den behördlichen Auflagen – einer Wiederverwertung zugeführt oder entsorgt.

Zur Erstellung der neuen Gebäude wird das Grundstück bis auf die notwendige Tiefe ausgeschachtet. Der Erdaushub wird gemäß den behördlichen Vorschriften abgefahren und fachgerecht entsorgt oder einer Wiederverwertung zugeführt.

2 Fundamente, Bodenplatten, Außenwände und Decken

2.1 Fundamente, Bodenplatte und Außenwände des Kellergeschosses

Die Fundamente, Bodenplatten und Außenwände werden aus Beton oder Stahlbeton gemäß den statischen, schall- und wärmetechnischen Erfordernissen erstellt. Die Bodenplatten und Außenwände werden zusätzlich nach Angabe des Statikers aus wasserundurchlässigem Stahlbeton hergestellt.

2.2 Außenwände

Die Außenwände werden nach den Erfordernissen der Statik sowie des Brand-, Schall- und Wärmeschutzes in Beton oder KS-Mauerwerk oder gleichwertig erstellt.

Die Außenwände erhalten nach Anforderungen der Bauphysik ein Wärmedämm-Verbundsystem mit mineralischem Außenputz, Farbton gemäß Farbkonzept. Der Sockel wird mit einem Glattputz abgesetzt.

2.3 Decken

Alle horizontalen Decken werden nach den Erfordernissen der Statik sowie des Brand-, Schall- und Wärmeschutzes als massive Stahlbetondecken ausgeführt.

Abb. 4.6: Fortsetzung

3 Innenwände

3.1 Tragende Wände

Die tragenden Wände, Treppenhauswände und Wohnungstrennwände werden nach Anforderung der Statik und des Schallschutzes in Mauerwerk oder Stahlbeton erstellt.

3.2 Nicht tragende Kellerwände

Die nicht tragenden Kellerwände werden in Mauerwerk mit Fugenglattstrich oder alternativ mit einer Spachtelung ausgeführt.

3.3 Leichte Trennwände

Leichte Trennwände werden als 10 bis 12,5 cm starke Ständerwände aus Gipskarton je Seite doppelt beplankt (zweimal 12,5 mm) mit einer schalldämmenden Einlage aus Mineralwolle erstellt.

3.4 Installationswände

Die Installationswände werden in der Wandstärke nach den technischen Erfordernissen, sonst wie vor erstellt.

3.5 Abkofferungen

Im Bereich von Installationen werden nach örtlichen Erfordernissen an Decken und Wänden Abkofferungen erstellt. Sie werden raumseitig doppelt beplankt und erhalten eine Einlage aus Mineralwolle.

3.6 Verkleidung der sonstigen innen liegenden Flächen

Die Untersichten der Holzdachkonstruktion werden mit Gipskartonplatten (einmal 12,5 mm) verkleidet. Der gesamte Aufbau erfolgt nach Anforderungen des Wärme-, Schall- und Brandschutzes.

Alle Anschlüsse zu Decken und Wänden werden als Wartungsfuge mit dauerelastischem Füllstoff ausgebildet.

In Nassräumen werden die vorgenannten Gipskartonbeplankungen raumseitig mit Feuchtraumplatten ausgeführt.

4 Dächer

4.1 Dachflächen

Alle Flachdächer werden als Holzkonstruktion, alternativ aus Stahlbeton mit einem Warmdachaufbau ausgeführt und erhalten eine bituminöse Abdichtung, alternativ eine Folienabdichtung.

4.2 Terrassen

Alle Terrassen erhalten als Bodenbelag Betonwerksteinplatten, Fabrikat ___________ oder gleicher Art auf fachgerechtem Unterbau verlegt.

Die Abdichtung der Terrassen erfolgt mit einer bituminösen Abdichtung, alternativ einer Folienabdichtung.

Die Entwässerung erfolgt über Fallrohre aus vorbewittertem Titanzink. Jede Terrasse erhält einen zweiten Ablauf oder Speier als Notüberlauf.

Die Terrassen der Obergeschosse erhalten eine Brüstung, auf die ein lackiertes Stabstahlgeländer mit Edelstahl-Handlauf aufgesetzt wird.

4.3 Klempnerarbeiten

Sämtliche Klempnerarbeiten werden in vorbewittertem Zink ausgeführt.

5 Fenster und Sonnenschutz

5.1 Fenster

In allen Wohnungen werden Kunststofffenster mit außen liegender Aluminium-Deckschale, Fabrikat ___________ oder gleicher Art, Farbton gemäß Farbkonzept, eingebaut. Die Fenster erhalten Isolierverglasung gemäß den Anforderungen des Wärme- und Schallschutzes. Die Fenster im EG erhalten einen erhöhten Einbruchschutz in Anlehnung an die Widerstandsklasse RC2N.

(Auszug)

Abb. 4.6: Fortsetzung

5 Ausführungsplanung

Die Ausführungsplanung ist eine Weiterentwicklung der Entwurfsplanung unter ausführungstechnischen Aspekten. Diese in der Leistungsphase 5 erarbeitete ausführungsreife Planungslösung wird in den Ausführungsplänen des Architekten, des Tragwerksplaners und des TGA-Planers dargestellt.

5.1 Ausführungspläne

Die Voraussetzung für den Beginn der Ausführungsplanung ist, dass der Entwurf abgeschlossen ist, d. h., dem Bauherrn musste während der Entwurfsplanung verdeutlicht werden, dass das Berücksichtigen aller seiner Änderungswünsche für die Planung Leistungen der Leistungsphase 3 sind, da die Ausführungspläne die Realisierung des Objektes sind.

Alle Änderungen, die jetzt noch durchgeführt werden, sind mit einem sehr großen Aufwand verbunden (Änderungen der Fachplaner) und damit auch mit erheblichen Kosten für den Bauherrn.

Eventuell ergeben sich jedoch durch Auflagen der Genehmigungsbehörde noch Änderungen. Aus diesem Grund sollte mit der Ausführungsplanung erst begonnen werden, wenn die Baugenehmigung vorliegt, damit solche Auflagen noch eingearbeitet werden können.

Leider wird, um die Planungszeiten zu verkürzen, mit der Ausführungsplanung oft schon während der Prüfung der Baugenehmigung begonnen.

Die Ausführungspläne werden in der Regel in folgenden Maßstäben erstellt:

- Grundrisse, Ansichten und Schnitte im Maßstab 1 : 50 (siehe Abb. 5.1 und 5.2)
- Detailpläne nach Notwendigkeit (siehe Abb. 5.3 und 5.4), z. B.:
  - Fassadenschnitt im Maßstab 1 : 25 bis 1 : 20
  - Treppendetails im Maßstab 1 : 20 bis 1 : 5
  - Konstruktive Details im Maßstab 1 : 10 bis 1 : 5
  - Fensterdetails im Maßstab 1 : 5 bis 1 : 1

Bei allen zur Ausführungsplanung gehörenden Plänen ist die Einführung einer eindeutigen und sinnvollen Plannummerierung wichtig, verbunden mit einem fortlaufenden Index und einer Planliste.

Plannummer

Die Plannummer in Architekturplänen dient als eindeutiger Identifikator für einen bestimmten Entwurfs- oder Ausführungsplan. Sie hilft bei der Organisation und Verwaltung der Pläne und erleichtert es Bauherren, Architekten und Bauunternehmen, die richtigen Pläne schnell und einfach zu fin-

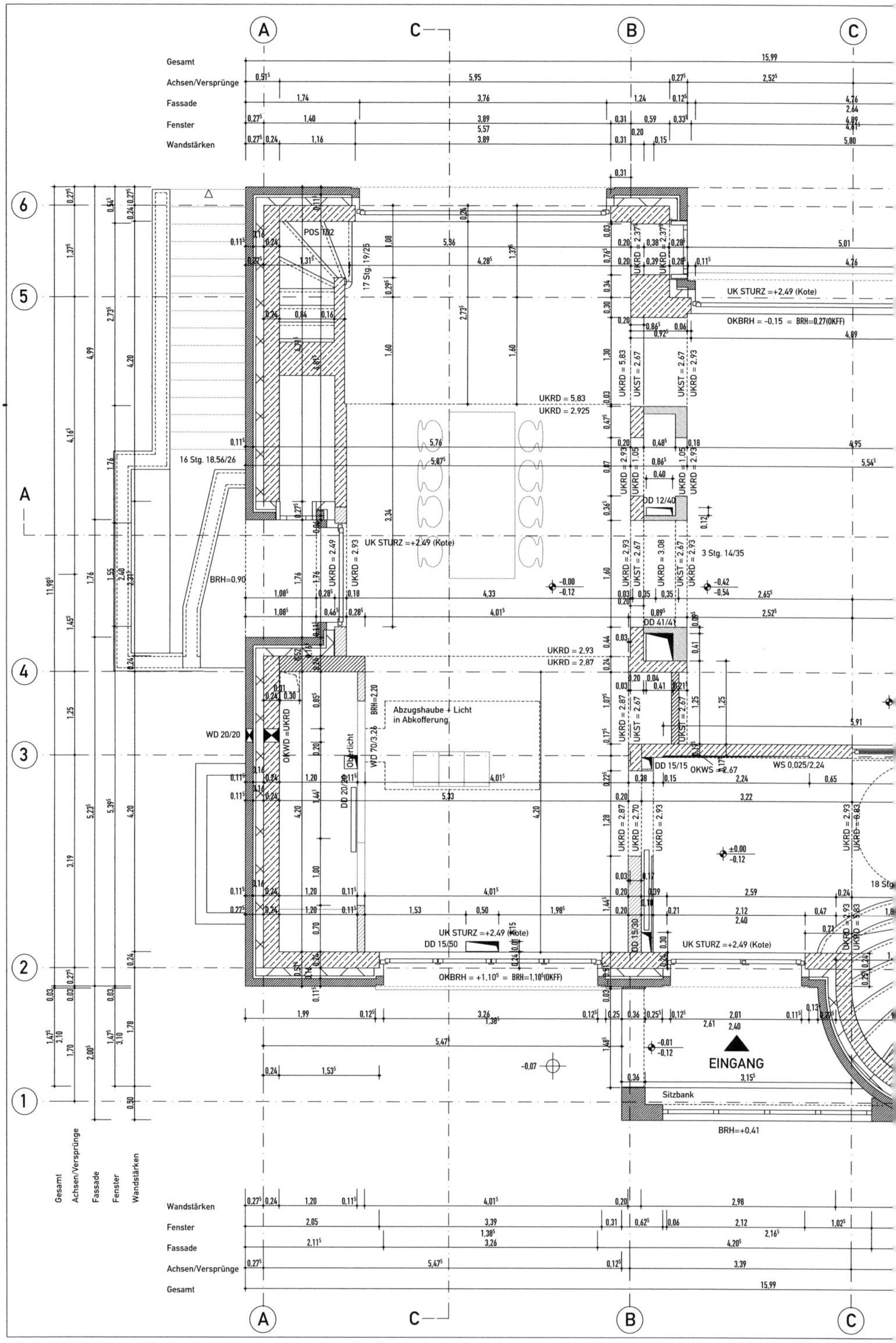

Abb. 5.1: Grundriss Erdgeschoss des Musterprojektes mit allen erforderlichen Eintragungen und Plankopf im Maßstab 1 : 50 (im Original; hier abweichend)

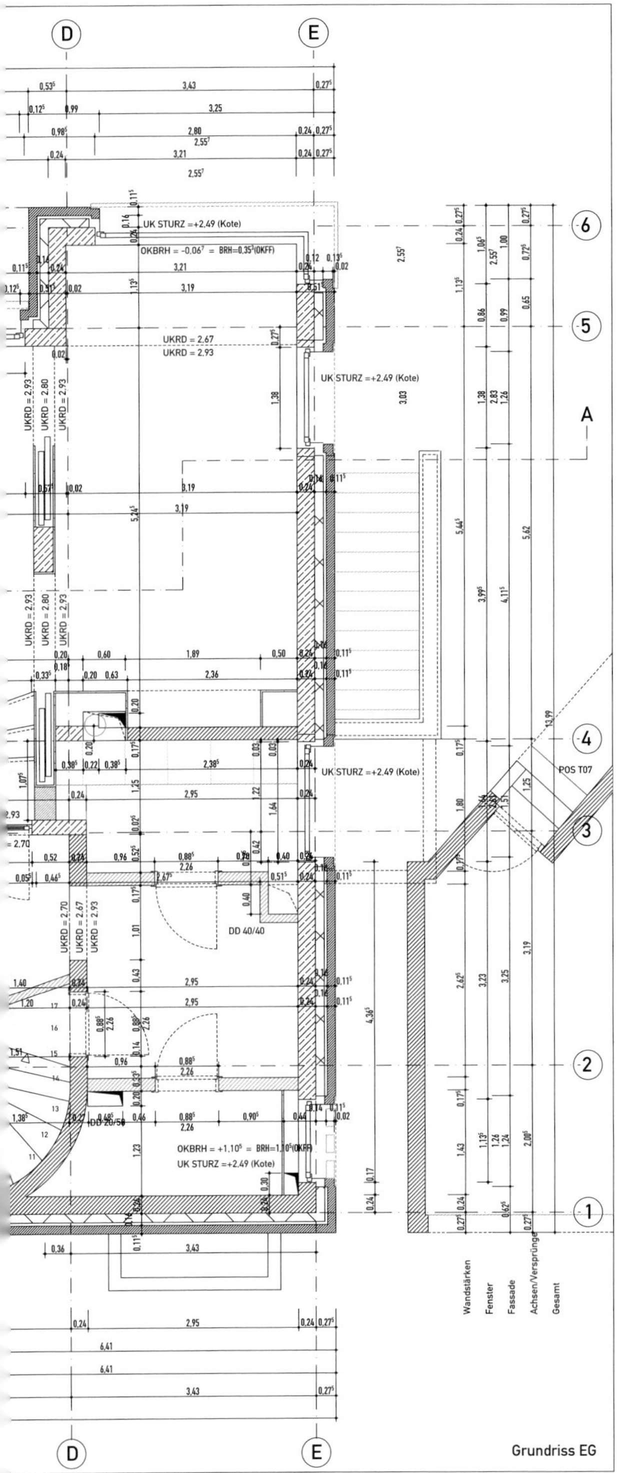

Legende

Materialien

- Stahlbeton
- WU-Beton
- KS-Mauerwerk
- Sichtmauerwerk
- Dämmung

Durchbrüche

- DD 20/50 Deckendurchbruch (nach unten)
- DD 20/50 Deckendurchbruch (über Kopf)
- WD 20/50 Wanddurchbruch
- WS 20/50 Wandschlitz

Allgemein

Allgemein

- D 4 Detailverweise
- W11 Wandnummern

Musterprojekt

Änderungen

Änderungen	Index	Datum
UG Abgleich mit Schalplan	a	
	b	
EG Abgleich mit Schalplan	c	

Auslieferungen

Auslieferungen	Index	Datum
	a	
	b	
	c	

Bezugspunkt für die Höhenfestsetzung 62,92 ü. NN an der Grundstücksgrenze
±0,00 = OKFF Erdgeschoss = 63,07 ü. NN

Bauherrschaft: Eheleute Musterhaus	Planung: Nailis Architekten Tel: 030 7623 1800 Fax: 030 7623 1801 Erkelenzdamm 59/61 D - 10 999 Berlin	Statik: fd-ingenieure Tel: 030 3101 9483 Fax: 0312 104 99 11 Pestalozzistraße 11 D - 10625 Berlin
Maße sind am Bau zu nehmen und zu prüfen. Abweichungen und Unstimmigkeiten sind umgehend dem Architekten mitzuteilen. Für Maßfehler haftet der Auftragnehmer.	Angegebene Raumbezüge wie Bündigkeit, Axialität, etc. gehen vor Vermaßungen. Bei der Planung und Bauausführung sind folgende Unterlagen zu beachten:	Architektenwerkpläne und Details sowie Firmendetails. Firmenzeichnungen gelten grundsätzlich nur mit dem Genehmigungsvermerk des Architekten.
Architekt: . . . . Bauleitung:	Planstand: 22.02.2011 Planung Maßstab A2 1: 50	P2c

Abb. 5.2: Ansicht Garten des Musterprojektes im Maßstab 1 : 50 (im Original; hier abweichend)

den und zu identifizieren. Die Plannummer ist in der Regel eindeutig und sequenziell, um eine logische Reihenfolge zu garantieren, und kann zusätzliche Informationen wie das Bauprojekt, den Standort oder den Ersteller enthalten. Die Verwendung einer Plannummer trägt zur Transparenz und Effizienz des Projektmanagements bei und hilft, mögliche Fehler oder Verwirrungen zu vermeiden.

Index

Der Index wird der Plannummer nachgestellt und meistens alphabetisch beginnend mit A fortlaufend genutzt. Er dient der eindeutigen Identifizierung eines Planungsstandes innerhalb der Planungsphase. Da die Planung ein laufender Prozess zwischen allen beteiligten Fachplanern ist, muss sichergestellt sein, dass alle auf der gleichen Grundlage weiter planen. Wird eine Ergänzung oder Änderung in die Pläne aufgenommen und eingearbeitet, wird dies im Plankopf vermerkt und mit einem Index, Änderungsdatum, Kürzel des Bearbeiters und stichwortartiger Beschreibung der Änderung in die Planliste eingetragen.

Planliste

Die Planliste ist ein Dokument, das eine Übersicht über die in einem Projekt enthaltenen Pläne und Zeichnungen bereitstellt. Sie dient als Referenz für alle Beteiligten, um die Pläne und Zeichnungen schnell und einfach zu identifizieren und zu finden. Die Planliste enthält in der Regel Informationen wie die Plannummer, den Plan- oder Zeichnungstitel, den Autor oder Ersteller, das Datum der Erstellung oder Änderung und ggf. weitere Details. Die Planliste kann auch Informationen über den aktuellen Status jedes Plans oder jeder Zeichnung (z. B. genehmigt, noch zu überarbeiten) und Verweise auf andere relevante Dokumente enthalten. Eine Planliste trägt zur Übersicht und Effizienz bei der Verwaltung der Pläne und Zeichnungen in einem Projekt bei.

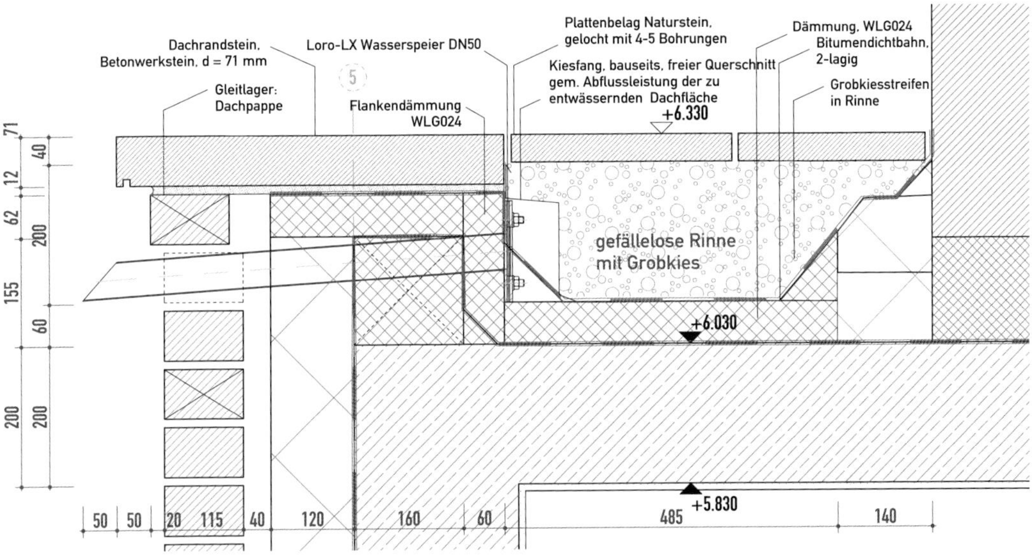

Abb. 5.3: Detailschnitt der Flachdachentwässerung im Obergeschoss des Musterprojektes

5.2 Detailpläne

Mit der Detailplanung wird die Ausführungsplanung punktförmig vergrößert (siehe Abb. 5.3 und 5.4).

Der jeweilige Maßstab ist so zu wählen, dass zum einen noch eine Übersicht gewährleistet ist und zum anderen die Abgrenzungslinien und Hinweise für die ausführende Firma klar zu erkennen sind.

Um Kosten zu sparen, sollte der ausführenden Firma ein gewisser Freiraum in der Ausführung gelassen werden, d. h., der Planer fertigt sog. Leitdetails an, in die er die Vorgaben der relevanten DIN-Normen, Richtlinien und Merkblätter einarbeitet.

Es sind so viele Detailpläne zu erstellen, wie zur Klärung der Bauausführung notwendig sind. Dies sind vor allem solche Details, an denen mehrere Ausführungsfirmen beteiligt sind, z. B. Gebäudesockel, Fassadendetails, Fensterdetails, Treppendetails, Dachdetails usw.

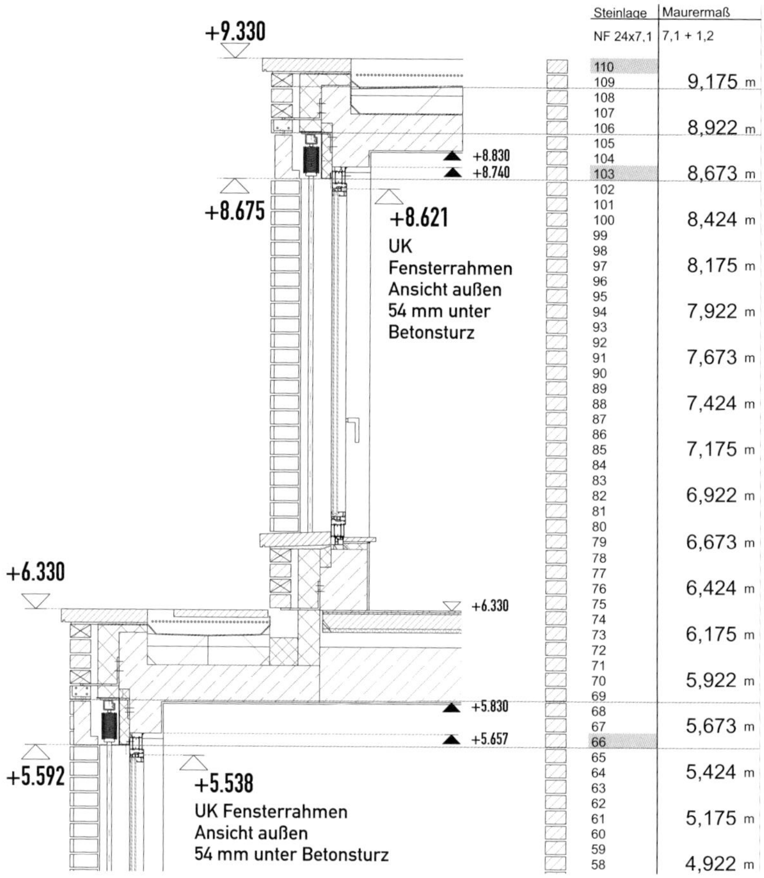

Abb. 5.4: Detailschnitt der Fassade mit Vermassung der Vormauer – Klinkerschale des Musterprojektes

5.3 Checkliste zur Ausführungsplanung

Werk- und Ausführungszeichnungen des Architekten	Auswahl/Bemerkungen
Grundriss (Horizontalschnitt) mit:	
• Maßen	☐
• m²-Angaben	☐
• Treppen- und Höhenvorsprüngen (Lauflinie, Steigung, Geländer)	☐
• Bauarten, Baustoffe	☐
• Abdichtungen und konstruktiven Fugen	☐
• betriebstechnischen Angaben (Schornsteinversorgungsschächte) nach Art und Querschnitt	☐
• Angaben über Aussparungen und Einbauteile	☐
• Anordnungshinweisen zu betrieblichen Einbauten (Einbauschränke, Küchen)	☐
• Verlaufszeichnung von Grundleitungen und Dränleitungen	☐
• Angaben über Fertigteile	☐
• Hinweisen auf weitere Zeichnungen (Schnittverlauf, Details)	☐
• Aktualisierungen	☐
Schnitte/Ansichten (vertikal), in Ergänzungen zu den Grundrissen mit:	
• Höhenangaben (Geschosshöhen, Höhen über NN usw.)	☐
• Treppenverläufen bzw. Horizontalschnitten (Steigungsverhältnisse, Kopfhöhen, Geländerhöhen)	☐
• Geländeschnitten, mit zukünftigen Höhenangaben	☐
• horizontalen Einbauten (abgehängte Decken, Fußbodenaufbauten usw.)	☐
• Fassadengliederungen mit Ausführung technischer Angaben (Fugen, Materialien) und Vermaßung	☐
• Fenstern und Türen (Teilung und Öffnungsarten)	☐
• Verläufen und Anordnungen von Leitungen und technischen Anlagen (Fallrohre, Jalousien, Schornsteine usw.)	☐
Werk- und Ausführungszeichnungen des Tragswerksplaners	
(dargestellt je nach Informationsgehalt in Grundrissen oder auch in Schnitten)	
Der Tragwerksplaner erstellt auf Basis der Architektenpläne nach der Statik und den Positionsplänen die Schalungs- und Bewehrungszeichnungen	
Schalpläne sind Darstellungen der einzuschalenden Bauteile aus Beton, Stahlbeton und Spannbeton. Sie enthalten:	
• Massen- und Höhenquoten des Bauwerkes bzw. der Bauteile	☐
• Aussparungen, soweit für das Tragverhalten von Bedeutung	☐
• Auflage der einzuschalenden Bauteile (tragende Mauerwerkswände, Stützen, Kopfplatten usw.)	☐
• Arten und Festigkeitsklassen der Baustoffe	☐
Bewehrungszeichnungen des Tragwerksplaners	
Bewehrungszeichnungen des Stahlbetons und Spannbetons mit allen zum Biegen und Verlegen der Bewehrung erforderlichen Angaben: Die Bewehrungszeichnungen dienen den Bewehrungsarbeiten auf der Baustelle bzw. im Fertigteilwerk. Sie sollen alle hierfür erforderlichen Angaben und Maße enthalten, insbesondere:	
• Stahlsorten und Betonfestigkeitsklassen	☐
• Anzahl, Durchmesser, Form und Lage der Bewehrungsstäbe (Bewehrungsabstand für Ankerungslängen)	☐
• Betondeckung	☐
• besondere Angaben zu Spannbetonteilen	☐
• zum Tragwerk gehörende Einbauteile	☐
• Hinweise zu anderen Zeichnungen (Details) und zur Aktualisierung	☐

verschiedene Montagepläne	
• für Holzbauteile (Sparrenlage)	☐
• für Stahlbauteile (Stahlhallen, Abfangkonstruktionen usw.)	☐
• für Betonfertigteile (Filigrandecken)	☐
• Bei größeren Objekten wird es notwendig, für die Haustechnik, Heizung, Sanitär, Elektro, Lüftung und Fördertechnik eine gesonderte Planung durchzuführen.	☐
Werk- und Ausführungszeichnungen für den Ingenieur für Technische Gebäudeausrüstung	
Schlitz- und Durchbruchpläne	
• Darstellung aller Decken- und Wandaussparungen für die Technische Gebäudeausrüstung	☐
• Vermaßung der Aussparungen in Größe und Bezug	☐
Pläne zur Installationsführung	
• Grundleitungsplan	☐
• Installationsleitungen für die Gewerke: Heizung, Sanitär, Lüftung, Klima, Elektro, Kommunikation	☐
• Kollisionsplanung aller TGA-Gewerke	☐
Pläne für den Einbau von haustechnischen Einrichtungen	
• Heizung, z. B. Heizanlage, Schornstein, Brennstoffversorgung, Heizflächen (Körper)	☐
• Sanitär, z. B. Badezimmer und WC-Einrichtungen, Hebeanlagen	☐
• Lüftungen, z. B. Ventilatoren, Wärmetauscher	☐
• Klima, z. B. Klimaanlagen	☐
• Elektro, z. B. Brennstellen, Lampen, Steckdosen	☐
• Kommunikation, z. B. Telefonanlage, Computer	☐
• Förderanlagen, z. B. Aufzug	☐

5.4 Qualitätsbeschreibung

Spätestens zu Beginn der Ausführungsplanung sollte mit dem Bauherrn die Qualität der Ausführung abgestimmt werden. Die Qualität kann nach Gewerken (Grundlage der Leistungsbeschreibung) oder nach Räumen (Raumbuch) geordnet werden. In einer Qualitätsliste werden festgelegt:

- die Baustoffe, z. B.:
  - Art der Dachdeckung
  - Trockenbau (Holzpaneele/Gipskarton)
  - Fliesen (Betonwerkstein/Naturstein)
  - Tapeten und Anstriche
- die Konstruktionsarten, z. B.:
  - Fenster (Holz-, Kunststoff- oder Metallfenster als Dreh-, Drehkipp- oder Schwingfenster)
  - Fassade (Putz, Verblendung, Vorhangfassade)
  - Treppenkonstruktionen (Holz, Stahlbau oder Kombinationen)
  - Innentüren (Qualität der Türblätter und der Zargen)
  - Oberboden (Teppichboden, Linoleum, Parkett)

Nach der Qualitätsabstimmung können in der Ausführungsplanung die entsprechenden Konstruktionsaufbauten (z. B. Böden, Dach und Wand) erstellt werden bzw. Hinweise zu Montageausführung eingebracht werden.

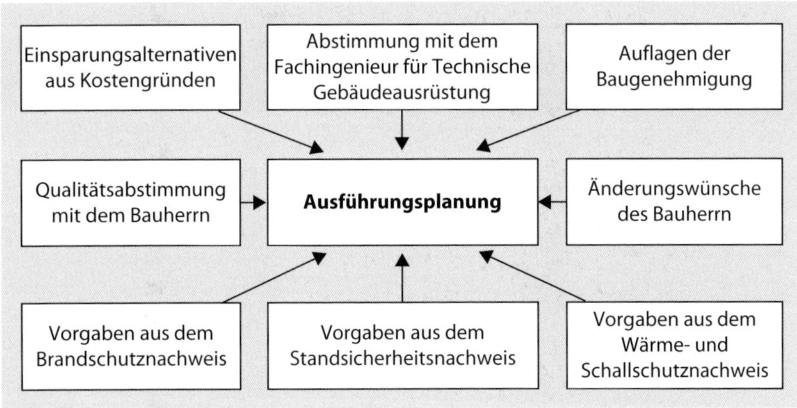

Abb. 5.5: Die wichtigsten Punkte, die bei der Ausführungsplanung zu berücksichtigen sind

5.5 Koordinierungspflicht

An der Ausführungsplanung sind in der Regel folgende Fachplaner beteiligt:

- der Tragwerksplaner
- der Fachingenieur für Technische Gebäudeausrüstung
- der Sachverständige für Schall- und Wärmeschutz
- der Sachverständige für Brandschutz
- der Sachverständige für Bauakustik
- der Sachverständige für Erd- und Grundbau
- der Garten- und Landschaftsplaner
- und Andere

Nach der HOAI hat der Architekt (Projektkoordinator) die Pflicht zur Koordinierung der Unterlagen aller Fachplaner, auch unter wirtschaftlichen Aspekten – es sei denn, es ist vertraglich anders geregelt.

5.6 Ausführungsplanung nach HOAI, Leistungsphase 5

Die Ausführungsplanung wird in der HOAI in folgende Teilleistungen gegliedert:

- Durcharbeiten der Ergebnisse der Leistungsphasen 3 und 4 bis zur ausführungsreifen Darstellung
- Einbeziehen der Beiträge aller fachlich Beteiligten – Koordinierungspflicht
- zeichnerische Darstellung des Objektes
- Detailerarbeitung und detaillierte Darstellung
- Erarbeiten der Grundlagen für die anderen an der Planung fachlich Beteiligten und Integrierung der Beiträge
- Fortschreibung der Ausführungsplanung während der Ausführung

Als Besondere Leistungen gelten u. a.:

- Aufstellen einer detaillierten Objektbeschreibung als Baubuch oder Raumbuch
- Prüfen und Anerkennen von Plänen Dritter (Unternehmer)

Die Abb. 5.5 informiert über die wichtigsten Punkte der Ausführungsplanung.

6 Vergabe von Bauleistungen – Leistungsbeschreibung

Vor der Vergabe der Bauleistungen an Bauunternehmer und Handwerker müssen diese nach Art und Umfang sowie die Bedingungen für die Vergabe genau festgelegt werden. Als Grundlage der Verträge mit den Auftragnehmern wird in der Regel die Vergabe- und Vertragsordnung für Bauleistungen (VOB) vereinbart. Die Leistungsbeschreibung ist mit den angegebenen Mengen (Massenermittlungen) ein wesentlicher Bestandteil des Bauvertrages nach § 1 VOB Teil B (VOB/B). Die gesamte Bauleistung des entsprechenden Objektes wird darin erfasst. Die Beachtung der Allgemeinen Bestimmungen für die Vergabe von Bauleistungen (VOB Teil A) sowie der Allgemeinen Technischen Vertragsbedingungen für Bauleistungen (ATV) nach VOB Teil C sind zur Erstellung einer exakten Leistungsbeschreibung unerlässlich.

6.1 Vergabe- und Vertragsordnung für Bauleistungen (VOB)

Das Bauvertragsrecht – auch die VOB – ist privates Recht, d. h., die VOB muss, wenn gewünscht, im Vertragswerk zwischen dem Auftraggeber (Bauherr) und dem Auftragnehmer (Unternehmer) vereinbart werden. Dies geschieht häufig in der Vorbemerkung des Leistungsverzeichnisses oder im Anschreiben.

Ist die VOB nicht vereinbart, so gilt als Vertragsgrundlage für den Vertrag das Bürgerliche Gesetzbuch (BGB).

Das BGB ist auf allgemeine Dinge des täglichen Lebens abgestimmt (Autokauf, Kauf einer Eigentumswohnung usw.). Die VOB wurde für die speziellen Belange des Bauwesens erstellt (siehe Kapitel 7, einleitender Text).

Die VOB (Verdingungsordung für Bauleistungen) gliedert sich in 3 Teile:

- Teil A Allgemeine Bestimmungen für die Vergabe von Bauleistungen (DIN 1960: 2019-09)
- Teil B Allgemeine Vertragsbedingungen für die Ausführung von Bauleistungen (DIN 1961: 2016-09)
- Teil C Allgemeine Technische Vertragsbedingungen für Bauleistungen (ATV)

Die VOB Teil A (VOB/A) ist eine Vergabevorschrift für den öffentlichen Auftraggeber (Gemeinde, Städte usw.), da diese mit öffentlichen Geldern arbeiten. Hier muss die Vergabe besonders transparent, objektiv und nachvollziehbar sein.

Für private Auftraggeber sind die Verfahren oft zu aufwendig und langwierig.

Nachfolgend werden Paragrafen auszugsweise aus der VOB Teil A zitiert bzw. kurz erläutert.

§ 1 VOB/A Bauleistungen

„Bauleistungen sind Arbeiten jeder Art, durch die eine bauliche Anlage hergestellt, instand gehalten, geändert oder beseitigt wird."

§ 3 VOB/A Arten der Vergabe

Hier wird folgendermaßen unterschieden:

Öffentliche Ausschreibung

Die öffentliche Ausschreibung wird in den öffentlichen Medien (Presse, Submissionsanzeiger, Internet usw.) bekannt gegeben, worauf alle Interessenten gegen einen Unkostenbeitrag die Angebotsunterlagen bekommen und anbieten können.

Von der öffentlichen Ausschreibung kann abgewichen werden.

Beschränkte Ausschreibung

Hier wird vom Auftraggeber – in Abstimmung mit dem ausschreibenden Ingenieurbüro – eine beschränkte Anzahl von Unternehmern ausgewählt. Dies sind Unternehmer, die über die technische Ausrüstung, Erfahrung und Fachkunde verfügen und in der Regel auch ortsansässig sind. Sie werden zum Einreichen von Angeboten aufgefordert.

Beschränkte Ausschreibung ist zulässig,

- wenn der Aufwand zu groß ist,
- wenn die öffentliche Ausschreibung kein annehmbares Ergebnis gebracht hat,
- wenn die öffentliche Ausschreibung unzweckmäßig ist (wenn etwa nur ein Bieter die Leistungen ausführen kann, z. B. Versorgungsträger)

Beschränkte Ausschreibung kann erfolgen bis zu folgendem Auftragswert der Bauleistung ohne Umsatzsteuer:

- 50.000 € für Ausbaugewerke (ohne Energie- und Gebäudetechnik), Landschaftsbau und Straßenausstattung
- 150.000 € für Tief-, Verkehrswege- und Ingenieurbau
- 100.000 € für alle übrigen Gewerke

Beschränkte Ausschreibung ist nach öffentlichem Teilnahmewettbewerb zulässig,

- wenn die Leistung nach ihrer Eigenart nur von einem beschränkten Kreis von Unternehmen in geeigneter Weise ausgeführt werden kann und besonders wenn außergewöhnliche Zuverlässigkeit oder Leistungsfähigkeit erforderlich ist (z. B. Erfahrung, technische Einrichtungen oder fachkundige Arbeitskräfte),
- wenn die Bearbeitung des Angebots wegen der Eigenart der Leistung einen außergewöhnlich hohen Aufwand erfordert.

Freihändige Vergabe

Freihändige Vergabe ist zulässig, wenn die öffentliche Ausschreibung oder beschränkte Ausschreibung unzweckmäßig sind, z. B.,

- wenn für die Leistung aus besonderen Gründen (z. B. Patentschutz, besondere Erfahrung oder Geräte) nur ein bestimmtes Unternehmen in Betracht kommt,
- wenn die Leistung besonders dringlich ist,
- wenn nach Aufhebung einer öffentlichen Ausschreibung oder beschränkten Ausschreibung eine erneute Ausschreibung kein annehmbares Ergebnis verspricht.

Eine freihändige Vergabe kann außerdem bis zu einem Auftragswert von 10.000 € ohne Umsatzsteuer erfolgen.

§ 4 VOB/A Vertragsarten

Grundsätzlich sollen die Bauleistungen so vergeben werden, dass die Vergütung nach Leistung bemessen wird, d. h. nach dem **Leistungsvertrag**, nämlich

- in der Regel zu Einheitspreisen (Einheitspreisvertrag siehe Kapitel 7.5),
- in geeigneten Fällen für eine Pauschalsumme (Pauschalvertrag siehe Kapitel 7.5).

Dagegen ist der **Stundenlohnvertrag** kein Leistungsvertrag; er darf nur für kleine Aufträge mit hohen Stundenleistungen abgeschlossen werden. Hierbei wird der Lohn nach Aufwand abgerechnet (Tageslohnzettel).

§ 7 VOB/A Leistungsbeschreibung

- Die Leistung ist eindeutig und so erschöpfend zu beschreiben, dass alle Bewerber die Beschreibung im gleichen Sinne verstehen müssen und ihre Preise sicher und ohne umfangreiche Vorarbeiten berechnen können.
- Bedarfspositionen sind grundsätzlich nicht in die Leistungsbeschreibung aufzunehmen.
- Angehängte Stundenlohnarbeiten dürfen nur in dem unbedingt erforderlichen Umfang in die Leistungsbeschreibung aufgenommen werden.
- Die Leistungsbeschreibung ist nötigenfalls durch Unterlagen (Zeichnungen, Proben, Gutachten) zu ergänzen.

§ 8 VOB/A Vergabeunterlagen

„*(1) Die Vergabeunterlagen bestehen aus*

1. *dem Anschreiben (Aufforderung zur Angebotsabgabe), […] und*
2. *den Vertragsunterlagen […].*

[…]“

§ 9 VOB/A Vertragsbedingungen

Hier werden u. a. folgende Punkte geregelt:

- Ausführungsfristen
- Vertragsstrafen, Beschleunigungsvergütung
- Verjährung der Mängelansprüche
- Sicherheitsleistung

§ 10 VOB/A Fristen

- Angebotsfrist: Für die Bearbeitung und Einreichung der Angebote ist – auch bei Dringlichkeit – eine ausreichende Angebotsfrist nicht unter 10 Kalendertagen vorzusehen.
- Zuschlagsfrist: Sie soll nicht länger bemessen werden, als der Auftraggeber für eine zügige Prüfung und Wertung der Angebote benötigt (nur in Ausnahmefällen mehr als 30 Kalendertage).

§ 14 und 14a VOB/A Öffnung der Angebote, Eröffnungstermin

Es können schriftliche oder ausschließlich elektronische Angebote zugelassen werden.

- Sind schriftliche Angebote zugelassen (§ 14a VOB/A), so ist bei Ausschreibungen für die Öffnung und Verlesung (Eröffnung) der Angebote ein Eröffnungstermin abzuhalten, bei dem nur die Bieter und ihre Bevollmächtigten zugegen sein dürfen.
- Sind nur elektronische Angebote zugelassen (§ 14 VOB/A), so wird die Öffnung der Angebote von mindestens 2 Vertretern des Auftraggebers gemeinsam an einem Termin (Öffnungstermin) unverzüglich nach Ablauf der Angebotsfrist durchgeführt.

Über den Öffnungstermin ist jeweils eine Niederschrift zu fertigen.

§ 17 VOB/A Aufhebung der Ausschreibung

Die Ausschreibung kann aufgehoben werden, wenn

- kein Angebot eingegangen ist, das den Ausschreibungsbedingungen entspricht (also nicht dem Termin- oder Kostenrahmen entspricht),
- die Verdingungsunterlagen grundlegend geändert werden müssen (z. B. wenn sich das Leistungsverzeichnis im Lauf einer Sanierung durch Vorgewerke geändert hat),
- andere schwerwiegende Gründe bestehen (z. B. eventuelle Preisabsprachen).

§ 20 VOB/A Dokumentation

„*(1) Das Vergabeverfahren ist zeitnah so zu dokumentieren, dass die einzelnen Stufen des Verfahrens, die einzelnen Maßnahmen, die maßgebenden Feststellungen sowie die Begründung der einzelnen Entscheidungen in Textform festgehalten werden. […]*“

Der Inhalt der Dokumentation ist geregelt.

6.2 Leistungsbeschreibung mit Einheitspreisverzeichnis

Die Leistungsbeschreibung ist ein Leistungsverzeichnis, nach dem der Bieter entsprechend dem Ausschreibungstext und den Mengenvorgaben seine kalkulierten Einheitspreise (für ihn bindend) anbietet (siehe dazu auch Abb. 6.2).

6.2.1 Gliederung

Die Gliederung des Leistungsverzeichnisses erfolgt in der Regel nach Gewerken (Fachlosen) der VOB Teil C, den Allgemeinen Technischen Vertragsbedingungen für Bauleistungen (ATV), VOB/C ATV DIN 18300 bis 18459.

Einschränkend muss erwähnt werden, dass die Gliederung der VOB Teil C nicht unbedingt der Marktsituation (den Bietern) entspricht.

Beispiel

So wird in der Regel das Gewerk Rohbauarbeiten ausgeschrieben und auf dem Markt von Rohbauunternehmern angeboten. Dieses Gewerk ist in der VOB Teil C nicht zu finden. Hier werden vom Ausschreibenden aus baubetrieblichen Gründen zusammengefasst:

- Baustelleneinrichtung, je nach Größe des Objektes (nicht als ATV aufgeführt)
- Mauerarbeiten (VOB/C ATV DIN 18330 „Mauerarbeiten" [2019])
- Betonarbeiten (VOB/C ATV DIN 18331 „Betonarbeiten" [2019])
- Entwässerungsarbeiten (Grundleistung in VOB/C ATV DIN 18381 „Gas-, Wasser- und Entwässerungsanlagen innerhalb von Gebäuden" [2019])
- Abdichtungsarbeiten (Kellerabdichtung in VOB/C ATV DIN 18336 „Abdichtungsarbeiten" [2019])
- Dränarbeiten (VOB/C ATV DIN 18308 „Drän- und Versickerarbeiten" [2019]) usw.

Gliederung nach Angebot

Der Ausschreibende gliedert die Gewerke nach Angebot (sodass die Leistung auf dem Markt durch eine auf diese Leistung spezialisierte Firma möglichst preisgünstig angeboten wird).

Beispiel

- Fensterarbeiten (Kunststoff, Holz oder Metall)
- Innentüren (Elementebau)
- Treppen (Stahl, Holz oder Kombinationen)

Gliederung nach Titeln und Positionen

Die Titel innerhalb der Gewerke werden im Leistungsverzeichnis in Positionen unterteilt (siehe Abb. 6.1).

Die Position ist die kleinste in sich abgeschlossene Einheit der Leistungsbeschreibung.

Jede Position erhält eine Positionsnummer. Die Positionsnummer ist eine der Ordnungszahlen des Leistungsverzeichnisses.

Beispiel

- 1 Gewerk
- 1 Titel
- 01 Positionsnummer

Das ergibt: 1.1.01

Sie definiert den Langtext im Verlauf der weiteren Bearbeitung, z. B.:

- Preisspiegel
- Abrechnung
- Rechnungsprüfung

1.	**Gewerk: Rohbauarbeiten**				
1.1	Titel: Erdarbeiten				
1.1.01	**Oberboden abtragen und seitlich lagern** Oberboden abtragen und nach Angabe der Bauleitung im Bereich der Parzelle 123 in Mieten aufsetzen; Mengenermittlung nach Aufmaß an der Entnahmestelle. Abtragsdicke: 20–30 cm Entfernung zur Lagerstelle: > 50 m				
		120 m²	________ €	________ €	
1.1.02	**Baugrubenaushub, Bodenklasse 3–5, seitlich lagern** Baugrube profilgerecht nach Plananlage ausheben. Das Aushubmaterial ist bei Eignung außerhalb der Baugrube auf der Parzelle 123 mit Erlaubnis der Bauleitung zur späteren Wiederverwendung als Hinterfüllmaterial seitlich zu lagern. Bodenklasse: 3–5 Aushubtiefe: bis 3,25 m				
		311 m³	________ €	________ €	
1.1.03	**Bedarfsposition ohne Gesamtpreis** Baugrubenaushub, Bodenklasse 3–5, beschrieben wie vor, jedoch Aushubmaterial fachgerecht entsorgen.				
		1 m³	________ €	nur Einheitspreis	

Abb. 6.1: Gliederung eines Leistungsverzeichnisses, dargestellt an einem Beispiel

6.2.2 Bestandteile

Die Leistungsbeschreibung hat 3 Bestandteile: die Objektbeschreibung (auch: Besondere Vertragsbedingungen) nach VOB Teil A, die Technischen Vertragsbedingungen nach VOB Teil C und das Leistungsverzeichnis.

Objektbeschreibung oder Besondere Vertragsbedingungen

In der Praxis spricht man bei den Besonderen Vertragsbedingungen oft auch von Objektbeschreibungen, d. h., der Ausschreibende gibt dem Bieter einen kurzen Abriss des zu erstellenden Objektes, damit er sich für die Kalkulation einen Eindruck verschaffen kann.

In der Objektbeschreibung wird also alles, was für diese Baustelle „im Besonderen" gilt und dem Bieter zur besseren Preisfindung dienen könnte, aufgeführt. Die Objektdaten müssen also für jedes Objekt neu erstellt werden. Da sie als Ergänzung zu den Leistungsbeschreibungen der Gewerke dienen, werden sie jedem Gewerk vorgeheftet.

Die Objektdaten im Einzelnen:

- was dem Auftragnehmer unentgeltlich zur Nutzung überlassen wird
- Angaben der Zufahrtsmöglichkeiten
- Lage der baulichen Anlage (z. B. Baustelle in einem reinen Wohngebiet)
- Art der baulichen Anlage (z. B. Wohn- und Geschäftshaus)
- Baumasse (Anzahl der Geschosse)

- Bodenverhältnisse
- Art und Umfang der Pflanzbestände
- abzubrechende Bauteile
- zu schützende Bauteile
- Versorgung der Baustelle (Wasser, Strom usw.)
- Ausführungsfristen (Baubeginn, Dauer und Fertigstellung; möglicherweise Zwischentermine)
- weitere Hinweise: Vergabehandbuch

Zusätzliche Technische Vertragsbedingungen

Die Zusätzlichen Technischen Vertragsbedingungen kann man als Bindeglied zwischen der VOB Teil C, Allgemeine Technische Vertragsbedingungen für Bauleistungen (ATV), und den Leistungsbeschreibungen des Objektes in den einzelnen Gewerken sehen. Sie werden für jedes Gewerk konzipiert. Die Konzepte können standardisiert werden (Datenbanken) und bei anderen Objekten zum Teil wieder verwendet werden.

In den Zusätzlichen Technischen Vertragsbedingungen wird der Qualitätsanspruch in Ergänzung zu VOB Teil C festgelegt, d. h., nach welchen Konstruktionsrichtlinien bzw. Ausführungsrichtlinien, Güteschutz bzw. DIN-Normen das Gewerk ausgeführt werden soll. Man komprimiert hier die technische Beschreibung in eine eindeutige und übersichtliche Form.

Vorteile der Zusätzlichen Technischen Vertragsbedingungen:

- Sie verkürzen den Ausschreibungstext der Positionen.
- Sie fassen technische Details zusammen.
- Sie erhöhen die Übersichtlichkeit.
- Sie vereinfachen für den Bieter die Preisanfragen.

Die Zusätzlichen Technischen Vertragsbedingungen können wie folgt gegliedert werden, z. B. wie hier für Holzfenster:

- allgemeine Angaben zum Werkstoff (Güteschutz)
- Anforderungen an die Konstruktion (Statik, Bauphysik)
- Angaben zu ergänzenden Bauteilen (Dichtprofile)
- Ausführungsart (Anzahl der Falzungen)
- Einbauart (Art der Montage)

6.2.3 Deckblatt

Das Deckblatt der Leistungsbeschreibung sollte folgende Informationen enthalten:

- Auftraggeber
- Bauvorhaben
- Ansprechpartner (Ausschreibender, Architekturbüro)
- Gewerk
- Termine:
  - spätester Abgabetermin
  - voraussichtliches Ausführungsdatum
  - Bindefrist
- Grundlagen des Leistungsverzeichnisses, z. B. Vereinbarung der VOB Teil B
- Angebotspreis und rechtsverbindliche Unterschrift mit Datum

Es empfiehlt sich, die Leistungsbeschreibung (das Leistungsverzeichnis) zu standardisieren, indem sie mit AVA-Programmen erarbeitet und bearbeitet wird (AVA = Ausschreibung, Vergabe, Abrechnung).

6.2.4 Positionsarten

Im Leistungsverzeichnis verwendet man verschiedene Positionsarten:

- Normalpositionen sind Positionen, nach denen das Objekt ausgeführt werden soll (die Regelpositionen). Sie werden im Einheitspreis und im Gesamtpreis angeboten.
- Bedarfspositionen sind Positionen, die möglicherweise zur Ausführung kommen (nicht als Alternative zu den Normalpositionen). Hier wird nur der Einheitspreis angeboten.
- Alternativpositionen werden ausgeschrieben, wenn die Ausführungsart noch nicht eindeutig feststeht. Hier wird nur der Einheitspreis angeboten (als Alternative zu den Normalpositionen).

6.2.5 Ausschreibungstexte

Leistungsbeschreibungen werden heute fast ausschließlich mit AVA-Programmen erstellt. Der Markt bietet eine Vielzahl ausgereifter Software für jeden Bedarf an. Die Ausschreibungstexte innerhalb einer Position der Leistungsbeschreibung werden in ihrer Zusammenstellung und Ergänzung auch bei unterschiedlichen Objekten immer wieder miteinander kombiniert. Es empfiehlt sich deshalb, die Beschreibungskataloge zu standardisieren und in einer Datenbank abzulegen.[1)]

Geeignete Datenbanken sind als Ergänzungen zu den AVA-Programmen zu erwerben.[2)]

Die Standardisierung erleichtert die Arbeit. Am besten entwickelt man eigene Datenbanken mit selbst erarbeiteten bzw. umformulierten oder ergänzten Texten.

Der Bauherr bzw. sein Erfüllungsgehilfe (der Ausschreibende) ist dafür verantwortlich, dass die Leistungsbeschreibung die Leistung in jeder Position eindeutig und unmissverständlich beschreibt, sodass alle Anbieter die Beschreibung im gleichen Sinne verstehen müssen und ihre Preise sicher und ohne umfangreiche Vorarbeiten berechnen können (dem Auftragnehmer soll kein ungewöhnliches Wagnis aufgebürdet werden).

Folgende Kriterien sind für die Ausschreibungstexte besonders wichtig:

- Sie müssen technisch richtig (nach den allgemein anerkannten Regeln der Technik) sein.
- Die Formulierungen müssen eindeutig und erschöpfend sein.
- Das Leistungsverzeichnis muss vollständig und aktuell sein.

1) Für die Gewerke des Hoch- und Tiefbaus wurde ein Standardleistungsbuch entwickelt (STLB-Bau – Dynamische BauDaten®; Datenbank zu Ausschreibungstexten für Bauleistungen).
2) Es kann hier nur darauf hingewiesen werden, dass verschiedene Datenbanken eher von Informatikern als von Baufachleuten erstellt wurden.

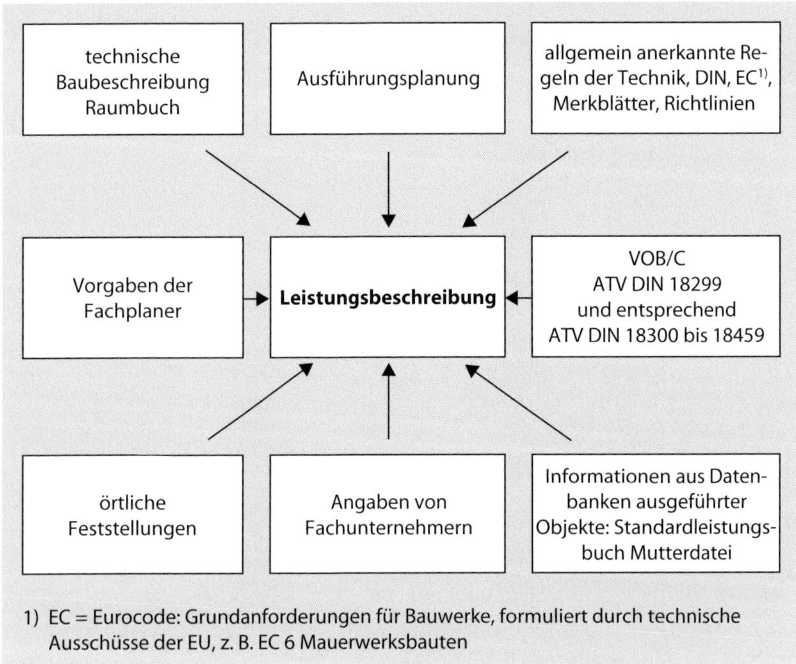

Abb. 6.2: Informationen zur Erstellung der Leistungsbeschreibungen

- Allgemeinplätze sind zu vermeiden (statt nur Bewehrung: B500B).
- Es sind Fachausdrücke zu verwenden, die Allgemeingültigkeit haben (z. B. nicht: Kniestock Kendel).
- Inhalt und Form müssen einfach und klar sein und sollten am besten gegliedert dargestellt werden (Konstruktion, Beschichtung, Abmessung).
- Alternativpositionen dürfen in öffentlichen Ausschreibungen nicht verwendet werden.
- Mengenübersetzungen sollen nicht vorgenommen werden.
- Es muss wettbewerbsneutral (angegebenes Fabrikat oder gleichwertig) formuliert werden.
- Die Ausschreibungstexte sollten rechtlich abgesichert sein.

Dem Bauherrn kann nur an einem ordnungsgemäß aufgestellten Leistungsverzeichnis liegen, da sonst unabwendbare Nachträge auf ihn zukommen (in der Regel ist nicht der Unternehmer für Nachträge verantwortlich, sondern der Ausschreibende).

6.2.6 Leistungsbeschreibung mit Leistungsprogramm (funktionale Leistungsbeschreibung)

In dieser Leistungsbeschreibung wird die Bauleistung nicht nach Gewerken gegliedert, sondern die Qualität des gesamten Objektes wird in einer Qualitätsbeschreibung definiert, z. B. als Raumbuch, ergänzt durch entsprechende Richtdetails (Abb. 6.2).

Pos.	Nr.	Gegenstand	Länge (m)	Breite (m)	Fläche (m)	Höhe (m)	Inhalt (m^3)	Abzug
2	1.2.24	Giebelwand Keller	11,20	2,48	27,53	0,24	6,60	
		Giebelwand Erdgeschoss und erstes Obergeschoss	9,50	2,95	28,02	0,24	13,45	
		Giebelwand Dachgeschoss	6,80	2,70	18,36	0,24	4,41	
		./. Türöffnung	0,885	2,00	1,77	0,24		0,85
							24,46	

Abb. 6.3: Ausschnitt aus einer Mengenermittlung

Die Mengen (Massenfordersätze des Leistungsverzeichnisses) sind in der Regel von den Bietern zu ermitteln. Damit dieses möglich ist, erhalten die Bieter entsprechende Planunterlagen (Ausführungspläne).

Die funktionale Leistungsbeschreibung wird bei Anfragen an Generalunternehmer zur schlüsselfertigen Erstellung von Objekten angewendet bzw. bei Anfragen an Hauptunternehmer zur Erstellung von Gewerbebauten. Da die Leistungsbeschreibung nicht so detailliert erfolgt wie bei Einzelvergaben, ist das Vertragswerk (der Generalunternehmervertrag oder Hauptunternehmervertrag) entsprechend umfangreicher.

6.3 Mengenermittlung

Bei der Mengenermittlung sind die Abrechnungsvorschriften der VOB/C ATV DIN 18300 bis 18459 entsprechend dem jeweiligen Gewerk (jeweils im Abschnitt 5, Abrechnung) zu beachten.

Weicht bei der Abrechnung die Mengenermittlung um mehr als 10 % (nach oben oder unten) vom Vertrag ab, so hat der Unternehmer die Möglichkeit, einen neuen Einheitspreis zu fordern (§ 2 Abs. 3 VOB/B).

Die Mengenermittlung erfolgt auf Grundlage der Ausführungspläne. Sie sollte vollständig und übersichtlich (nach entsprechenden Formblättern, siehe beispielhaft Abb. 6.3) erstellt werden und als Anlage die Mengenermittlungspläne (Stand der Ausführungspläne zum Ermittlungszeitpunkt) enthalten.

Zur Erhöhung der Kostensicherheit wird oft der preiswerteste Bieter veranlasst, die ermittelten Mengen der Anfrage zu prüfen, um den Auftrag zu pauschalieren (vorweggenommene Abrechnung). Gerade dann ist eine genaue, übersichtliche und nachvollziehbar dargestellte Mengenermittlung notwendig, damit dem Auftragnehmer kein ungewöhnliches Wagnis aufgebürdet wird.

Bedarfs- und Alternativpositionen werden in einer Maßeinheit angegeben, z. B. 1 m^2 geschalte Betondecke als Alternative zur mengenermittelten Filigrandecke. Sollte der angebotene Einheitspreis der Ausführungsvariante preiswerter sein, so können in der Auswertung (Preisspiegel) die Alternativpositionen entsprechend gewertet werden.

Die Bedarfs- und Alternativpositionen unterliegen dem Wettbewerb. Eine genaue und vollständige Mengenermittlung ist Voraussetzung dafür, dass es hier bei der späteren Abrechnung nicht zu erheblichen Abweichungen kommt.

6.4 Vorbereitung der Vergabe nach HOAI, Leistungsphase 6

Die Vorbereitung der Vergabe wird in der HOAI in folgende Teilleistungen gegliedert:

- Aufstellen eines Vergabeterminplans
- Aufstellen von Leistungsbeschreibungen mit Leistungsverzeichnissen nach Leistungsbereichen; Ermitteln und Zusammenstellen von Mengen auf der Grundlage der Ausführungsplanung unter Verwendung der Beiträge anderer an der Planung fachlich Beteiligter
- Abstimmen und Koordinieren der Schnittstellen zu den Leistungsbeschreibungen der an der Planung fachlich Beteiligten
- Ermitteln der Kosten auf der Grundlage vom Planer bepreister Leistungsverzeichnisse (siehe Kapitel 6.2)
- Kostenkontrolle durch Vergleich der vom Planer bepreisten Leistungsverzeichnisse mit der Kostenberechnung
- Zusammenstellen der Vergabeunterlagen für alle Leistungsbereiche

Als Besondere Leistungen gelten u. a.:

- Aufstellen von alternativen Leistungsbeschreibungen
- Aufstellen von vergleichenden Kostenübersichten

6.5 Am Bau Beteiligte – Unternehmer (nach § 59 BauO NRW)

Der Unternehmer muss das Objekt nach seinem mit dem Bauherrn geschlossenen Vertrag, den allgemein anerkannten Regeln der Technik, den Bauvorlagen und den Arbeitsschutzbestimmungen ausführen. Die Nachweise über die Verwendbarkeit der Bauprodukte und Bauarten hat er zu erbringen und auf der Baustelle vorzuhalten.

Besitzt der Unternehmer für einzelne Arbeiten nicht die erforderliche Sachkunde und Erfahrung, so hat er für entsprechende Fachunternehmer zu sorgen und diese zu koordinieren.

6.6 Checkliste zur Leistungsbeschreibung

Arten der Leistungsbeschreibung

- Einheitspreisverzeichnis mit Mengenangabe
- funktionale Fertigungsbeschreibung ohne Mengenangabe

Bestandteile des Einheitspreisverzeichnisses mit Mengenvorgaben			Bemerkungen
Objektbeschreibung (Besondere Vertragsbedingungen)	alle Besonderheiten, die dieses Objekt betreffen (Objektdaten)		
Deckblatt	• Auftraggeber • Bauvorhaben • Ansprechpartner Gewerk • Termine: – spätester Abgabetermin – voraussichtlicher Ausführungstermin – Bindefrist • Grundlagen des Leistungsverzeichnisses • Vereinbarungen der VOB • Angebotspreis • rechtsverbindliche Unterschrift		
Zusätzliche Technische Vertragsbedingungen	• Definition der allgemein anerkannten Regeln der Technik (durch Benennung der DIN/EN/Richtlinien/Merkblätter) für das Gewerk • übersichtliche Zusammenfassung der technischen Beschreibung aus dem Leistungsverzeichnis • Ergänzungen zur VOB Teil C der entsprechenden ATV		
Leistungsverzeichnis (LV)	Gliederung: • Gewerke • Titel • Positionen		
Anforderungen an die Ausschreibungstexte	• technisch richtig (nach den allgemein anerkannten Regeln der Technik) • eindeutig und erschöpfend • vollständig • rechtlich abgesichert • aktuell • Alternativpositionen, soweit notwendig • Bedarfspositionen sind nicht erlaubt (öffentliche Ausschreibung) • keine Massenübersetzungen • wettbewerbsneutral		
Positionsarten	Normalpositionen: (Einzelpreis und Gesamtpreis)	Positionen, nach denen das Objekt ausgeführt werden soll	
	Bedarfspositionen: (nur Einzelpreis)	Positionen, die möglicherweise zur Ausführung kommen (nicht als Alternative zur Normalposition)	
	Alternativpositionen: (nur Einzelpreis)	ausgeschrieben, wenn Ausführungsart noch nicht eindeutig feststeht	
Bestandteile der funktionalen Leistungsbeschreibung ohne Mengenvorgaben	• Qualitätsbeschreibung (ohne Mengenvorgabe) • Ausführungszeichnungen (mit Richtdetails zur Qualitätsbestimmung) • Allgemeine Vertragsbedingungen (GU-Vertrag)		

7 Bauvertrag

Der Bauvertrag ist ein privatrechtlicher Vertrag, in dem Art und Umfang der Leistung bestimmt werden. Meist wird zwischen den Vertragsparteien, dem Auftraggeber (Bauherr) und dem Auftragnehmer (Bauunternehmer bzw. Handwerker), in den Vorbemerkungen zum Leistungsverzeichnis oder im Anschreiben die VOB Teil B als Vertragsgrundlage vereinbart (DIN 1961 „VOB Vergabe- und Vertragsordnung für Bauleistungen – Teil B: Allgemeine Vertragsbedingungen für die Ausführung von Bauleistungen“ [2016]). Wird diese Vereinbarung nicht getroffen, gilt automatisch das Bürgerliche Gesetzbuch (BGB). Es empfiehlt sich jedoch, die VOB als Ganzes zu vereinbaren, d. h. die VOB Teil B und somit auch Teil C, da diese die speziellen Belange des Bauwesens berücksichtigt.

Der Projektkoordinator im Hochbau (in der Regel der Architekt) wirkt bei der Vergabe nur beratend mit, es sei denn, der Bauherr erteilt dem Architekten eine ausdrückliche Vergabevollmacht.

7.1 VOB Teil B, DIN 1961

Im Folgenden werden die Paragrafen aus der VOB Teil B, Allgemeine Vertragsbedingungen für die Ausführung von Bauleistungen, inhaltlich kurz wiedergegeben, zum Teil auch zitiert und erläutert:

§ 1 VOB/B Art und Umfang der Leistung

Art und Umfang der Leistung werden durch den Vertrag bestimmt. Die folgenden Bestandteile des Vertrages sind in ihrer Rangfolge nach dem Prinzip geordnet: spezielles Recht vor allgemeinem Recht. So gelten bei Widersprüchen im Vertrag nacheinander in folgender Reihenfolge:

- die Leistungsbeschreibung (die Ausschreibung)
- die Besonderen Vertragsbedingungen (Objektbeschreibung, siehe Kapitel 6.2.2)
- etwaige Zusätzliche Vertragsbedingungen (Ergänzungen zur VOB Teil B, siehe Kapitel 7.4.3)
- etwaige Zusätzliche Technische Vertragsbedingungen (Zusätzliche Technische Vertragsbedingungen nach dem jeweiligen Gewerk, siehe Kapitel 6.2.2)
- die Allgemeinen Technischen Vertragsbedingungen für Bauleistungen (VOB Teil C [ATV], siehe Kapitel 8.6.3)
- die Allgemeinen Vertragsbedingungen für die Ausführung von Bauleistungen (VOB Teil B)

Es ist darauf zu achten, dass Vertragsergänzungen nicht im Widerspruch zur VOB oder zu den §§ 305 bis 310 BGB (ehemals AGB-Gesetz) stehen.

§ 2 VOB/B Vergütung

Vergütet werden alle vertraglichen Leistungen nach den Einheitspreisen und den tatsächlich ausgeführten Leistungen. Der Einheitspreis kann neu festgesetzt werden, wenn der Mengenansatz um 10 % über- oder unterschritten wird.

Bei Pauschalverträgen spricht man von einer vorweggenommenen Abrechnung. Hier wird der Mengenansatz nach Ausführung nicht mehr überprüft. Die pauschalierte Leistung wird in der Regel anhand der Ausführungspläne festgeschrieben. Ergeben sich hier Änderungen, sind diese entsprechend zu vergüten.

Leistungen, die der Auftragnehmer ohne Auftrag oder unter eigenmächtiger Abweichung vom Vertrag ausführt, werden nicht vergütet (wenn z. B. der Zimmermann die Dachkonstruktion ändert und einen höheren Abbund erhält).

§ 3 VOB/B Ausführungsunterlagen

Alle für die Ausführung nötigen Unterlagen sind dem Auftragnehmer rechtzeitig und unentgeltlich zu übergeben, unter Berücksichtigung bestimmter Lieferzeiten (z. B. Ausführungspläne).

Hauptachsen und Höhenfestpunkte sind unverschieblich und unmissverständlich durch den Auftraggeber zu kennzeichnen. Werden Gebäudeachsen verbaut, so sind sog. Bezugsachsen einzurichten.

Vor Beginn der Arbeiten sind die örtlichen Begebenheiten (z. B. Bepflanzung, Straßen, Wege, Beleuchtung) in unmittelbarer Umgebung der Baustelle durch Auftraggeber und Auftragnehmer in einer Niederschrift festzuhalten, bei angrenzender Bebauung möglicherweise durch Beweissicherung durch einen Sachverständigen.

§ 4 VOB/B Ausführung

Das Bauvorhaben ist nach anerkannten Regeln der Technik auszuführen. Hat der Auftragnehmer Bedenken gegen die vorgesehene Art der Ausführung oder gegen Leistungen anderer Unternehmer (vorausgegangene Arbeiten), so hat er dies dem Auftraggeber unverzüglich schriftlich – möglichst vor Beginn seiner Arbeit – mitzuteilen (sog. Hinweispflicht).

Mangelhafte Leistungen sind schon während der Ausführung auf Kosten des Auftragnehmers durch mangelfreie Leistungen zu ersetzen. Kommt er der Mangelbeseitigungspflicht nicht nach, so kann ihm nach angemessener Frist der Auftrag entzogen werden.

§ 5 VOB/B Ausführungsfristen

Angemessene Ausführungsfristen müssen im Vertrag ausdrücklich vereinbart sein. Hält der Auftragnehmer durch Eigenverschulden die Fristen nicht ein, gerät er in Verzug. Nach angemessener Nachfrist kann ihm der Auftrag entzogen oder Schadensersatz verlangt werden.

§ 6 VOB/B Behinderung und Unterbrechung der Ausführung

Wird der Auftragnehmer in der Ausführung seiner Leistung behindert (z. B. durch fehlende Pläne), so hat er dies dem Auftraggeber unverzüglich schriftlich anzuzeigen. Vertritt der Auftraggeber den Umstand (Behinderung), so werden die Ausführungsfristen verlängert (möglicherweise mit Terminzuschlägen).

§ 7 VOB/B Verteilung der Gefahr

Wird die ausgeführte Leistung vor der Abnahme durch objektiv unabwendbare Umstände beschädigt (z. B. Krieg), besteht keine Ersatzpflicht des Auftragnehmers.

§ 8 VOB/B Kündigung durch den Auftraggeber

Der Auftraggeber kann

- jederzeit bis zur Vollendung der Leistung kündigen,
- kündigen, wenn der Auftragnehmer in Konkurs gerät,
- kündigen, wenn nach § 4 Abs. 7 VOB/B die Ausführung mangelhaft ist (Fristsetzung),
- kündigen, wenn nach § 4 Abs. 8 Nr. 1 VOB/B die Arbeiten ohne Zustimmung des Auftraggebers nicht durch den eigenen Betrieb ausgeführt werden (Fristsetzung),
- kündigen, wenn nach § 5 Abs. 4 VOB/B ein Verzug eingetreten ist (Fristsetzung).

§ 9 VOB/B Kündigung durch den Auftragnehmer

Der Auftragnehmer kann kündigen, wenn der Auftraggeber ihm obliegende Handlungen unterlässt, z. B. wenn keine Baugenehmigung vorhanden ist oder der Auftraggeber eine fällige Zahlung nicht leistet.

§ 10 VOB/B Haftung der Vertragsparteien

Die Vertragsparteien haften für eigenes Verschulden und auch für das Verschulden der Personen, die an der Erfüllung der Verbindlichkeiten beteiligt waren.

§ 11 VOB/B Vertragsstrafe

Vertragsstrafen nach §§ 339 bis 345 BGB können nur im begrenzten Umfang rechtswirksam vereinbart werden.

Beispiel

- Der Auftragnehmer hat als Vertragsstrafe für jeden Werktag des Verzugs mit dem Ausführungsbeginn jeweils 0,15 % der Auftragssumme zu zahlen: Die Vertragsstrafe wird insoweit auf insgesamt 1,6 % der Auftragssumme beschränkt.
- Der Auftragnehmer hat als Vertragsstrafe für jeden Werktag des Verzugs mit vertraglich vereinbarten verbindlichen Zwischenfristen (ohne die Fristen für Beginn und Fertigstellung) jeweils 0,15 % der Auftragssumme zu zahlen: Die Vertragsstrafe wird insoweit auf insgesamt 1,6 % der Auftragssumme beschränkt.
- Der Auftragnehmer hat als Vertragsstrafe für jeden Werktag des Verzugs mit der vertraglichen Fertigstellungsfrist jeweils 0,15 % der Auftragssumme zu zahlen. Die Vertragsstrafe wird auf insgesamt 5 % der Auftragssumme beschränkt, auch soweit durch Überschreitung des Ausführungsbeginns oder sonstiger Zwischenfristen bereits Vertragsstrafen verwirkt sein sollten.

Die gesamte Vertragsstrafe gemäß vorstehenden Absätzen (Beispiel) darf 5 % der Auftragssumme nicht überschreiten.

§ 12 VOB/B Abnahme

Der Auftragnehmer kann nach Fertigstellung (Leistung ohne wesentliche Mängel) innerhalb von 12 Werktagen die Abnahme verlangen.

Es wird unterschieden:

- Bei einer förmlichen Abnahme wird ein gemeinsames Abnahmeprotokoll erstellt, in das Vorbehalte wegen bekannter Mängel und Vertragsstrafen und ebenso etwaige Einwendungen des Auftragnehmers aufgenommen werden sollten.
- Bei einer fiktiven Abnahme gilt die Leistung 12 Werktage nach schriftlicher Mitteilung über die Fertigstellung der Leistung (Schlussrechnung) als abgenommen. Nimmt der Auftraggeber die Leistung in Benutzung, so gilt die Abnahme nach 6 Werktagen ab Beginn der Nutzung.

Mit der Abnahme geht die Gefahr (die Beweisführung) auf den Auftraggeber über.

§ 13 VOB/B Mängelansprüche

Der Auftragnehmer hat dem Auftraggeber seine Leistung zum Zeitpunkt der Abnahme frei von Sachmängeln zu verschaffen. Ist ein Mangel zurückzuführen auf die Leistungsbeschreibung oder auf Anordnungen des Auftraggebers, auf die von diesem gelieferten oder vorgeschriebenen Stoffe oder Bauteile oder die Beschaffenheit der Vorleistung eines anderen Unternehmers, haftet der Auftragnehmer, es sei denn, er hat die ihm nach § 4 Abs. 3 VOB/B obliegende Mitteilung gemacht.

Die Frist für die Mängelansprüche (Gewährleistungsfrist) beträgt für Bauwerke, wenn nichts anderes vereinbart, 4 Jahre und beginnt mit der Abnahme. Man sollte diese Verjährungsfrist jedoch nicht über 5 Jahre (BGB) vereinbaren (oder nur mit Wartungsverträgen).

Der Auftragnehmer ist verpflichtet, während der Verjährungsfrist auf seine Kosten die Mängel an seiner Leistung zu beseitigen. Nach Abnahme der Mängelbeseitigung beginnt für diese Leistung eine Verjährungsfrist von 2 Jahren neu, die jedoch nicht vor Ablauf der Regelfristen nach § 13 Abs. 4 VOB/B oder der an ihrer Stelle vereinbarten Frist endet.

Kommt der Auftragnehmer der Aufforderung zur Mängelbeseitigung innerhalb einer angemessenen Frist nicht nach, so kann der Auftraggeber die Mängel auf Kosten des Auftragnehmers beseitigen lassen.

Ist die Beseitigung des Mangels unmöglich, so kann der Bauherr Minderung der Vergütung verlangen.

§ 14 VOB/B Abrechnung

Die Leistung ist prüfbar abzurechnen, d. h., die Rechnung ist übersichtlich aufzustellen, die Reihenfolge der Positionen sind einzuhalten und im Leistungsverzeichnis enthaltene Bezeichnungen sind zu verwenden. Bei Einheitspreisverträgen ist die Ermittlung der Mengen bzw. Massen durch entsprechende Berechnungen und Zeichnungen zu belegen.

§ 15 VOB/B Stundenlohnarbeiten

Die Ausführung von Stundenlohnarbeiten ist dem örtlichen Bauleiter anzukündigen. Über die geleisteten Arbeitsstunden und den Aufwand für den Verbrauch an Stoffen sind entsprechende Formulare zu führen und wöchentlich einzureichen. Der örtliche Bauleiter hat sie innerhalb von 6 Werktagen nach Zugang zurückzugeben. Alle nicht fristgemäß zurückgegebenen Stundenlohnzettel gelten als anerkannt (Stundenlohnzettel nach der Schlussrechnung werden nicht mehr anerkannt).

In den Leistungsverzeichnissen sollen Stundenlohnarbeiten schon pauschal erfasst sein, um Mehrkosten in der Abrechnung zu vermeiden. In der Regel sind sie aufgegliedert nach Meister, Facharbeiter, Helfer, Gerät, Material.

§ 16 VOB/B Zahlung

Alle Zahlungen sind zügig zu leisten.

Abschlagszahlungen (Akontozahlungen) sind auf Antrag bzw. laut Vertrag in möglichst kurzen Zeitabständen zu gewähren, werden jedoch binnen 21 Werktagen fällig.

Die Schlusszahlung ist alsbald nach Prüfung, spätestens innerhalb 30 Tagen nach Zugang der prüfbaren, übersichtlichen Schlussrechnung (d. h. laut Leistungsverzeichnis) einschließlich Massenberechnung (Leistungsermittlung) zu leisten.

§ 17 VOB/B Sicherheitsleistung

„Die Sicherheit dient dazu, die vertragsgemäße Ausführung der Leistung und die Mängelansprüche sicherzustellen.“ (§ 17 Abs. 1 Nr. 2 VOB/B)

Arten der Sicherheiten:

- Einbehalt von höchstens 10 % von Teilzahlungsbeträgen bis zum Erreichen der Sicherheitssumme bis zur Abnahme; 5 % der Auftragssumme bis Ende der Gewährleistung
- eine 10%ige Vertragserfüllungsbürgschaft bzw. 5 %ige Gewährleistungsbürgschaft

§ 18 VOB/B Streitigkeiten

Dieser Paragraf regelt den Gerichtsstand sowie die Klärung von Meinungsverschiedenheiten und legt fest, dass Streitfälle den Auftragnehmer nicht berechtigen, die Arbeiten einzustellen.

7.2 Vergleichen der Ausschreibungsergebnisse

Gemäß HOAI 2021 muss der Planer seine in Leistungsphase 6 erstellten Leistungsverzeichnisse vor der Angebotseinholung (Zusendung der bepreisten Leistungsverzeichnisse) mit Preisen versehen, die Kosten ermitteln und mit der Kostenberechnung vergleichen.

In Leistungsphase 7 muss der Planer die Ausschreibungsergebnisse (Angebote der ausführenden Firmen) mit den von ihm bepreisten Leistungsverzeichnissen oder der Kostenberechnung vergleichen.

Die Gesamtkosten sind nach Kostengruppen mindestens bis zur dritten Ebene der Kostengliederung zu ermitteln und nach den vorgesehenen Vergabeeinheiten zu ordnen.

Sind Objekte nach einzelnen Gewerken ausgeschrieben, so sind Ausschreibungen, Vergabe und Abrechnung fließend.

Beispiel

- Erdarbeiten sind abgerechnet.
- Rohbauarbeiten sind vergeben.
- Zimmererarbeiten sind ausgeschrieben.

Mehrkosten müssen dem Auftraggeber unverzüglich mitgeteilt werden.

In dieser Leistungsphase kann der Bauherr auf Grundlage der Kostenermittlung noch vor Beauftragung der Bauleistungen entscheiden, ob Einsparungen notwendig sind oder zusätzliche Wunschleistungen ausgeführt werden können.

Abb. 7.1 zeigt beispielhaft eine praxisbezogene Gliederung nach Leistungsbereichen (in den Kostengruppen 300 und 400 gemäß dem Standardleistungsbuch für das Bauwesen). Am Beispiel Dachabdichtungsarbeiten (Leistungsbereich 021) erfolgt eine Unterteilung in Teilleistungen, wie sie die DIN 276 für die dritte Ebene vorsieht (siehe Kapitel 3.4.1). Die Kostengruppen 100, 200 und 500 bis 700 sind nach Bauelementen in der dritten Ebene aufgeführt.

Bauherr:			
Objekt:			
Nr.	**Kostengruppe**	**Teilbetrag (€)**	**Gesamtbetrag (€)**
100	**Grundstück**		
121	**Vermessungsgebühren**		
122	**Gerichtsgebühren**		
123	Notariatsgebühren		
124	Grunderwerbsteuer		
125	Untersuchungen		
126	Wertermittlungen, Untersuchungen		
127	Genehmigungsgebühren		
128	Bodenordnung, Grenzregulierung		
129	Grundstücksnebenkosten, Sonstiges		
130	**Freimachen**		
131	Abfindungen		
132	Ablösen dinglicher Rechte		
139	Freimachen, Sonstiges		
		Summe 100	
200	**Herrichten und Erschließen**		
210	Herrichten		
211	Sicherungsmaßnahmen		
212	Abbruchmaßnahmen		
213	Altlastenbeseitigung		
214	Herrichten der Geländeoberfläche		
219	Herrichten, Sonstiges		
220	**Öffentliche Erschließung**		
221	Abwasserentsorgung		
222	Wasserversorgung		
223	Gasversorgung		
224	Fernwärmeversorgung		
225	Stromversorgung		
226	Telekommunikation		
227	Verkehrserschließung		
228	Abfallentsorgung		
229	Öffentliche Erschließung, Sonstiges		
230	**Nicht öffentliche Erschließung**		
240	**Ausgleichsabgaben**		
250	**Übergangsmaßnahmen**		
251	Bauliche Maßnahmen		
252	Organisatorische Maßnahmen		
		Summe 200	

Abb. 7.1: Kostenermittlung nach DIN 276: 2018-12, dritte Ebene; Gliederung der Kostengruppen 300 und 400 nach Leistungsbereichen gemäß STLB-Bau mit einer Unterteilung in Teilleistungen am Beispiel Dachabdichtung

Nr.	Kostengruppe			Teilbetrag (€)	Gesamtbetrag (€)
300	**Bauwerk – Baukonstruktion**				
	Rohbau				
000	Baustelleneinrichtung				
002	Erdarbeiten				
009	Entwässerungskanalarbeiten				
012	Mauerarbeiten				
013	Betonarbeiten				
014	Natur- und Betonwerksteinarbeiten				
016	Zimmer- und Holzbauarbeiten				
018	Abdichtungsarbeiten				
021	Dachabdichtungsarbeiten				
Position	**Teilleistung**	**Menge/ Einheit**	**Einheits-preis**	**Gesamt-preis**	
01.02.10	Stahlbetondecken reinigen	125,25 m²	0,50	62,63	
01.02.20	Bitumen-Voranstrich	125,25 m²	2,10	263,03	
01.02.30	Dampfsperre	usw.	usw.	usw.	
01.02.50	2. Lage Bitumen-Abdichtung				
01.02.60	Dachgully DN 100				
01.02.70	Aufstockelement				
01.02.80	Anstauelement-Notentwässerung				
01.02.90	Wandanschlussschiene				
01.02.100	EPS-Gefälledämmung				10.522,34
022	Klempnerarbeiten				
	Ausbau				
023	Putz- und Stuckarbeiten, Wärmedämmsysteme				
024	Fliesen- und Plattenarbeiten				
025	Estricharbeiten				
026	Fenster, Außentüren				
027	Tischlerarbeiten				
028	Parkett-, Holzpflasterarbeiten				
031	Metallbauarbeiten				
034	Maler- und Lackiererarbeiten, Beschichtungen				
036	Bodenbelagsarbeiten				
039	Trockenbauarbeiten				
				Summe 300	

Abb. 7.1: Fortsetzung

Nr.	Kostengruppe	Teilbetrag (€)	Gesamtbetrag (€)
400	**Bauwerk – Technische Anlagen**		
040	Wärmeversorgungsanlagen, Betriebseinrichtungen		
042	Gas- und Wasseranlagen – Leitungen, Armaturen		
044	Abwasseranlagen – Leitungen, Abläufe, Armaturen		
045	Gas-, Wasser- und Entwässerungsanlagen – Ausstattung, Elemente, Fertigbäder		
047	Dämm- und Brandschutzarbeiten an technischen Anlagen		
053	Niederspannungsanlagen – Kabel/Leitungen, Verlegesysteme, Installationsgeräte		
058	Leuchten und Lampen inkl. 059		
060	Elektroakustische Anlagen, Sprechanlagen, Personenrufanlagen		
061	Kommunikationsnetze		
063	Gefahrenmeldeanlagen		
075	Raumlufttechnische Anlagen		
		Summe 400	
500	**Außenanlagen**		
510	**Erdbau**		
519	Sonstiges		
520	**Gründung, Unterbau**		
529	Sonstiges		
530	**Oberbau, Deckschichten**		
531	Wege		
534	Stellplätze		
535	Sportplatzflächen		
539	Sonstiges		
550	**Technische Anlagen in Außenanlagen**		
551	Abwasseranlagen		
559	Sonstiges		
560	Einbauten in Außenanlagen		
561	Allgemeine Einbauten		
569	Sonstiges		
590	Sonstige Maßnahmen für Außenanlagen		
599	Sonstiges		
		Summe 500	
600	**Ausstattung und Kunstwerke**		
610	**Ausstattung (Möbel, Geräte, Schilder u. a.)**		
620	**Besondere Ausstattung**		
		Summe 600	

Abb. 7.1: Fortsetzung

Nr.	Kostengruppe	Teilbetrag (€)	Gesamtbetrag (€)
700	**Baunebenkosten**		
710	**Bauherrenaufgaben**		
719	Bauherrenaufgaben, Sonstiges		
720	**Vorbereitung der Objektplanung**		
729	Vorbereitung der Objektplanung, Sonstiges		
730	**Architekten- und Ingenieurleistungen**		
731	Gebäude		
732	Freianlagen		
735	Tragwerksplanung		
736	Technische Ausrüstung		
739	Architekten- und Ingenieurleistungen, Sonstiges		
740	**Gutachten und Beratung**		
741	Thermische Bauphysik		
743	Bodengutachten		
744	Vermessung		
745	Lichttechnik, Tageslichttechnik		
749	Gutachten und Beratung, Sonstiges		
770	**Allgemeine Baunebenkosten**		
771	Prüfungen, Genehmigungen, Abnahmen		
779	Allgemeine Baunebenkosten, Sonstiges		
790	**Sonstige Baunebenkosten**		
		Summe 700	

Zusammenstellung der Kosten

	Kostengruppe	Teilbetrag (€)	Gesamtbetrag (€)
	Summe 100 Grundstück		
	Summe 200 Herrichten und Erschließen		
	Summe 300 Bauwerk – Baukonstruktion		
	Summe 400 Bauwerk – Technische Anlagen		
	Summe 500 Außenanlagen		
	Summe 600 Ausstattung und Kunstwerke		
	Summe 700 Baunebenkosten		
	zur Abrundung		
geschätzte Gesamtkosten			

Abb. 7.1: Fortsetzung

7.3 Prüfen und Werten der Angebote

Das Prüfen und Werten der Angebote muss mit einer besonderen Sorgfalt erfolgen. Ein Preisspiegel wird fast ausschließlich mithilfe von einem AVA-Programm erstellt. Hier werden die Gesamtpreise und die Einheitspreise der Angebote der einzelnen Bieter gegenübergestellt und die prozentualen Abweichungen gegenüber dem preiswertesten Bieter ermittelt.

Bei der Auswertung sind die Angebote nicht nur rechnerisch zu vergleichen, sondern auch zu bewerten. Es sind z. B. folgende Fragen zu klären:

- Gibt es das Angebot einschränkende Hinweise in dem Anschreiben der Bieter?
- Sind die Angebote vollständig?
- Hat ein Bieter Veränderungen im Langtext bei einer oder mehreren Positionen vorgenommen?
- Sind erkennbare Bewertungsfehler bei den Einheitspreisen zu erkennen, wurde z. B. die Betonwand nicht wie ausgeschrieben in Kubikmetern angeboten, sondern erheblich preiswerter in Quadratmetern?

Öffentliche Ausschreibung

§ 16 VOB/A regelt die Prüfung und Wertung der Angebote in folgenden Schritten:

- Ausschluss (§ 16 VOB/A)
- Nachforderung von Unterlagen (§ 16a VOB/A)
- Eignung (§ 16b VOB/A)
- Prüfung (§ 16c VOB/A)
- Wertung (§ 16d VOB/A)

Ausgeschlossen aus der Wertung werden z. B. Angebote,

- die zum Eröffnungstermin nicht vorlagen,
- die nicht unterschrieben bzw. abgeändert wurden,
- bei denen die Bieter vorsätzlich unzulässige Angaben in Bezug auf ihre Fachkunde, Leistungsfähigkeit und Zuverlässigkeit abgegeben haben,
- die unzulässige Nebenangebote enthalten,
- die von Firmen stammen, gegen die ein Insolvenzverfahren eröffnet wurde.

Die Prüfung der Eignung der Bieter erfolgt anhand der vorgelegten Nachweise über die notwendige Fachkunde, Leistungsfähigkeit und Zuverlässigkeit sowie den Besitz ausreichender technischer und wirtschaftlicher Mittel.

Danach erfolgt die rechnerische, technische und wirtschaftliche Prüfung der verbliebenen Angebote. Der Einheitspreis ist bindend. Das Ergebnis der Prüfung ist in einer Niederschrift festzuhalten.

Hiernach erfolgt die Wertung der Angebote unter der Berücksichtigung

- eines rationellen Baubetriebes,
- einer sparsamen Wirtschaftsführung,
- einer einwandfreien Ausführung und Gewährleistung.

Der niedrigste Angebotspreis allein ist nicht entscheidend.

7.4 Mitwirkung bei der Vergabe

7.4.1 Verhandeln mit den Bietern bei öffentlichen Ausschreibungen

Bei öffentlichen Ausschreibungen dürfen Verhandlungen mit den Bietern nur zur Aufklärung ihrer Eignung, des Angebotes selbst, etwaiger Nebenangebote, der geplanten Art der Durchführung, etwaiger Ursprungsorte oder Bezugsquellen von Stoffen oder Bauteilen sowie über die Angemessenheit der Preise geführt werden (§ 15 VOB/A). Weitere Verhandlungen sind unstatthaft. Nach Prüfung des Angebotes und des Bieters erfolgt bei positivem Ergebnis die Vergabe an den preisgünstigsten Bieter.

7.4.2 Auftragserteilung durch den privaten Auftraggeber

Für den privaten Auftraggeber ist die Verhandlung mit den Bietern ein wichtiges Instrument zur Abgleichung der Angebote. Er kann z. B.

- die mündlichen Aussagen der Bieter zu ihren Angeboten bewerten,
- über eventuelle Nachlässe verhandeln und die Eckdaten der Ausführung abstimmen.

Vergabeprotokoll

Über diese Verhandlungen werden Vergabeprotokolle erstellt. Die wichtigsten Punkte, die verhandelt und protokolliert werden müssen, sind im Folgenden vermerkt.

Zunächst ist das Bauvorhaben zu nennen und das entsprechende Gewerk, außerdem werden die Vertragspartner mit vollständigen Anschriften genannt bzw. die Teilnehmer, die an der Auftragsverhandlung teilgenommen haben.

Danach werden die einzelnen Punkte der Verhandlung aufgeführt:

- **Vertragsart:** Hier wird die Vertragsart festgehalten, nach der die Leistung ausgeführt und abgerechnet wird (siehe Kapitel 7.5).
- **Vertragssumme:** Hier ist die geprüfte Angebotssumme einschließlich Mehrwertsteuer festzuhalten. Nachtragsangebote sollten nach den Vertragsbedingungen des Hauptvertrages beauftragt werden. Die Akontozahlung wird abgestimmt.
- **Vertragsgrundlagen:** Hier ist zu klären, auf welcher Basis der Vertrag zustande kommt, sowie die Reihenfolge der einzelnen Vertragselemente.
- **Ausführungsunterlagen:** Hier werden die Ausführungsunterlagen, die Vertragsunterlagen sind, z. B. Ausführungspläne, nach denen Mengenansätze beim Pauschalpreisvertrag geprüft wurden, festgehalten.

- **Ausführungsfristen:** Der Beginn, die Dauer und die Fertigstellung (Datumsangabe) sind zu vereinbaren. Es sollte dabei ein Freiraum für Zwischentermine vorgesehen werden. Bei Terminverschiebungen sollte immer wieder Bezug auf die vereinbarten Termine des Bauvertrages genommen werden. Die Termine müssen angemessen sein.
- **Abrechnung:** Die Zwischenrechnungen und Schlussrechnungen müssen in dreifacher Ausfertigung, einschließlich des prüfbaren Aufmaßes, auf den Namen des Bauherrn ausgestellt und zur Prüfung an den Architekten geschickt werden.
- **Zahlungsweise:** Abschlagszahlungen (Akontozahlungen) sind in ihrer Auszahlungshöhe festzuschreiben, ebenso das Zahlungsziel (innerhalb von 21 Werktagen nach Zugang der Aufstellung). Ebenso ist die Schlusszahlung in ihrer Höhe festzulegen sowie das Zahlungsziel: etwa 30 Tage nach Zugang (bei kürzerem Zahlungsziel können Akontozahlungen – unabhängig von der Auftragshöhe – benannt werden).
- Es sollte bei diesen Verhandlungen auf jeden Fall genügend Freiraum für weitere Vereinbarungen vorhanden sein, z. B. individuelle Vereinbarungen hinsichtlich des Bauschuttes, der Betriebsstoffe, der Vertragsstrafe usw., wenn sie von den Zusätzlichen bzw. Besonderen Vertragsbedingungen abweichen; diese müssen dann auch protokolliert werden.
- Im Protokoll wird der Fachbauleiter benannt.
- Stempel, Datum und Unterschrift des Auftraggebers und des Auftragnehmers sind ebenfalls Bestandteile des Protokolls.

Die Abb. 7.2 zeigt den möglichen Aufbau eines Vergabeprotokolles für den privaten Auftraggeber.

Die Auftragserteilung an eine ausführende Firma darf nur durch den Bauherrn erfolgen. Der Architekt bzw. Fachingenieur braucht zur Auftragserteilung eine schriftliche Vertretungsvollmacht. Er ist also nur beratend tätig. Entsprechend wird der Bauvertrag auch von den beiden Vertragspartnern (dem Auftragnehmer und dem Auftraggeber) unterzeichnet.

Vergabeprotokoll

Bauvorhaben:	______________________
Gewerk:	______________________
zwischen der hier aufgeführten Firma als **Auftragnehmer**:	______________________
und dem hier aufgeführten Bauherrn als **Auftraggeber**:	______________________
Teilnehmer bei der Auftragsverhandlung:	______________________
Vertragsart:	Einheitspreisvertrag/Pauschalpreisvertrag/ Stundenlohnvertrag
Vertragssumme:	Vergütung € ________ Mehrwertsteuer € ________ Brutto € ________
Abrechnung:	zwischen- und Schlussrechnung dreifach einschließlich des prüfbaren Aufmaßes
Zahlungsweise:	Vergütung in € / Leistung • Abschlagszahlung: ______ / ______ • Abschlagszahlung: ______ / ______ • Abschlagszahlung: ______ / ______ Schlusszahlung: ______ / ______
Vertragsgrundlagen:	• 1 Dieser Bauvertrag • 2 Besondere/Zusätzliche Vertragsbedingungen • 3 Zusätzliche Technische Vertragsbedingungen • 4 Pläne/Statik • 5 VOB • 6 Angebot des Auftragnehmers vom: ________
Ausführungsunterlagen:	______________________ ______________________
Ausführungsfristen:	Ausführungsbeginn: ________ Ausführungsdauer: ________ Zwischentermine: ________ Fertigstellung: ________
weitere Vereinbarungen:	______________________ ______________________
als Fachbauleiter ist bestellt:	______________________

Ort, Datum: ________	Ort, Datum: ________
Auftraggeber: ________	Auftragnehmer: ________

Abb. 7.2: Protokoll einer Vergabeverhandlung

7.4.3 Zusätzliche Vertragsbedingungen zur VOB Teil B

VOB Teil A enthält in § 8a den Begriff der Zusätzlichen Vertragsbedingungen (der auch in den §§ 1 und 2 VOB/B aufgenommen wurde); darin sind einige Punkte aufgeführt, die in diesen Bedingungen gesondert geregelt werden müssen.

Die Zusätzlichen Vertragsbedingungen sollen die VOB Teil B ergänzen. In der Praxis sammeln sich hier jedoch sehr umfangreiche Vertragsfragmente an, die möglicherweise der VOB oder den §§ 305 bis 310 BGB (ehemals AGB-Gesetz) widersprechen.

Ergänzend zur VOB Teil B sollten besonders die folgenden Punkte als Zusätzliche Vertragsbedingungen (siehe auch Abb. 7.3) geregelt werden:

- Unterlagen (§ 8b Abs. 3 VOB/A; § 3 Abs. 5 und 6 VOB/B)
- Benutzung von Lager- und Arbeitsplätzen, Zufahrtswegen, Anschlussgleisen, Wasser- und Energieanschlüssen (§ 4 Abs. 4 VOB/B)
- Weitervergabe an Nachunternehmen (§ 4 Abs. 8 VOB/B)
- Ausführungsfristen (§ 9 VOB/A; § 5 VOB/B)
- Haftung (§ 10 Abs. 2 VOB/B)
- Vertragsstrafen und Beschleunigungsvergütungen (§ 9a VOB/A; § 11 VOB/B)
- Abnahme (§ 12 VOB/B)
- Vertragsart (§ 4 VOB/A), Abrechnung (§ 14 VOB/B)
- Stundenlohnarbeiten (§ 15 VOB/B)
- Zahlungen, Vorauszahlungen (§ 16 VOB/B)
- Sicherheitsleistung (§ 9c VOB/A; § 17 VOB/B)
- Gerichtsstand (§ 18 Abs. 1 VOB/B)
- Lohn- und Gehaltsnebenkosten
- Änderung der Vertragspreise (§ 9d VOB/A)

Das vom Bundesbauministerium herausgegebene Vergabe- und Vertragshandbuch für die Baumaßnahmen des Bundes (VHB; aktuelle Ausgabe 2017 [Stand: 2019]) bietet eine Orientierung bei der Aufstellung der Zusätzlichen Vertragsbedingungen.

Die Vertragsbedingungen in VOB Teil B und C sollten nur ergänzt werden, soweit dies notwendig ist, VOB Teil C durch die Zusätzlichen Technischen Vertragsbedingungen (siehe § 1 Abs. 2 Nr. 4 VOB/B *„etwaige Zusätzliche Technische Vertragsbedingungen“*).

Zusätzliche Vertragsbedingungen zur VOB Teil B	
§ 4 Ausführung	Regelung der Abzüge für Wasser, Strom, Toilettenbenutzung, Bauherrenvergütung usw.; es wird ein prozentualer Abzug von der Auftragssumme vereinbart. Für die Beseitigung von Schutt kommt der Auftragnehmer selbst auf. Sollte dennoch Schutt zu beseitigen sein, so wird dieser vom Auftraggeber beseitigt und die Kosten auf die verschiedenen Auftragnehmer umgelegt.
§ 10 Haftung der Vertragsparteien	Der Auftragnehmer ist haftpflichtversichert bei: ______ Mindestdeckungssummen für: Personen: ______ Sachen und Vermögen: ______
§ 11 Vertragsstrafe	Der Auftragnehmer hat als Vertragsstrafe für jeden Werktag des Verzugs mit dem Ausführungsbeginn jeweils 0,15 % der Auftragssumme zu zahlen: Die Vertragsstrafe wird insoweit auf insgesamt 1,6 % der Auftragssumme beschränkt. Der Auftragnehmer hat als Vertragsstrafe für jeden Werktag des Verzugs mit vertraglich vereinbarten verbindlichen Zwischenfristen (ohne die Fristen für Beginn und Fertigstellung) jeweils 0,15 % der Auftragssumme zu zahlen: Die Vertragsstrafe wird insoweit auf insgesamt 1,6 % der Auftragssumme beschränkt. Der Auftragnehmer hat als Vertragsstrafe für jeden Werktag des Verzugs mit der vertraglichen Fertigstellungsfrist jeweils 0,15 % der Auftragssumme zu zahlen. Die Vertragsstrafe wird auf insgesamt 5 % der Auftragssumme beschränkt, auch soweit durch Überschreitung des Ausführungsbeginns oder sonstiger Zwischenfristen bereits Vertragsstrafen verwirkt sein sollten.
§ 13 Mängelansprüche	Die Mängelansprüche an den Auftragnehmer verjähren nach 5 Jahren, Beginn mit der Abnahme (nach BGB).
§ 16 Zahlung	Die Schlussrechnung muss spätestens 20 Werktage nach Fertigstellung eingereicht werden. Mit Überweisung der Schlussrechnung tritt eine Ausschlusswirkung ein, das bedeutet, es dürfen keine Nachforderungen mehr gestellt werden.
§ 17 Sicherheitsleistung	Es werden 100 % der Auftragssumme ausbezahlt, wenn der Auftragnehmer eine Vertragserfüllungsbürgschaft in Höhe von 10 % erbringt, die nach Abnahme durch eine Gewährleistungsbürgschaft in Höhe von 5 % abgelöst werden kann. Ansonsten kommen 90 % zur Auszahlung.
§ 18 Streitigkeiten	Für Streitigkeiten gilt der Gerichtsstand des Auftraggebers.
______ Datum, Ort	______ Datum, Ort
______ Auftraggeber	______ Auftragnehmer

Abb. 7.3: Einige Beispiele für Zusätzliche Vertragsbedingungen

7.5 Bauvertragsarten

Die auszuführende Leistung wird nach Art und Umfang durch den Vertrag bestimmt (§ 1 VOB/B). Als Bestandteil des Vertrages gelten auch die Allgemeinen Technischen Vertragsbedingungen für Bauleistungen (VOB Teil C).

Der Bauauftrag sollte nach Leistung vergeben werden, und zwar als:

Einheitspreisvertrag (Abrechnung nach Ausführung)

Hier ist der vom Auftragnehmer angebotene Einheitspreis festgeschrieben und die Mengenansätze werden nach der tatsächlich ausgeführten Leistung bzw. den Abrechnungsregeln der VOB Teil C abgerechnet.

Pauschalvertrag (vorweggenommene Abrechnung)

Hier sind der Einheitspreis und die Mengenansätze festgeschrieben, sodass die Abrechnungssumme vor Ausführung fest vereinbart werden kann. Der Unternehmer prüft aufgrund der Ausführungsplanung die ermittelten Mengen. Danach darf die Ausführungsplanung (Vertragsplanung) nicht mehr geändert werden, anderenfalls ist der Unternehmer zu Nachträgen berechtigt.

Dieser Vertrag ist für den Bauherrn vorteilhaft: Wenn alle Gewerke pauschal oder das gesamte Objekt (schlüsselfertig) vergeben werden, ist die Finanzierung besser zu planen.

Pauschalvertrag auf Basis einer funktionalen Leistungsbeschreibung

Hier wird in der Regel von einem Generalunternehmen ein Stück Objekt pauschal angeboten. Der Auftraggeber definiert die Qualität in einer Qualitätsbeschreibung und die Mengen ermittelt der Generalunternehmer auf Basis der Ausführungsplanung.

Stundenlohnvertrag

Der Stundenlohnvertrag (§ 4 Abs. 2 VOB/A, siehe Kapitel 6.1) ist kein Leistungsvertrag.

Gliederung

Die Abb. 7.4 stellt beispielhaft die Bestandteile dar, in die ein Bauvertrag gegliedert werden kann. Bei Widersprüchen der Vertragsbestandteile gilt das Spezielle vor dem Allgemeinen.

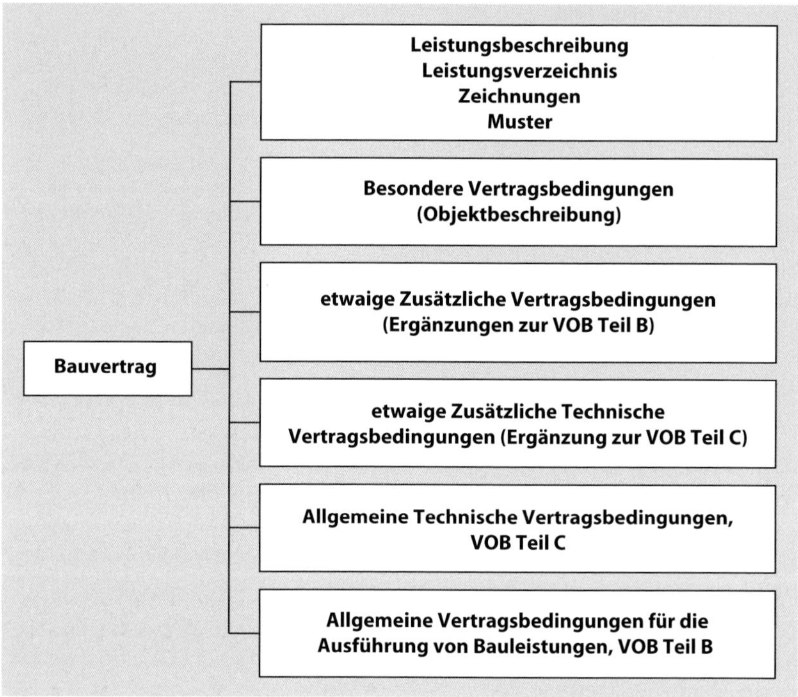

Abb. 7.4: Bestandteile eines Bauvertrages

7.6 Mitwirkung bei der Vergabe nach HOAI, Leistungsphase 7

Die Mitwirkung bei der Vergabe wird in der HOAI in folgende Teilleistungen gegliedert (vgl. Anlage 10 zu § 34 Abs. 4 und § 35 Abs. 7 HOAI):

- Koordinieren der Fachplaner-Vergaben
- Einholen von Angeboten
- Prüfen und Werten der Angebote einschließlich Aufstellen eines Preisspiegels nach Einzelpositionen oder Teilleistungen; Prüfen und Werten der Angebote zusätzlicher und geänderter Leistungen der ausführenden Unternehmen sowie der Angemessenheit der Preise
- Führen von Bietergesprächen
- Erstellen der Vergabevorschläge; Dokumentation des Vergabeverfahrens
- Zusammenstellen der Vertragsunterlagen für alle Leistungsbereiche
- Vergleichen der Ausschreibungsergebnisse mit den vom Planer bepreisten Leistungsverzeichnissen oder mit der Kostenberechnung
- Mitwirken bei der Auftragserteilung

Besondere Leistungen sind z. B.:

- Prüfen und Werten von Nebenangeboten mit Auswirkungen auf die abgestimmte Planung
- Mitwirken bei der Prüfung von bauwirtschaftlich begründeten Nachtragsangeboten

8 Bauausführung

Die Bauausführung erfolgt im Zusammenwirken des Projektkoordinators (Architekt) mit den Fachplanern und den ausführenden Firmen.

8.1 Am Bau Beteiligte

8.1.1 Auftragnehmer (nach § 4 VOB/B)

Der Auftragnehmer hat seine Leistung nach dem Vertrag, den allgemein anerkannten Regeln der Technik sowie gesetzlichen und behördlichen Bestimmungen auszuführen, d. h. u. a.:

- Der Auftragnehmer steht gegenüber dem Auftraggeber für eine ordnungsgemäße Leistung ein.
- Darüber hinaus ist der Auftragnehmer verpflichtet, auf vorhandene Mängel an den örtlichen Gegebenheiten oder in der Planung rechtzeitig hinzuweisen (Bedenkenanzeige).
- Der Auftragnehmer hat für Ordnung auf seiner Arbeitsstelle zu sorgen.

Der Auftragnehmer hat, sofern sein Vertrag dies vorsieht, auf der Baustelle dafür zu sorgen, dass

- die angrenzende Bebauung ausreichend gesichert ist (Unterfangungsarbeiten, Abbrucharbeiten usw.),
- der Verkehr durch Abgrenzung, Schilder, Beleuchtung gesichert ist (Baustellenein- und -ausfahrt, Inanspruchnahme von Straßenland usw.),
- die Baustellenabgrenzung sicher ist (geschlossener einwandfreier Bauzaun, Schutz für vorübergehende Fußgänger).

Jeder Auftragnehmer ist für die Erfüllung der gesetzlichen, behördlichen und berufsgenossenschaftlichen Verpflichtungen gegenüber seinen Arbeitnehmern verantwortlich. Er muss für die Sicherung der Arbeitsstelle sorgen (Gerüste, Abdeckungen von Deckendurchbrüchen, Sicherung der Treppen mit behelfsmäßigen Geländern, Notbeleuchtungen im Keller usw.).

Der Auftragnehmer haftet für alle ihm übergebenen Gegenstände oder Objekte bis zur Abnahme.

Beispiel

- vom Auftraggeber zur Verfügung gestellte Sanitärräume
- während der Bauzeit zur Verfügung gestellte Lagerflächen
- von der Kommune zur Verfügung gestellte Verkehrsflächen

Die Verpflichtung zur Kontrolle aller Maßnahmen obliegt dem Bauleiter des Auftragnehmers, aber auch dem des Auftraggebers (bauleitender Architekt).

8.1.2 Bauleitende

Im Baugeschehen werden 3 verschiedene Bauleitende unterschieden:

- Bauleitende des Auftraggebers (Bauträger, Architekt, Bauherr selbst)
- Bauleitende des Auftragnehmers (Bauunternehmer, Bauhandwerker)
- Bauleitende der Aufsichtsbehörde, der die ordnungsgemäße Ausführung entsprechend der Genehmigung in Stichproben überprüft (Rohbauabnahme, Fertigabnahme)

Aufgaben des Bauleitenden

Entsprechend der Landesbauordnung (§ 56 BauO NRW) hat der Bauleitende

„[...] darüber zu wachen, dass die Baumaßnahme entsprechend den öffentlich-rechtlichen Anforderungen durchgeführt wird, [...].“

Er hat im Rahmen seiner Aufgaben zu achten

- auf den sicheren bautechnischen Betrieb der Baustelle,
- auf das gefahrlose Ineinandergreifen der Arbeiten,
- auf die Einhaltung der Arbeitsschutzbedingungen.

Weiterhin hat der Bauleitende den Baubeginn, die Fertigstellung des Rohbaus sowie die Gesamtfertigstellung anzuzeigen und er muss über die erforderliche Sachkunde und Erfahrung verfügen (ansonsten muss er einen Fachbauleiter hinzuziehen und seine Tätigkeiten mit diesem abstimmen).

Der Bauleitende ist nach der Landesbauordnung mit Name und Anschrift persönlich zu benennen (im Genehmigungssymbol „der rote Punkt“ einzutragen). Dies kann der Bauleitende des Auftragnehmers sein, wenn z. B. ein Objekt von einem Unternehmer schlüsselfertig erstellt wird, oder der Bauleiter des Auftraggebers, wenn das Objekt in Einzelgewerken vergeben und erstellt wird.

Bauleitende des Auftraggebers

Der Bauleitende des Auftraggebers hat im Rahmen der Objektplanung für Gebäude und Innenräume die Aufgaben der Objektüberwachung nach § 34 HOAI in Verbindung mit Anlage 10 HOAI, Leistungsphase 8, zu erfüllen.

Er hat für den Auftraggeber nach § 4 VOB/B

- für die Aufrechterhaltung der allgemeinen Ordnung der Baustelle zu sorgen,
- das Zusammenwirken der verschiedenen Unternehmer zu regeln,
- öffentlich-rechtliche Genehmigungen, wenn notwendig, herbeizuführen,
- die Ausführungen der Leistungen des Auftragnehmer zu überwachen.

Bauleitende des Auftragnehmers

Der Bauleitende des Auftragnehmers hat für den Auftragnehmer nach § 4 VOB/B folgende Aufgaben zu erfüllen:

- Er hat die Bauleistung eigenverantwortlich auszuführen, d. h., der Bauleitende bestimmt die Verfahren bzw. die Arbeitsweise in der Regel nach wirtschaftlichen Gesichtspunkten. Die Ausführung muss jedoch entsprechend dem Bauvertrag (Pläne, Leistungsverzeichnis), den allgemein anerkannten Regeln der Technik und den gesetzlichen und behördlichen Bestimmungen ausgeführt werden (siehe auch unter Kapitel 8.1.1).
- Für den Auftragnehmer übernimmt dessen Bauleitender die Verantwortung für die Arbeitnehmer des Unternehmens, d. h., der örtliche Bauleitende hat dafür zu sorgen, dass die Arbeitsschutzvorschriften eingehalten werden (Helmpflicht, Sicherheitsschuhe, Gerüstverankerungen usw.).
- Der Bauleitende muss seine Leistung bis zur Abnahme vor Diebstahl und Zerstörung schützen, d. h., er muss die Leistung innerhalb seines Gewerkes vor Beschädigung bei der Ausführung der nachfolgenden Gewerke bis zur Abnahme schützen (z. B. Aluminiumelemente einschließlich Verglasung vor Putz-, Maler- und Verklinkerungsarbeiten).

Vollmacht des Bauleitenden des Auftraggebers

Mit der Beauftragung des Architekten (Fachingenieurs) nach HOAI zur Bau- bzw. Objektüberwachung hat der Bauherr (Auftraggeber) noch keine Aussage gemacht, inwieweit er dem Architekten (Fachingenieur) eine Vollmacht erteilt hat. Die Rechtsprechung geht hier davon aus, dass die **Vollmacht** nur sehr **eingeschränkt** (originär) erteilt wurde. Die Vollmacht beschränkt sich auf Maßnahmen, die notwendig sind, damit der Bauleitende seine Aufgaben ordnungsgemäß erledigen kann, also zur Durchführung von Rechten des Bauherrn (z. B. Weisungen erteilen, Mängelrügen ausstellen, in Verzug setzen, Aufträge in kleinerem Umfang [Tagelohnzettel] erteilen, technische Abnahme durchführen, sachliche Rechnungsprüfung vornehmen).

Die **aktive Vertretungsvollmacht** muss der Bauherr jedoch ausdrücklich und schriftlich erteilen. Ohne diese Vollmacht sind die Weisungen des Architekten oder Fachingenieurs als Bauleitende nicht rechtskräftig. Mit einer schriftlichen Vollmacht kann der Bauleitende des Auftraggebers zu Folgendem befugt werden:

- Beauftragung von Fachingenieuren oder Sonderfachleuten
- Verzicht auf Gewährleistungsansprüche und Vorhaltung von Vertragsstrafen
- Vertragsänderungen
- rechtsgeschäftliche Abnahme
- Anerkennung von Rechnungen
- Gewährung von Terminverlängerungen

Die Vollmacht kann für jede Teilleistung separat erteilt werden (siehe Kapitel 2.11.6).

Vollmacht des Bauleitenden des Auftragnehmers

Der Bauleitende des Auftragnehmers bedarf auch einer schriftlichen Vollmacht (Handlungsvollmacht des Unternehmers), um dem Bauherrn oder dem bauleitenden Architekten rechtliche Zugeständnisse einzuräumen (z. B. auf Forderungsverzichte einzugehen [Nachtragsforderung], Terminzugeständnisse bei Vertragsstrafe usw.).

8.2 Objektüberwachung nach HOAI, Leistungsphase 8

Die Objektüberwachung (Bauüberwachung) wird in der HOAI in folgende Teilleistungen gegliedert:

- Überwachen der Ausführung des Objektes nach Qualität (nach den anerkannten Regeln der Technik, ohne Spezialkenntnisse)
- Überwachen der Ausführung von Tragwerken (Abnahme der Bewehrung; Beauftragung von Tragwerksplaner bzw. Prüfstatiker, wenn Fachkenntnisse nicht ausreichen)
- Koordinieren der fachlich Beteiligten
- Aufstellen und Überwachen eines Bauzeitenplanes
- Führen eines Bautagebuches
- Aufmaß und Abrechnung der Bauleistungen
- Abnahme der Bauleistung (technische Abnahme)
- Vorbereiten der Abnahme der Bauleistungen durch den Bauherrn
- Rechnungsprüfung
- Kostenfeststellung
- Antrag auf behördliche Abnahme
- Auflisten der Verjährungsfristen
- Übergabe des Objektes
- Überwachen der Mängelbeseitigung
- Kostenkontrolle

Als Besondere Leistungen gelten u. a.:

- Aufstellen und Fortschreiben eines Zahlungsplanes
- Tätigkeit als verantwortlicher Bauleitender nach Landesbauordnung (abhängig vom Landesrecht)
- Aufstellen, Überwachen und Fortschreiben von differenzierten Zeit-, Kapazitäts- und Kostenplänen

8.3 Aufgaben der Objektüberwachung

Entsprechend der HOAI, Leistungsphase 8, sind bei der Objektüberwachung folgende Kontrollen durchzuführen:

- Die Qualität ist zu überwachen, dokumentiert im Bautagebuch (siehe Kapitel 8.3.1).
- Die Ausführungstermine sind zu kontrollieren, dokumentiert im Bauzeitenplan (siehe Kapitel 8.3.3).
- Die Kosten sind zu kontrollieren, dokumentiert in der Kostenfeststellung (siehe Kapitel 8.3.5).

Unter diesen Gesichtspunkten muss die Baustelle regelmäßig sorgfältig kontrolliert werden (siehe Abb. 8.1).

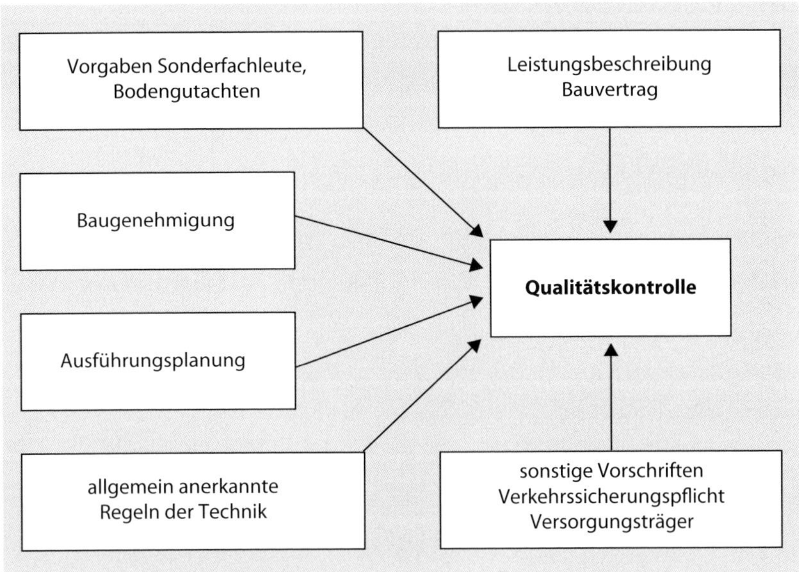

Abb. 8.1: Kontrolle der Ausführungsqualität

8.3.1 Qualitätskontrolle

Die Qualität der Ausführung muss zwar nicht ständig kontrolliert werden (keine ständige Anwesenheitspflicht des Bauleitenden), jedoch sind nur gelegentliche Stichproben der Ausführung hinsichtlich der Qualität nicht ausreichend. Ein erfahrener Bauleitender führt die Häufigkeit der Kontrollen nach Einschätzung der Qualität der ausführenden Firmen durch. In jedem Fall sind die wichtigen Bauarbeiten zu überwachen, d. h. diejenigen, bei denen ein nachhaltiger Mangel entstehen könnte (z. B. Flachdachabdichtung, Außendämmung, Luftdichtigkeit, Innenabdichtung).

Bei der Qualitätskontrolle sind die in Abb. 8.1 angeführten Grundlagen zu beachten. Reichen die Kenntnisse des Bauleitenden für die Kontrolle der Qualität nicht aus, so muss er einen entsprechenden Fachbauleiter einschalten, z. B. bei der Bewehrungsabnahme den Tragwerksplaner.

Weicht die Ausführung von der vertraglich vereinbarten Leistung ab (Ausführungsmangel), so hat der Bauleitende den Auftragnehmer rechtzeitig auf die Mangelbeseitigung hinzuweisen (in Form einer Mängelrüge, siehe Abb. 8.2).

Der Auftragnehmer muss diese Mängel schon während der Ausführung gemäß § 4 Abs. 7 VOB/B beseitigen (Vertragserfüllungsmängel).

Werden vom Auftraggeber Konstruktionen bzw. Ausführungsqualitäten gefordert, die in den entsprechenden Gewerken nicht den allgemein anerkannten Regeln der Technik entsprechen, so hat der Auftragnehmer gemäß § 4 Abs. 3 VOB/B schriftlich darauf hinzuweisen (Hinweispflicht).

An die Firma
Rohbau Stahl
Musterstr. 33

00000 Musterstadt

Musterstadt, den 19. Januar 2023

Bauvorhaben: Musterprojekt **Gewerk:** Stahlbeton- und Mauerarbeiten **Bauvertrag vom:** 24. März 2022

Aufforderung zur Mangelbeseitigung

Sehr geehrte Damen und Herren,

gemäß § 4 Abs. 7 VOB/B ist der Auftragnehmer verpflichtet, Leistungen, die schon während der Ausführung – also vor der Fertigstellung der vertraglichen Gesamtleistung – als mangelhaft oder vertragswidrig erkannt werden, auf eigene Kosten durch mangelfreie zu ersetzen. Wir haben festgestellt, dass die von Ihnen erbrachte Bauleistung mangelhaft ist.

Der Grund dafür ist, dass die von Ihnen erbrachte Leistung

☒ nicht den Vorgaben des Leistungsverzeichnisses in Pos. 1.12 entspricht.
☐ nicht nach der Zeichnung Nr. ____________ vom ______________ ausgeführt wurde.
☐ nicht den ATV der VOB/C DIN _____, Abschnitt ______ entspricht.
☒ es wurden keine Edelstahl-Anschlussbewehrungen verwendet

Wir fordern Sie daher auf, diesen Mangel unverzüglich zu beseitigen und die Bewehrung spätestens bis zum **24.01.2023** vor dem Betonieren auszutauschen.

☒ In diesem Zusammenhang weisen wir darauf hin, dass Sie vor der Abnahme grundsätzlich zur Beseitigung des Mangels durch Neuerstellung verpflichtet sind, soweit der Mangel nicht auf andere Weise vollständig beseitigt werden kann.

☐ Die von Ihnen zu tragenden Mangelbeseitigungskosten beschränken sich nicht auf die Kosten der Nachbesserung, sondern schließen z. B. entstehende Transport- und Wegekosten mit ein.

☐ Für den Fall, dass Sie beabsichtigen, die Beseitigung des Mangels oder der Vertragswidrigkeit zu verweigern, weil damit ein unverhältnismäßig hoher Aufwand verbunden ist, machen wir schon jetzt darauf aufmerksam, dass hierfür prüfbare Beweise vorzulegen sind. Außerdem behalten wir uns für diesen Fall ausdrücklich das Recht zur Minderung der Vergütung vor.

☒ Nach fruchtlosem Ablauf der genannten Frist werden wir den Auftrag gemäß §§ 4 Abs. 7, 8 Abs. 3 Nr. 1 VOB/B ganz oder teilweise kündigen. Im Anschluss daran werden wir den noch nicht vollendeten Teil der Leistung gemäß § 8 Abs. 3 Nr. 2 VOB/B zu Ihren Lasten durch einen Dritten ausführen lassen und Ersatz des weiteren Schadens verlangen oder gemäß § 8 Abs. 3 Nr. 2 VOB/B auf die weitere Ausführung verzichten und von Ihnen Schadensersatz wegen Nichterfüllung verlangen.

   ☒ Ferner behalten wir uns vor, bei der Fortsetzung der Arbeiten gemäß § 8 Abs. 3 Nr. 3 VOB/B Geräte, Gerüste, Baustelleneinrichtungen und angelieferte Stoffe und Bauteile gegen angemessene Vergütung in Anspruch zu nehmen.

☒ Etwaige Schadenersatzansprüche gemäß § 4 Abs. 7 Satz 2 VOB/B behalten wir uns vor, falls Sie den Mangel oder die Vertragswidrigkeit zu vertreten haben.

Mit freundlichen Grüßen

Abb. 8.2: Beispiel einer Mängelrüge

BAUTAGESBERICHT

Baustellenbezeichnung: Musterprojekt		
Projekt-Nr.: 000456	**Bauleitender:** Hr. Bauwerk	**Datum:** 19.01.2023
Uhrzeit: 10:00	**Witterung:** bedeckt	**Temperatur:** +11 °C

ausführende Firmen vor Ort	**Tagesleistung nach Gewerken**	**Anzahl Mitarbeiter**
Rohbau Stahl	Bewehrung der UG-Wände	5
Geräteeinsatz: Baukran		
Ausführungsstand: Rohbau Untergeschoss		

Anordnungen, Anweisungen, Abnahmen, Proben, Zeichnungen:
Die Anschlussbewehrung wurde nicht wie beauftragt in Edelstahl ausgeführt und ist umgehend auszutauschen.

besondere Vorkommnisse:

____

Unterschrift des Bauleiters/Stempel

Abb. 8.3: Bautagesbericht des Musterprojektes

Bautagebuch

Die Ausführungsqualität ist nicht nur zu kontrollieren, sondern auch zu dokumentieren. Dieses erfolgt in Form eines Bautagebuches. Das Führen des Bautagebuches gehört zu den Grundleistungen der Leistungsphase 8 der HOAI. Es sollte in Formblättern geführt werden und folgende Eintragungen enthalten:

- Objekt, Tagesdatum, Wetter, Temperatur, Bauleitender
- beteiligte Firmen und Personen, Tätigkeiten, Arbeitszeit, Anzahl der Mitarbeiter
- Baufortschritt und besondere Vorkommnisse, Anordnungen
- Unterschrift, Stempel

Die Abb. 8.3 zeigt ein ausgefülltes Formblatt eines Bautagebuches.

8.3.2 Beweissicherung bei Nachbarbebauung

In Ballungsgebieten ist die Erstellung von Objekten oft nur in unmittelbarer Anbindung an die Nachbarbebauung möglich; das bedeutet z. B.:

- gemeinsamer Giebel bei einer Altbausanierung
- Unterfangung der Fundamente des Nachbargebäudes zur Gründung einer neuen Giebelwand
- Sicherung des nachbarlichen Erdreiches oder der Einfriedungswand (durch Verbau) bei neu zu erstellender Baugrube
- Inanspruchnahme von Lagerflächen außerhalb des eigenen Grundstückes.

In solchen Fällen empfiehlt es sich den Istzustand der Nachbarbebauung, bzw. Außenanlagen zu untersuchen und für eine spätere Beweissicherung zu dokumentieren.

Zu empfehlen ist dabei folgende Vorgehensweise: Der Bauherr unternimmt eine gemeinsame Begehung mit seinem Nachbarn. Bei dieser Begehung sollte die Qualität der gefährdeten nachbarlichen Bausubstanzen beschrieben und durch eine fotografische Dokumentation ergänzt werden. Es empfiehlt sich, zur Beurteilung der Bausubstanz einen unabhängigen Sachverständigen einzuschalten.

Für den Fall einer späteren Beschädigung sollte von vornherein eine Einigung über Mängelbeseitigung bzw. Ausgleichszahlungen getroffen werden.

8.3.3 Bauzeitenplan

Im Bauzeitenplan wird die Leistung der einzelnen Unternehmer nach ihrer Dauer – in Abschnitten geordnet – dargestellt (als Volumen, Zeitdiagramm). Eine übersichtliche Darstellung bietet hier, vor allem im Hochbau, der Balkenplan bzw. der vernetzte Balkenplan (siehe Abb. 8.4): Hier werden in der Vertikale die einzelnen Leistungen (Gewerke) übersichtlich untereinander angeordnet. In die Horizontale trägt man den Zeitraum ein, in dem die Einzelleistung abzuwickeln ist. Sind die Abhängigkeiten der einzelnen Bauleistungen sehr komplex zueinander, empfiehlt sich die Darstellung der Bauzeiten in Form der Netzplantechnik.

Bedeutung des Bauzeitenplanes (Terminplan):

- Übersicht für den Bauherrn und Architekten und alle am Bau Beteiligten über alle Bauleistungen, deren Dauer und deren Abhängigkeit untereinander
- Hinweis für einzuhaltende Arbeits- bzw. Zahlungstermine
- wichtig auch für rechtzeitige Auftragserteilung an die nachfolgenden Gewerke (Übersicht durch vertikale Zeitbalken im Balkenplan)
- Verwendung als Vertragsgrundlage für Einzelfristenfestlegung

Auf der Basis des Bauzeitenplanes lässt sich ein Zahlungsplan entwickeln, aus dem zu ersehen ist, zu welchem Zeitpunkt die Unternehmer ihre Zahlungen zu erwarten haben. Ein solcher Zahlungsplan wird von den Bauherren häufig zur Einrichtung des Baukontos benötigt (Erstellung eines Zahlungsplanes ist nach der HOAI eine Besondere Leistung).

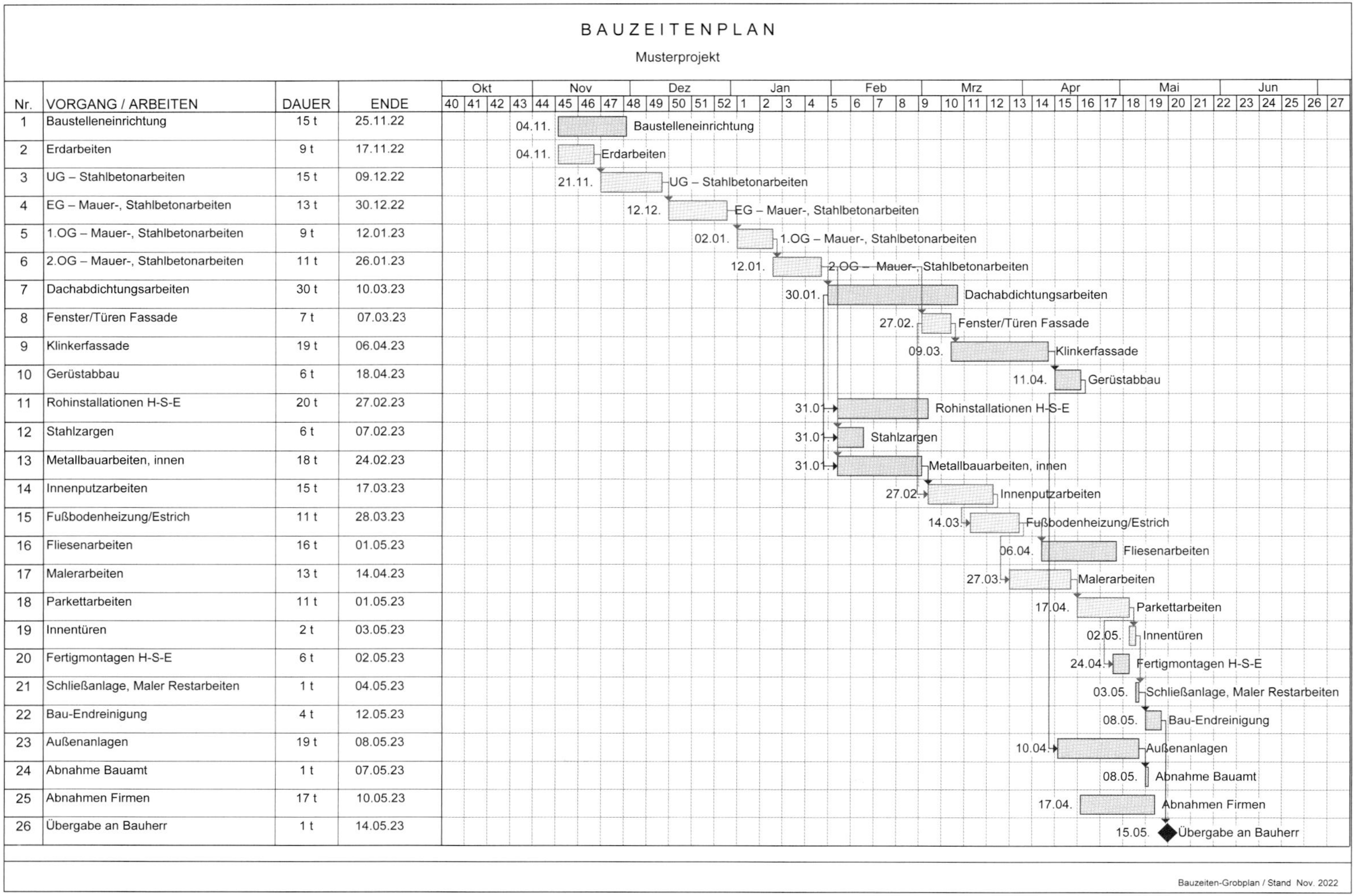

Nr.	VORGANG / ARBEITEN	DAUER	ENDE
1	Baustelleneinrichtung	15 t	25.11.22
2	Erdarbeiten	9 t	17.11.22
3	UG – Stahlbetonarbeiten	15 t	09.12.22
4	EG – Mauer-, Stahlbetonarbeiten	13 t	30.12.22
5	1.OG – Mauer-, Stahlbetonarbeiten	9 t	12.01.23
6	2.OG – Mauer-, Stahlbetonarbeiten	11 t	26.01.23
7	Dachabdichtungsarbeiten	30 t	10.03.23
8	Fenster/Türen Fassade	7 t	07.03.23
9	Klinkerfassade	19 t	06.04.23
10	Gerüstabbau	6 t	18.04.23
11	Rohinstallationen H-S-E	20 t	27.02.23
12	Stahlzargen	6 t	07.02.23
13	Metallbauarbeiten, innen	18 t	24.02.23
14	Innenputzarbeiten	15 t	17.03.23
15	Fußbodenheizung/Estrich	11 t	28.03.23
16	Fliesenarbeiten	16 t	01.05.23
17	Malerarbeiten	13 t	14.04.23
18	Parkettarbeiten	11 t	01.05.23
19	Innentüren	2 t	03.05.23
20	Fertigmontagen H-S-E	6 t	02.05.23
21	Schließanlage, Maler Restarbeiten	1 t	04.05.23
22	Bau-Endreinigung	4 t	12.05.23
23	Außenanlagen	19 t	08.05.23
24	Abnahme Bauamt	1 t	07.05.23
25	Abnahmen Firmen	17 t	10.05.23
26	Übergabe an Bauherr	1 t	14.05.23

Abb. 8.4: Bauzeitenplan des Musterprojektes mit Darstellung der Abhängigkeiten (Gewerkeübersicht)

8.3.4 Terminkontrolle

Um eine Terminkontrolle zu erhalten, ist der aufgestellte Bauzeitenplan (Soll) mit den tatsächlichen Werten (Ist) ständig zu vergleichen. Vor allem sind die Ausführungen, die auf einem kritischen Weg liegen (Ausführungen, die bei Abweichungen den Endtermin beeinflussen) besonders zu beachten.

Bei Terminabweichungen muss der Bauleitende des Auftraggebers eingreifen. Er kann z. B. Folgendes unternehmen:

- den entsprechenden Auftragnehmer in Verzug setzen (siehe auch unten)
- terminbeschleunigende Maßnahmen (Überstunden, Zulagen, höherer Personal- bzw. Geräteeinsatz usw.) mit dem Auftragnehmer abstimmen
- nach alternativen Ausführungsmöglichkeiten suchen, die eine Terminbeschleunigung bedeuten (Fertigteile verwenden, anstatt Ortbetonlösung etc.)

Der Bauleitende des Auftraggebers hat die Koordinierungspflicht (§ 4 Abs. 1 Nr. 1 VOB/B), d. h., er sorgt für die Einhaltung der Bauzeitenpläne. Für Fehlleistungen (Terminüberschreitungen) kann der Bauherr den Bauleitenden in Regress nehmen (Schadensersatzleistung).

Gerät der Auftragnehmer unverschuldet in Verzug (die Leistung des Vorunternehmers ist nicht rechtzeitig fertig), so muss er dies dem Bauherrn schriftlich mitteilen. Die Beweispflicht liegt beim Auftragnehmer.

Ist der Auftragnehmer schuldhaft in Leistungsverzug geraten und macht keine Anstrengungen, diesen aufzuholen, so setzt der Bauleitende des Auftraggebers ihn in Verzug. Nach Ablauf einer Nachfrist kann der Bauherr Schadensersatz verlangen oder die schriftliche Kündigung erteilen (siehe auch Abb. 8.5).

An die Firma
Rohbau Stahl
Musterstr. 33

00000 Musterstadt

Musterstadt, den 18.November 2022

Bauvorhaben: Musterprojekt **Gewerk:** Stahlbeton- und Mauerarbeiten **Bauvertrag vom:** 24.03.2022

Terminmahnung

Sehr geehrte Damen und Herren,

in Ziff. 5
☒ des Bauvertrags vom 24.03.2022
☐ der Besonderen Vertragsbedingungen
☒ ____________

ist

☒ als Termin
- ☐ für den Ausführungsbeginn
- ☐ für den Beginn der ____________ [Leistung]
- ☐ die Fertigstellung der ____________ [Leistung]
- ☒ für die Fertigstellung des Untergeschosses
  der 09.12.2022 vorgesehen.

☐ vorgesehen, dass mit der
- ☐ Bauausführung
- ☐ Ausführung der ____________ [Leistung]
  ___ [Anzahl] Arbeitstage/Werktage/Kalendertage/Wochen/Monate (nicht Zutreffendes streichen) nach ____________ [Ereignis] zu beginnen ist.

☐ vorgesehen, dass die
- ☐ ____________ [Leistung]
- ☐ Gesamtleistung
  ___ [Anzahl] Arbeitstage/Werktage/Kalendertage/Wochen/Monate (nicht Zutreffendes streichen) nach ____________ [Ereignis] fertigzustellen ist.

☐ Diesen Termin haben Sie nicht eingehalten.
☒ Anhand des gegenwärtigen Bautenstands ist bereits jetzt vorhersehbar, dass Sie diesen Termin bei kontinuierlicher Fortsetzung der Bauausführung nicht einhalten können. Hintergrund ist, dass
- ☒ Arbeitskräfte
- ☒ Material
  unzureichend sind/ist.

Abb. 8.5: Terminmahnung des Musterprojektes

Wir fordern Sie daher auf,

- ☐ unverzüglich, spätestens aber am __________ [Datum] mit der Bauausführung zu beginnen.
- ☐ unverzüglich, spätestens aber am __________ [Datum] mit der Ausführung der __________ [Leistung] zu beginnen.
- ☐ die __________ [Leistung] unverzüglich, spätestens aber am __________ [Datum] fertigzustellen.
- ☐ die vertraglich geschuldeten Leistungen spätestens am __________ fertigzustellen.
- ☒ die Anzahl der Arbeitskräfte auf zumindest 6 Personen zu erhöhen, damit Sie den vorbezeichneten Termin einhalten können.
- ☐ die Anzahl der __________ [Geräte/Gerüste] auf zumindest __________ [Geräte/Gerüste] zu erhöhen, damit Sie den vorbezeichneten Termin einhalten können.
- ☒ weitere Materialien anzuliefern, sodass Sie den vorbezeichneten Termin einhalten können.

Nach fruchtlosem Ablauf der genannten Frist werden wir von Ihnen gemäß § 6 Nr. 6 VOB/B den Ersatz des nachweislich entstandenen Schadens verlangen.

- ☒ Außerdem werden wir den Auftrag gemäß § 5 Abs. 4 und § 8 Abs. 3 Nr. 1 VOB/B ganz oder teilweise kündigen. Im Anschluss daran werden wir den noch nicht vollendeten Teil der Leistung gemäß § 8 Abs. 3 Nr. 2 VOB/B zu Ihren Lasten durch einen Dritten ausführen lassen und Ersatz des weiteren Schadens verlangen oder gemäß § 8 Abs. 3 Nr. 2 VOB/B auf die weitere Ausführung verzichten und von Ihnen Schadensersatz wegen Nichterfüllung verlangen.
  - ☒ Ferner behalten wir uns vor, bei der Fortsetzung der Arbeiten gemäß § 8 Abs. 3 Nr. 3 VOB/B Geräte, Gerüste, Baustelleneinrichtungen und angelieferte Stoffe und Bauteile gegen angemessene Vergütung in Anspruch zu nehmen.

Mit freundlichen Grüßen

Abb. 8.5: Fortsetzung

8.3.5 Kostenkontrolle

Die Kostenkontrolle erfolgt nicht nur während der Ausführung, sondern vom Beginn bis zur Fertigstellung des Objektes, wenn dem Projektkoordinator Erkenntnisse über mögliche Kostenabweichungen vorliegen. Der Bauherr ist hiervon umgehend zu informieren. Die HOAI schreibt als erste Kostenkontrolle den Vergleich der Kostenschätzung (Leistungsphase 2) zur Kostenberechnung (Leistungsphase 3) vor (siehe auch Abb. 2.8).

In der weiteren Objektabwicklung sind die Kostenkontrollen fließend je nach Vergabestand der Erschließung, der Honorarvereinbarungen, der Vergabe der Gewerke bzw. Gebührenfestsetzung, Finanzierungskosten usw.

Mit Beginn der Leistungsphase 7 werden in der Chronologie des Projektablaufes die Gewerke entsprechend dem Marktangebot ausgeschrieben. Diese Leistungsverzeichnisse werden vom Ausschreibenden bepreist und die so ermittelten Kosten mit der Kostenberechnung verglichen.

Nach dem Einholen der Angebote werden die Angebotskosten mit den bepreisten Leistungsverzeichnissen oder mit der Kostenberechnung verglichen (siehe auch Kapitel 7.2).

Die Kostengruppen der DIN 276 sind grundsätzlich nicht in Vergabeeinheiten nach Gewerken gegliedert. Jedoch lässt die DIN 276 auch eine Gliederung nach Gewerken oder Leistungsbereichen nach STLB-Bau zu, nach der in diesem Buch die Kostenplanung und -kontrolle behandelt wird.

Nur geringere Abweichungen von der Kostenschätzung sind zu erwarten, wenn die Leistungsbeschreibung richtig und vollständig erstellt wurde.

Alle Abweichungen wie Nachträge bzw. Minderungen sind in der Kostendokumentation entsprechend hervorzuheben.

8.4 Checkliste zur Ausführung

Diese Checkliste erhebt keinen Anspruch auf Vollständigkeit.

Ausführung	Bemerkungen
Erstatten von Anzeigen an die Bauaufsicht (Baubeginn, Rohbaufertigstellung, Gebrauchsfertigstellung) **Koordinierung der Fachplaner:** • Vermesser (Höhenfestpunkte, Festlegung der Hauptachsen) • Bodengutachter (Abnahme der Gründungsebene) • Prüfstatiker/Tragwerksplaner (Abnahme der Bewehrung) • Sachverständige, stichpunktartige Kontrolle • eventuelle Beweissicherung von vorhandenen Einrichtungen, die durch die Baumaßnahme betroffen werden **Beantragung (muss frühzeitig geschehen) der Hausanschlüsse für:** • Entwässerung • Bewässerung • Strom, Gas und Telefon **rechtzeitige Übergabe von Unterlagen (Ausführungspläne, Berechnungen, Vorgaben usw.)** **Überwachung der Ausführung nach:** • Baugenehmigung • Ausführungsplänen • Leistungsbeschreibung • allgemein anerkannten Regeln der Technik **Leistungskontrolle:** • regelmäßig umfassend und sorgfältig • an den Ausführungen, bei denen ein nachhaltiger Mangel entstehen könnte • bei notwendigen Spezialkenntnissen Fachplaner einschalten • bei Qualitätsabweichung Mängelrüge an den Auftragnehmer • entsprechen Auftraggebervorgaben nicht den allgemein anerkannten Regeln der Technik, Hinweis an den Auftraggeber **Dokumentation der Überwachung im Bautagebuch** **Terminkontrolle:** • bei Terminabweichungen Terminrüge an den Auftragnehmer • Behinderung des Auftragnehmers durch andere Gewerke oder zu späte Übergabe von Planunterlagen: Behinderungsanzeige des Auftragnehmers **Überwachung der Unfallverhütungsvorschriften** **Aufmaß mit dem Auftragnehmer, soweit nicht nach Ausführungszeichnung möglich** **Kostenkontrolle durch Überprüfen der Leistungsabrechnung der bauausführenden Unternehmen im Vergleich zu den Vertragspreisen** **Kostenfeststellung z. B. nach DIN 276** **Abnahme:** • Durchführen der technischen Abnahme • Beraten des Bauherrn bei der rechtsgeschäftlichen Abnahme	

Fortsetzung

Ausführung	Bemerkungen
Überwachen der Mängelbeseitigung, die bei Abnahme festgestellt wurden **Beantragen der behördlichen Abnahme und Zusammenstellung der notwendigen Unterlagen:** • Fachunternehmererklärung • Abnahmebescheinigung – Schornsteinfeger – Brandschutz-Sachverständiger – Schall- und Wärmeschutz-Sachverständiger – Standsicherheitsnachweise – Abnahme der technischen Anlagen gemäß Prüfverordnung (Sachkundigen-/Sachverständigenabnahme) – Einmessen durch den Vermesser (Grenzattest) **Übergabe von:** • Revisionsunterlagen • Firmenliste mit Gewährleistungsdauer • Abnahmeprotokolle • Bedienungsanleitungen, Prüfprotokolle • Schlüsselübergabe • Pflegeanleitungen	

8.5 Baustelle

8.5.1 Baustelleneinrichtung

Zum Erreichen eines rationellen Bauablaufes ist innerhalb der Arbeitsvorbereitung der Entwurf eines Baustelleneinrichtungsplanes sehr entscheidend.

Bei der Einrichtung der Baustelle muss darauf geachtet werden, dass die Materialien am richtigen Platz gelagert und auf dem kürzesten Wege mit optimalen Betriebsmitteln zur Verarbeitungsstelle transportiert werden können.

Die Planung der Baustelleneinrichtung hängt von folgenden Faktoren ab:

- örtliche Gegebenheiten (Bodenart, Grundstückszuschnitt, Erschließung des Grundstückes, Lage des Grundstückes usw.)
- Art des Bauvorhabens (Hochbau, Kanalbau, Straßenbau usw.)
- Größe des Bauvorhabens (Abmessungen und Massen)
- Fertigungsart (Einzelfertigung, Taktfertigung, Parallelfertigung)
- Bauzeit

Bevor mit der Planung der Baustelleneinrichtung begonnen werden kann, sind alle Einflussfaktoren zu ermitteln und festzuhalten. Diese erhält man aus der Objektbeschreibung oder durch eine Baustellenbegehung.

Bei einer Baustellenbegehung ist es zweckmäßig, das künftige Bauwerk überschlägig mit einem Bandmaß auszumessen, um einen besseren Eindruck von der Lage des Objektes zu seiner Umgebung zu gewinnen. Die ermittelten Einflussfaktoren müssen notiert bzw. skizziert werden (Diktiergerät, Zeichenmaterial, Fotoapparat). Hierzu kann eine Checkliste dienen (siehe Kapitel 8.5.2).

8.5.2 Checkliste zur Baustelleneinrichtung

Bauobjekt:	
Auftraggeber:	
Durchführung am:	
Fragen zu den Geländeverhältnissen	
• Besitzverhältnisse geklärt	☐
• Geländeform und Neigung	☐
• Bepflanzung	☐
• bestehende Bauwerke	☐
• Lage zum Nachbargrundstück	☐
Fragen zu den Untergrundverhältnissen und zur Hydrologie	
• Bodenart und Tragfähigkeit (z. B. für Kranstellplatz)	☐
• Höhe des Grundwasserspiegels	☐
• Bodenlagerung bzw. Lage von Kippen	☐
• Kampfmittelräumung erforderlich	☐
Fragen zur Lage des Bauplatzes	
• Hochwassergefahr, Steinschlag	☐
• unterirdische Leitungen (Gas, Wasser, Abwasser, Öl, Strom, Fernmeldetechnik u. a.)	☐
• Schutz von Objekten notwendig	☐
Fragen zu den Transportverhältnissen	
• Anfahrt auf öffentlichen Straßen möglich	☐
• Zustand der Zuwege	☐
• Beanspruchung von Straßenland	☐
• Anlegen von Baustraßen erforderlich	☐
• mögliche Anbindung an die Deutsche Bahn oder Gewässer	☐
Fragen zur Ver- und Entsorgung	
• Wasseranschluss	☐
• Qualität des Wassers	☐
• Stromanschluss; Anschlusswert	☐
• Fernsprech- und Internetanschluss möglich	☐
• Möglichkeit, Abwasser einzuleiten	☐
sonstige Fragen	
• Menge und Vorhandensein von Unterkunfts- oder Sanitäreinrichtungen für die Baustelle	☐
• Nähe von Werkstätten	☐
• Anschriften, Telefonnummern von Polizei, Feuerwehr, Arzt, Krankenhaus	☐
• Schuttablademöglichkeit	☐

8.5.3 Baustelleneinrichtungsplan

Der Baustelleneinrichtungsplan sollte maßstäblich gezeichnet werden und Auskunft geben über die Baugrubensicherung, die Arbeitsplatzverhältnisse (Arbeitsraum, Sicherheitsraum); außerdem muss er enthalten: Standortangaben der Maschinen, der Arbeits- und Lagerflächen sowie der Unterkünfte usw.

Im Einzelnen müssen in diesem Plan dargestellt sein:

- Transportwege, Verkehr
- Kranstellplatz, Schwenkbereich

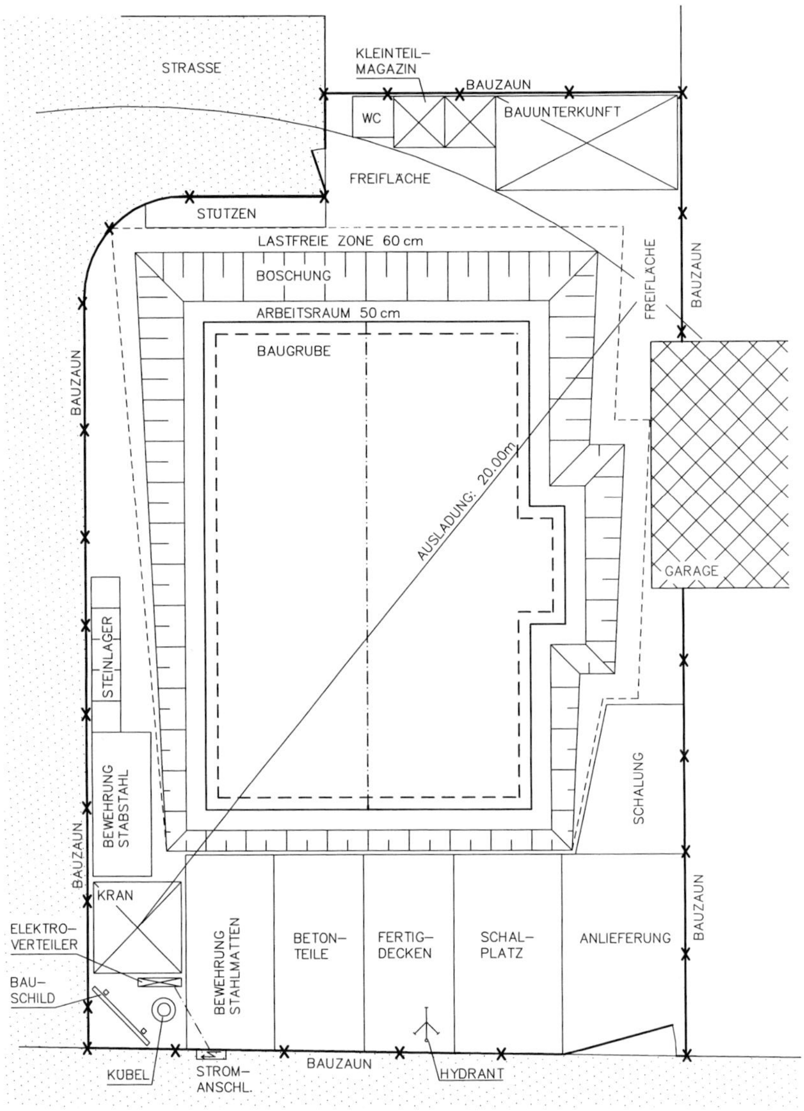

Abb. 8.6: Baustelleneinrichtungsplan

- Lagerplätze
- Werkplätze
- Erschließung (Baustraße)
- Einfriedung und Sicherung (Bauzaun)
- Erschließung (Hauptverteiler, Unterverteiler, Wasseranschluss)
- Unterkünfte: Mannschaftsunterkünfte, Polier und Bauleitung,
- Wasch- und Schlafunterkünfte entsprechend der vorzusehenden Mannschaft

Der Baustelleneinrichtungsplan (siehe Abb. 8.6) ist immer mit dem für die Baustelle verantwortlichen Polier abzustimmen. So können dessen Erfahrungen mitgenutzt und Widerstände gegen den Plan abgebaut werden.

Die Eigentümer der Nachbargrundstücke im Schwenkbereich des Krans sind zu informieren.

8.5.4 Baustellensicherheit – Baustellenverordnung

Arbeitsschutzvorschriften

Auf der Baustelle müssen während des gesamten Bauvorganges die Arbeitsschutzvorschriften der Berufsgenossenschaft eingehalten werden. Die Berufsgenossenschaft überprüft ohne Vorankündigung in unregelmäßigen Abständen von ihr ausgewählte Baustellen. Die bei der Begehung festgestellten Mängel müssen sofort beseitigt werden. Es können sogar Strafen ausgesprochen werden.

Für die Einhaltung der Sicherheitsbestimmungen ist in erster Linie der Unternehmer für sein Gewerk verantwortlich. Übergreifend über alle Gewerke trägt jedoch der Bauherr bzw. sein Bauleitender ein hohes Maß an Mitverantwortung. Je nach Schwere eines Unfalls und der Beweisführung kann sowohl der Bauleitende des Auftragnehmers wie auch der Bauleitende des Auftraggebers zur persönlichen Haftung herangezogen werden.

Baustellenverordnung

Die Verordnung über Sicherheit und Gesundheitsschutz auf Baustellen (Baustellenverordnung – BaustellV) dient der wesentlichen Verbesserung von Sicherheit und Gesundheitsschutz der Beschäftigten auf Baustellen (§ 1 Abs. 1 BaustellV). In § 2 Abs. 1 BaustellV wird darauf hingewiesen, dass bei der Bemessung der Ausführungszeiten die allgemeinen Grundsätze nach § 4 des Arbeitsschutzgesetzes zu berücksichtigen sind. § 2 Abs. 2 BaustellV lautet:

„(2) Für jede Baustelle, bei der

1. *die voraussichtliche Dauer der Arbeiten mehr als 30 Arbeitstage beträgt und auf der mehr als 20 Beschäftigte gleichzeitig tätig werden, oder*
2. *der Umfang der Arbeiten voraussichtlich 500 Personentage überschreitet, [also bei größeren Baumaßnahmen]*

ist der zuständigen Behörde spätestens zwei Wochen vor Einrichtung der Baustelle eine Vorankündigung zu übermitteln, […]. […]“

Der Inhalt der Vorankündigung kann Abb. 8.7 entnommen werden.

Werden auf einer Baustelle, auf der mehrere Arbeitgeber tätig sind, besonders gefährliche Arbeiten (Explosionsgefahr, größere Höhen oder Tiefen usw.) ausgeführt, so ist vor Einrichtung der Baustelle ein Sicherheits- und Gesundheitsschutzplan zu erstellen.

Verantwortlich für die Einhaltung der Baustellenverordnung ist der Bauherr, der für die Koordinierung einen oder mehrere Sicherheitskoordinatoren (SiGeKo) beauftragen kann. Ein gesonderter Qualitätsnachweis für einen solchen Koordinator ist nicht gefordert. Es können z. B. sein: Architekten, Ingenieure, Techniker oder Meister.

Der Koordinator hat die Sicherheits- und Gesundheitsmaßnahmen schon in die Ausführungsplanung zu integrieren, sodass die Leistungen in die entsprechenden Leistungsbeschreibungen integriert werden können.

Vorankündigung der Einrichtung einer Baustelle

gemäß § 2 Abs. 2 der Verordnung über Sicherheit und Gesundheitsschutz auf Baustellen (Baustellenverordnung – BaustellV)

An die zuständige Behörde

Eingangsvermerk der zuständigen Behörde

Aktenzeichen

Ort der Baustelle

Name und Anschrift des Bauherrn	Name und Anschrift des anstelle des Bauherrn verantwortlichen Dritten

Art des Bauvorhabens

Koordinatoren (sofern erforderlich) mit Anschrift, Telefon, ggf. Fax, E-Mail

- für die Planung der Ausführung	- für die Ausführung des Bauvorhabens

voraussichtlicher Beginn der Arbeiten:	voraussichtliche Dauer der Arbeiten:	voraussichtliche Höchstzahl der gleichzeitig Beschäftigten:

voraussichtliche Zahl der Arbeitgeber:	voraussichtliche Zahl der Unternehmer ohne Beschäftigte:

bereits ausgewählte Arbeitgeber und Unternehmer ohne Beschäftigte:[*)]

1.
2.
3.
4.
5.

Bei der Planung der Ausführung von Arbeiten eines Bauvorhabens, insbesondere der Einteilung von Arbeiten und Bemessungen der Ausführungszeiten, sind die allgemeinen Grundsätze nach § 4 Arbeitsschutzgesetz (ArbSchG) zu beachten.

Die Vorankündigung ist sichtbar auf der Baustelle auszuhängen und bei erheblichen Änderungen anzupassen.

Ort, Datum	Unterschrift des Bauherrn oder des Verantwortlichen Dritten

[*)] ggf. gesondertes Blatt verwenden.

Verteiler: einmal zuständige Behörde
einmal Baustellenaushang
einmal Bauherr

Abb. 8.7: Formular für eine Vorankündigung gemäß Anhang I BaustellV

Während der Ausführung sind zu beachten:

- die Grundsätze des Arbeitsschutzes
- die Einhaltung des Sicherheits- und Gesundheitsschutzplanes (SiGe-Plan)
- die Organisation der Zusammenarbeit der verschiedenen Arbeitgeber

8.6 Aufmaß und Abrechnung von Bauleistungen

Das Aufmaß der Bauleistung des Auftragnehmers (Bauleitenden) ist Teil der von ihm vorzulegenden prüfbaren Rechnung (gemäß § 14 Abs. 1 VOB/B). Der Bauleitende oder Vertreter des Auftragnehmers stellt das Aufmaß ebenso wie die Rechnung prüfbar auf. Der Bauleitende des Auftraggebers prüft die Rechnung auf Richtigkeit, bestätigt dies mit seiner Unterschrift und dem Zusatz „Sachlich und rechnerisch geprüft" und übersendet die geprüfte Rechnung dem Bauherrn zur Überweisung. Die Prüfung wie auch die Aufstellung des Aufmaßes erfolgt in der Regel nach Zeichnungen (§ 14 VOB/B Abrechnung). Bei unterschiedlichen Auffassungen sollte das Aufmaß gemeinsam an der Örtlichkeit geprüft werden.

8.6.1 Grundlagen der Abrechnung

Nach § 2 Abs. 2 VOB/B wird die Vergütung beim Einheitspreisvertrag nach den vertraglichen Einheitspreisen und den tatsächlich ausgeführten Leistungen berechnet.

Tatsächlich ausgeführte Leistungen sind

- Leistungen, die nach dem Vertrag ausgeführt sind, d. h. Leistungen, die vom Auftraggeber vor Ausführung in Auftrag gegeben wurden,
- Leistungen, die für die Erfüllung des Vertrages notwendig waren sowie
- Leistungen, die dem mutmaßlichen Willen des Auftraggebers entsprachen und ihm angezeigt wurden.

Es sind also alle Leistungen, die der Auftraggeber mit der Leistungsbeschreibung, mit dem Bauvertrag oder in Nachträgen beauftragt hat, oder Leistungen, die zusätzlich notwendig waren, um das Objekt entstehen zu lassen. Diese werden abgerechnet.

Die tatsächlich ausgeführten Leistungen werden in der Regel jedoch nicht so abgerechnet, wie sie tatsächlich ausgeführt worden sind, sondern in den entsprechenden Gewerken nach den Regeln der VOB Teil C (ATV).

Beispiel

> Wenn ein Unternehmer Einzelfundamente senkrecht und fast ohne Arbeitsraum ausschachtet, jedoch den in VOB/C ATV DIN 18300 „Erdarbeiten" (2019) angegebenen Arbeitsraum und den entsprechenden Böschungswinkel abrechnet, so ist dies zu akzeptieren, da diese Vorgehensweise sein Risiko ist. Wäre die Böschung jedoch nachgerutscht, hätte er auf seine Kosten nachschachten müssen. Konnten seine Mitarbeiter in dem engen Arbeitsraum nur langsamer arbeiten als vorgesehen, so bekommt er dies auch nicht vergütet.

Die Leistung ist aus den Zeichnungen zu ermitteln, soweit die ausgeführten Leistungen diesen Zeichnungen entsprechen. Sind solche Zeichnungen nicht vorhanden, ist die Leistung aufzumessen (VOB/C ATV DIN 18299 „Allgemeine Regelungen für Bauarbeiten jeder Art" (2019), Abschnitt 5 [Abrechnung]).

Die Abrechnungszeichnungen sollten Ausführungszeichnungen sein, d. h. Zeichnungen nach dem aktuellsten Planstand, nach dem das Objekt ausgeführt wurde (Ausführungsplan des Architekten, Schalungspläne, Querschnittspläne usw.).

Es ist jedoch zu prüfen, ob Zeichnungen mit dem ausgeführten Leistungsstand übereinstimmen und in den Abweichungstoleranzen innerhalb der Vorgaben von DIN 18202 „Toleranzen im Hochbau – Bauwerke" (2019) liegen. Sind diese Toleranzen überschritten oder liegt keine Zeichnung vor, so ist die Leistung örtlich aufzumessen. Dieses Aufmaß sollte vom Bauleitenden des Auftraggebers und dem Bauleitenden des Auftragnehmers gemeinsam aufgenommen werden, um die Aufstellung der Schlussrechnung und deren Prüfung zu erleichtern.

Der Unternehmer hat seine Abrechnung prüfbar aufzustellen, d. h.:

- in Reihenfolge und nach Positionierung des Leistungsverzeichnisses
- belegt – wenn notwendig – durch Abrechnungszeichnung und Aufmaß
- nach den Abrechnungsregeln der VOB Teil C

8.6.2 Prüfung der Abrechnung

Die Prüfung der Rechnungen (Akontorechnungen, Schlussrechnung) erfolgt durch den Auftraggeber bzw. durch seinen Bauleitenden (Architekten, Fachingenieur) wie folgt:

- **Auftragssumme**
- **geprüfte Rechnungssumme:**
  - ergibt sich aus der Abrechnung der Massenvordersätze (in der Regel nach Zeichnungen) multipliziert mit den durch den Vertrag festgeschriebenen Einheitspreisen (Einheitspreisvertrag) zuzüglich möglicher Stundenlohnarbeiten, soweit im Angebot enthalten
- **Abzüge:**
  - z. B. Wertminderung infolge nicht ganz beseitigter Mängel
  - Vertragsstrafen
  - durch den Auftragnehmer verursachte Leistungskosten anderer Firmen (z. B. Abzug beim Maler für Reinigung der Heizkörper durch Reinigungsfirma)
  - Kosten für Aufladen und Abfahren des Schutts (soweit die Unternehmer ihren Schutt nicht entsprechend dem Vertrag selbst entsorgt haben)
  - anteilige Kosten für Versorgung (Strom, Wasser)
  - anteilige Kosten des gemeinsamen Bauschildes
  - anteilige Kosten für Bauwesenversicherung
- **Zuschläge:**
  - Stundenlohnarbeiten, soweit im Angebot nicht berücksichtigt
  - zusätzliche Leistungen laut Nachtragsangebot oder laut Anweisung des Bauleitenden (Auftraggeber)
  - nachverhandelte Preiserhöhungen

- **weiter zu berücksichtigen:**
  - Zurechnung der Mehrwertsteuer
  - Abrechnungssumme
  - gezahlte Abschlagszahlungen (Akontozahlungen)
  - Restguthaben
  - Sicherheitseinbehalt von der Abrechnungssumme, je nach Vertrag, jedoch nicht über 10 %
  - Feststellung des Restbetrages und Auszahlung entsprechend dem Zahlungsziel (gemäß § 16 VOB/B: 21 Werktage bei Akonto; 30 Tage bei Schlussrechnung)
  - Skontoabzug, wenn vereinbart
  - Vertragsstrafen

8.6.3 Allgemeine Technische Vertragsbedingungen für Bauleistungen (ATV, VOB Teil C)

Jede ATV (VOB/C ATV DIN 18299 bis 18459) ist in 5 Abschnitte gegliedert. Im jeweiligen Abschnitt 5 werden die Abrechnungsregeln des entsprechenden Gewerkes definiert.

Die VOB/C ATV DIN 18299 gibt in Abschnitt 5 folgende Regelung für die Abrechnung:

„Die Leistung ist aus Zeichnungen zu ermitteln, soweit die ausgeführte Leistung diesen Zeichnungen entspricht. Sind solche Zeichnungen nicht vorhanden, ist die Leistung aufzumessen.“

Hinweis

> Die Aufstellung der Mengen muss durch den Auftragnehmer übersichtlich und in der Reihenfolge der Positionen des Leistungsverzeichnisses erfolgen. Die Maße, die zu dem Abrechnungsergebnis führen, müssen in den Abrechnungszeichnungen (Anlage zur Abrechnung) zu ersehen sein.

In den weiteren ATV werden die Abrechnungsregeln jeweils in Ergänzung zur VOB/C ATV DIN 18299 aufgestellt.

Beispiel

> In VOB/C ATV DIN 18331 „Betonarbeiten“ (2019) wird in Abschnitt 5 die Abrechnung gesondert nach Beton, Schalung und Bewehrung mit den jeweiligen Abzügen behandelt.

8.7 Abnahme

Rechtsverbindliche Abnahme durch den Bauherrn

Die rechtsverbindliche Abnahme darf nur der Bauherr oder sein Bevollmächtigter (Architekt oder Bauleitender) vornehmen. Hierbei wird unterschieden zwischen der fiktiven Abnahme und der förmlichen Abnahme.

Die **fiktive Abnahme** wird vorgenommen,

- indem der Bauherr die Schlussrechnung an den Unternehmer anweist,
- indem der Bauherr das Objekt bezieht bzw. benutzt.

Ist eine **förmliche Abnahme** vereinbart, so wird diese in einer gemeinsamen Begehung durch den Auftraggeber und den Auftragnehmer im Beisein des Architekten (Fachingenieurs) förmlich durchgeführt. Von der Abnahme wird ein Abnahmeprotokoll erstellt, in dem alle Mängel festgehalten werden.

Das Protokoll wird mit dem Begehungsdatum versehen und von den beteiligten Vertragspartnern unterschrieben (siehe Abb. 8.8). Im Protokoll werden festgehalten:

- verbliebene Mängel
- Vorbehalte wegen Vertragsstrafe
- Minderungen für nicht zu beseitigende Mängel
- Termin zur Mängelbeseitigung
- Beginn (Abnahmedatum) und Ende (z. B. 5 Jahre nach Abnahmedatum gemäß BGB) der Verjährungsfrist der Mängelansprüche

Rechtsfolgen der Abnahme

Mit der Abnahme verkehrt sich die Beweislast, d. h., die Mängel während der Ausführung (Erfüllungsmängel) waren vom Unternehmer zu beseitigen, es sei denn, er konnte beweisen, dass die aufgeführten Mängel nach den anerkannten Regeln der Technik keine Mängel sind.

Nach der Abnahme geht die Beweislast für Mängel vom Auftragnehmer auf den Auftraggeber über. Der Unternehmer muss dann nur noch die Mängel beseitigen (Mängelansprüche nach § 13 VOB/B), die der Auftraggeber bzw. dessen Erfüllungsgehilfe nach den anerkannten Regeln der Technik darstellen kann.

Technische Abnahme

Der Bauleitende des Auftraggebers darf nur die technische Abnahme durchführen, d. h., er begeht das Objekt in der Regel mit dem Bauleitenden des Auftragnehmers und nimmt die Leistung im Hinblick auf technische Mängel ab. Das hat den Vorteil, dass bei der rechtsverbindlichen Abnahme durch den Bauherrn die Mängelliste stark reduziert ist.

Bauabnahmeprotokoll

Firma
Rohbau Stahl
Musterstr. 33
00000 Musterstadt

Datum: 09.02.2023
Anlage: Mängelliste
Datum des Bauvertrages: 24.03.2022
Nachträge vom 19.12.2022

Baumaßnahme: Neubau eines Einfamilienhauses, Musterprojekt

Teilnehmer:

Auftragnehmer (Name, Anschrift)
Firma Rohbau Stahl, Musterstadt
Auftraggeber (Name, Anschrift)
Eheleute Musterhaus, Musterstadt
Bauleitung (Name, Anschrift)
Sachverständigenbüro Olzem, Starenweg 19, 51491 Overath

☒ **Abnahme:** ☒ für die Gesamtleistung(en) ☐ für folgende Teilleistung(en)
Erfolgt hiermit die Abnahme ☐ ohne Vorbehalt ☒ mit Vorbehalt
☒ der Rechte wegen Verwirkens der Vertragsstrafe ☐ wegen der festgestellten Mängel (siehe Anlage)

☐ Minderung: Wird (Kostennachlass) für folgende nicht zu beseitigende Mängel vereinbart:
Art der Minderung: keine ____________________

☒ Die Mängel sind bis zum 23.02.2023 zu beseitigen. Sollten sie bis zu diesem Termin nicht beseitigt sein, wird der Auftraggeber die Mängelbeseitigung auf Kosten des Auftragnehmers durch Dritte veranlassen.

☒ **Mängelansprüche:** Die Verjährungsfrist für die abgenommene Leistung beginnt am 09.02.2023 und endet am 08.02.2023

Anerkenntnis des Auftragnehmers:
Musterstadt, den 09.02.2023
gez. Stahl

Anerkenntnis des Auftraggebers:
Musterstadt, den 09.02.2023
gez. Olzem

Abb. 8.8: Bauabnahmeprotokoll des Musterprojektes

8.8 Kostenfeststellung (dritte Ebene)

Die Kostenfeststellung ist die Zusammenstellung aller entstandenen Kosten (auf Basis aller abgerechneten bzw. schlussgerechneten Bauleistungen). Sie wird z. B. nach DIN 276 aufgestellt (siehe Kapitel 7.2).

Sie ist Grundlage für die Höhe der Honorare von Architekten und Ingenieuren, sofern dies in den HOAI-Verträgen entsprechend geregelt wurde.

Die Kostenfeststellung wird nach entsprechenden Einheiten analysiert, um für neue, vergleichbare Bauvorhaben aktuelle Werte für eine Kostenschätzung zu erhalten, z. B.:

- nach Prozentanteilen der Gewerke zu den Gesamtkosten (siehe Kapitel 3.4.3)
- nach Bezugseinheiten: m^3 umbauter Raum, m^2 Dachfläche, konstruktive Einbauten (siehe Kapitel 3.4.2)

8.9 Objektübergabe – Dokumentation

Nach Fertigstellung des Objektes erfolgt die Übergabe durch den Projektkoordinator (Architekt) an den Bauherrn. Zur Übergabe gehören folgende Unterlagen:

- tabellarische Aufstellung der an dem Bauvorhaben beteiligten Firmen mit folgenden Informationen:
  - Name der Firma, Gewerk, Ansprechpartner (Telefonnummer)
  - Auftragssumme
  - Abrechnungssumme
  - Sicherheitsleistung
  - Abnahmedatum
  - Gewährleistungsdauer/Datum der Rückgabe des Gewährleistungseinbehaltes
- systematische Zusammenstellung der zeichnerischen Darstellungen (die Herstellung von Revisionsplänen[1)] ist eine Besondere Leistung gemäß HOAI)
- systematische Zusammenstellung der rechnerischen Ergebnisse:
  - Tragwerksplanung (Statik)
  - Wärmeschutz/Schallschutz (Schlussbescheinigung)
  - Brandschutz (Schlussbescheinigung)
  - sonstige Prüfungsprotokolle (z. B. Druckwasserprüfung der Abwasserleitung, TÜV-Abnahmebescheinigung für die Aufzugsanlage)
  - Bedienungsanleitungen (z. B. Heizungsanlage)

Der Projektkoordinator (Architekt) bestätigt mit der Übergabe des Bauobjektes und der o. g. Unterlagen die Auftragsbeendigung bis auf die Objektbetreuung während der Gewährleistungszeit (sofern diese Leistungsphase Bestandteil seines Auftrages ist).

Viele öffentliche Auftraggeber, Bauträger und größere Unternehmen haben eine eigene Bauabteilung, die ihre Bauobjekte nach der Fertigstellung und Übergabe weiterbetreuen, sodass die Leistungsphase 9 nach HOAI (Objektbetreuung während des Gewährleistungszeitraumes) nicht beauftragt wird.

1) Revisionspläne sind Ausführungspläne nach dem aktuellsten Planstand, die vom Bauherrn oder einer eventuell beauftragten Bauverwaltungsgesellschaft aufbewahrt werden.

9 BIM – Modeling und Management

Building Information Modeling (kurz: BIM; deutsch: Bauwerksdatenmodellierung) ermöglicht die Einführung moderner, IT-gestützter Prozesse und Technologien bei Planung, Bau und Betrieb von Bauwerken. Dafür bedarf es eines einheitlichen Datenaustausches zwischen den Akteuren mithilfe von Software.

Nachdem große öffentliche Infrastrukturprojekte bereits seit 2020 verpflichtend mit BIM umgesetzt werden müssen, wurde die digitale Planungsmethode ab 2023 auch bei Hochbauprojekten des Bundes zum Standard. Spätestens 2027 gilt eine vollumfängliche BIM-Pflicht (Level III) für alle Bauprojekte des Bundes, egal welcher Größe.

Als vorbereitende Maßnahme ist im Oktober 2022 das öffentliche BIM-Portal des Bundes gestartet. Auf dem BIM-Portal werden mit Hilfe von sogenannten Modulen die unterschiedlichen Aufgaben der einzelnen Akteure sortiert. Sie sind systematisch aufgebaut und unterstützen den Prozess von der Erstellung der Vergabeunterlagen bis zur Lieferung der kompletten digitalen Modelle.

Vor dem Hintergrund der durch den Bund forcierten Digitalisierung des Planens und Bauens via BIM hat die Bundesingenieurkammer den aktuellen Stand der BIM-Nutzung im Arbeitsalltag der Ingenieurbüros abgefragt. Die Ergebnisse wurden im Dezember 2022 veröffentlicht und zeigen, dass die Mehrheit der Befragten nicht mit BIM arbeitet. So gaben nur 28 % an, die Planungsmethode anzuwenden. Vom Großteil derer, die BIM nicht nutzen, planen jedoch 28 % die Einführung.

Es wird in der Bauindustrie überwiegend immer noch zweidimensional geplant. Eine dreidimensionale Planung (3-D-Planung), wie sie z. B. bereits seit mehreren Jahrzehnten in der Automobilindustrie etabliert ist, kommt seltener zum Einsatz, da sie zunächst zeit- und kostenintensiv ist und außerdem für jedes Projekt immer wieder neu aufgebaut werden muss.

Die meisten Bauvorhaben sind auf die individuellen Wünsche des Bauherrn zugeschnitten oder durch andere projektspezifische Umstände bestimmt. Anders als in der Serienfertigung der Automobilindustrie stellt sich deswegen der Effekt, dass sich die höheren Aufwendungen für die Planung nach einigen Durchläufen amortisieren, im Bauwesen meist nicht ein. Doch bei nahezu allen Projektgrößen zeigte es sich , dass Planungslücken oder Planungsfehler, Leistungskollisionen u. a. zu Bauablaufstörungen und Baukostensteigerungen führen. Dies soll durch Einsatz von BIM minimiert werden.

9.1 Definition BIM

Die Abkürzung BIM steht sowohl für **Building Information Modeling** als auch für **Building Information Management**.

Anfangs wurde BIM nur als Erweiterung der zweidimensionalen Planung um eine Dimension verstanden (BI-Modeling [deutsch: Bauwerksdatenmodellierung]). Mithilfe von 3-D-Technik konnte eine räumliche Darstellung erfolgen, die es auch Nichtfachleuten erlaubte, mehr Gebäudeerlebnis zu erfahren: Planer und Nichtplaner konnten durch Räume wandeln, Treppen steigen und das Gebäude „erfühlen". BIM aus heutiger Sicht ist um einige Dimensionen reicher geworden und wird inzwischen auch BI-Management genannt.

Das Bundesministerium für Verkehr und digitale Infrastruktur (BMVI) definiert BIM als *„eine kooperative Arbeitsmethodik, mit der auf der Grundlage digitaler Modelle eines Bauwerks die für seinen Lebenszyklus relevanten Informationen und Daten konsistent erfasst, verwaltet und in einer transparenten Kommunikation zwischen den Beteiligten ausgetauscht oder für die weitere Bearbeitung übergeben werden"* (Stufenplan Digitales Planen und Bauen, 2015, S. 4).

Der Lebenszyklus eines Bauwerks umfasst sozusagen dessen kompletten Werdegang – die strategische Planung, den anfänglichen Entwurf, die fertige Ausführungsplanung, den Bau, den täglichen Betrieb, Instandhaltung, Modernisierung und Reparaturen bis zum Rückbau mit Recycling der verwendeten Baustoffe.

Ziel ist es, die Informationen aller am Projekt Beteiligten in einem mehrdimensionalen System zusammenzuführen und sie entsprechend der zugeteilten Berechtigung zur Verfügung zu stellen. So sollen u. a. eine nach derzeitigem Technikstand bestmögliche Projekt-Gesamtübersicht, eine zugleich bestmögliche Projekt-Detaileinsicht sowie softwaregesteuerte Kontrollmöglichkeiten erreicht werden. Zudem ist mithilfe von BIM bereits in frühen Planungsphasen eine fundierte Betrachtung über den gesamten Lebenszyklus möglich.

Von der dritten zur siebten Dimension

BIM kann neben dem 3-D-Modell, das alle Informationen zu Lage, Länge, Breite, Höhe und Material bereitstellt, noch weitere Dimensionen darstellen:

- eine vierte Dimension für Termine und Bauzeiten,
- eine fünfte Dimension für die Kosten,
- eine sechste Dimension für Angaben zur Nachhaltigkeit,
- eine siebte Dimension für Angaben zum Facility-Management.

Es bleibt zu erwarten, dass in Zukunft noch weitere Dimensionen erschlossen werden.

BIM folgt den Leitsätzen:

- digital mehrdimensional (n-D) planen,
- digital mehrdimensional (n-D) optimieren,
- real bauen mit digitaler n-D-Unterstützung,
- betreiben, instand halten, verwalten und rückbauen mit digitaler n-D-Unterstützung.

9.2 Regelwerke für BIM

Eine Grundlage für eine standardisierte BIM-Nutzerumgebung bildet z. B. die DIN EN ISO 19650-1:2019-08 *„Organisation und Digitalisierung von Informationen zu Bauwerken und Ingenieurleistungen, einschließlich*

Bauwerksinformationsmodellierung (BIM)- Informationsmanagement mit BIM" – Teil 1: *„Begriffe und Grundsätze"* (ISO 19650-1:2018); Deutsche Fassung EN ISO 19650-1:2018 und Teil 2: *„Planungs-, Bau- und Inbetriebnahmephase"* (ISO 19650-2:2018); Deutsche Fassung EN ISO 19650-2:2018.

Teil 1 beschreibt die Begriffe und Grundsätze für das Informationsmanagement in einem Reifegrad, der als „Bauwerksinformationsmodellierung (BIM) nach der Normenreihe ISO 19650" bezeichnet wird. Dieses Dokument enthält Empfehlungen für eine Vorgabe zur Verwaltung von Informationen, einschließlich Austausch, Aufzeichnung, Versionierung und Organisation für alle Akteure. Es gilt für den gesamten Lebenszyklus aller baulichen Assets (auf Deutsch:. Vermögenswerte), einschließlich strategischer Planung, erster Planungsschritte, Ingenieurleistungen, Entwicklung, Dokumentation und Konstruktion, täglichem Betrieb, Wartung, Sanierung, Reparatur und Rückbau.

Teil 2 legt die Anforderungen an das Informationsmanagement in Form eines Managementprozesses im Rahmen der Bereitstellungsphase von Assets und des Informationsaustauschs innerhalb dieses Dokuments bei der Verwendung von BIM fest.

Weitere VDI-Richtlinien, DIN-Normen, Leitfäden und Standards, auf die hier nicht näher eingegangen werden soll, regeln die Arbeit mit BIM.

9.3 Software und Schnittstellen für BIM

BIM lässt sich mit bewährten Softwaresystemen wie z. B. Vico (Office Suite), Nemetschek (Allplan), RIB Software (iTWO5D, Stratis, iTWO civil) oder BIB (BIM4You) umsetzen. Über einen international gebräuchlichen Austauschformatstandard für Schnittstellen, die Industry Foundation Classes (IFC; aktuell IFC 4), können sämtliche BIM-Daten und Informationen entsprechend den im 2-D-Bereich gebräuchlichen DXF- oder DWG-Formaten transportiert werden.

In Deutschland wird das sog. **Open-BIM-Konzept** angestrebt, das auf dem offenen Austausch von Gebäudemodellen beruht – unabhängig von den jeweiligen Softwarelösungen, die die Projektbeteiligten individuell verwenden. Ziel ist es hier, das Gebäude über seinen gesamten Lebenszyklus mithilfe offener Datenstandards abzubilden. Der systemunabhängige und reibungslose Austausch zwischen verschiedenen Planungslösungen wird auch als **Interoperabilität** bezeichnet.

9.4 Kommunikation und Koordination in BIM

Bei der derzeit noch vorherrschenden Planung ohne BIM ist maßgeblich der Architekt derjenige, der alle weiteren Projektbeteiligten gemäß seiner nach HOAI-Vertrag geschuldeten Teilleistung *„Bereitstellen der Arbeitsergebnisse als Grundlage für die anderen an der Planung fachlich Beteiligten sowie Koordination und Integration von deren Leistungen"* koordinieren sowie den Informationsaustausch vorantreiben und kontrollieren muss (hier Leistungsphasen 2 bis 5 nach HOAI; siehe auch Kapitel 2 bis 5).

In der BIM-Planung greifen alle Beteiligten auf ein zentrales, **gemeinsames** Projektmodell zu (Datenbank). Es findet eine Abstimmung im **Team** statt (siehe Abb. 9.1).

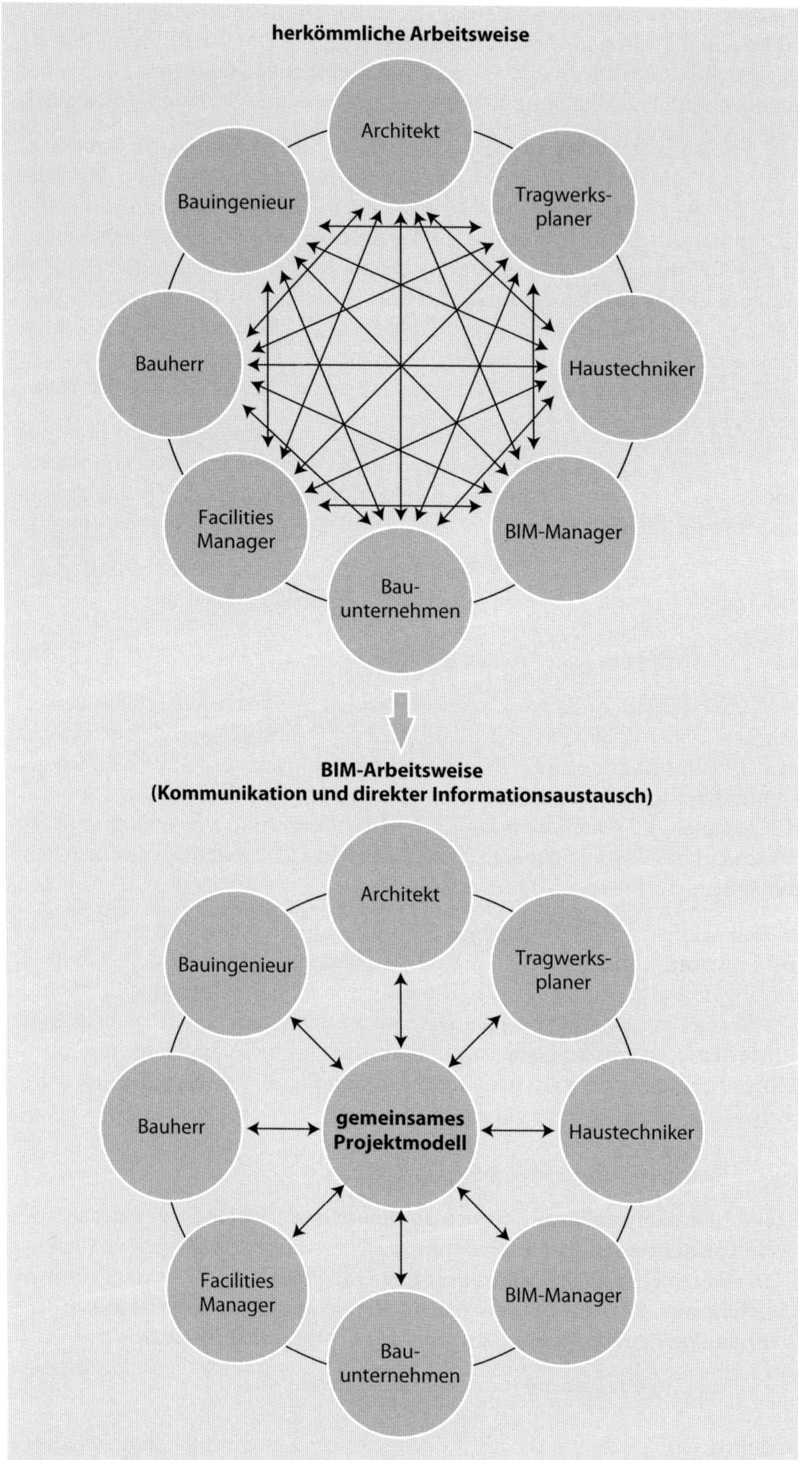

Abb. 9.1: Projektbeteiligte – Kommunikation und Informationsaustausch; herkömmliche und BIM-Arbeitsweise (Quelle: Silbe/Díaz, 2017)

Um einen reibungslosen Ablauf innerhalb dieses Teams zu gewährleisten, bedarf es eines **BIM-Koordinators** und je nach Projektgröße auch eines übergeordneten **BIM-Managers**, der beispielsweise die Verantwortlichkeiten und Zugriffsrechte festlegt, die Einhaltung der Projektstrukturen überprüft und die einzelnen Arbeitsgruppen unterstützt. Wird kein BIM-Manager eingesetzt, muss ggf. der BIM-Koordinator dessen Aufgaben mit übernehmen.

Die Verantwortlichkeiten und notwendigen Kompetenzen zur Durchführung eines BIM-Projekts legt der Auftraggeber in seinen BIM-Vorgaben, den sog. Auftraggeber-Informations-Anforderungen (AIA), vertraglich fest. In den AIA wird z. B. geregelt, welche Art, welchen Umfang und welche Struktur die zu erfassenden Geometriedaten und Bauteilinformationen haben müssen und von wem diese Informationen wann und in welcher Qualität benötigt werden. Weiterhin werden der Datenumfang, die Datenaustauschformate, der Detaillierungs- und Informationsgrad usw. festgelegt.

Das so in der Anfangsphase bereits strukturierte Projektmodell wird gemäß den vertraglichen Vorgaben von den Beteiligten mit Informationen gespeist.

9.5 Praktische Umsetzung von BIM

In der zweidimensionalen Bauplanung zeichnet ein Architekt mithilfe von CAD-Systemen beispielsweise seine Genehmigungspläne. Diese werden u. a. Fachingenieuren (z. B. Haustechnik, Fassade), staatlich anerkannten Sachverständigen (z. B. Bauphysik, Brandschutz) und Behörden vorgelegt.

Auf Basis der Zeichnungen wird eine Mengenermittlung zur Kostenkalkulation erstellt. Hierzu ist eine Verknüpfung der Geometrien mit Angaben zu Qualität und Kosten erforderlich, sodass die einzelnen Mengendetails in Leistungspositionen oder kalkulatorische Teilleistungen aufsummiert werden können.

Ändert sich die Planung, müssen die Zeichnungen geändert und die Mengenermittlung angeglichen werden. Alle Beteiligten erhalten überarbeitete Zeichnungen, die sie mit ihren Fachplanungen abzugleichen haben. Dadurch wird ein erheblicher Koordinierungs- und Arbeitsaufwand erzeugt, der mit BIM deutlich reduziert werden kann.

Im BIM-System erschafft und ändert der Architekt oder Fachplaner die Projektdatei ausschließlich am Modell (englisch: model). Seine Werke und deren Anpassungen sind für die berechtigten Projektbeteiligten als Zeichnung und auch als Datenpaket direkt verfügbar. Mengen, die als Grundlage für die Kostenkalkulation dienen, werden automatisch abgeglichen. Ändert sich z. B. im Ausführungsplan die Anzahl und Beschreibung der Fenster in einem Gebäude, passt der Architekt diese im virtuellen Gebäudemodell an. Somit wird automatisch die Fensterliste aktualisiert und die unmittelbare Auswirkung auf die Kosten wird bei entsprechender Verknüpfung sichtbar.

Grundlage für alle folgenden Dimensionen bildet allein das 3-D-Modell, in das alle benötigten Informationen für Termin- und Kostenplanung, Nachhaltigkeit und Facility-Management an definierten Stellen eingegeben werden. In diesen Projektstufen werden nur die jeweils benötigten Informationen mithilfe von entsprechender Software aus dem 3-D-Modell ausgelesen und verwertet: Erst wenn die Kosten auch im 3-D-Modell hinterlegt worden sind, kann eine Auswertung über das Kostenprogramm (5-D) stattfinden. Und erst wenn die Dauer einer Leistung im 3-D-Modell hinterlegt worden ist, kann ein Terminplan erstellt werden – vorher nicht. Die Festlegung, zu welchem Zeitpunkt des Projektes welche Information bzw. Informationstiefe in das 3-D-Modell eingegeben werden soll, erfolgt in den bereits erwähnten AIA (siehe Kapitel 9.4).

Für die planerische und technische Umsetzung des BIM-Systems sind sog. BIM-Modeler notwendig. Dies sind beispielsweise Architekten, Ingenieure oder Bauzeichner, die auf ihren Tätigkeitsbereich (Architektur, Statik, Technische Gebäudeausstattung u. a. im Hoch- und Tiefbau) sowie auf die jeweilige BIM-Dimension (3-D bis 7-D) zugeschnittene spezielle Kenntnisse in der BIM-Arbeitsweise haben müssen.

9.5.1 Modeling – von der Linie zum Bauelement (3-D)

Die BIM-Modeler erzeugen die n-D-Systeme nicht mehr mithilfe von Linien, sondern über softwarebasierte **Bauelemente**, denen sie – über die jeweiligen Abmessungen (Länge, Breite, Höhe) hinaus – Informationen (Attribute) zuordnen.

Beispiel

> Einem Fensterelement wird zunächst ein bestimmter Ort im Bauwerk in einer definierten Wand zugewiesen. Je nach Fortschritt der Planung kommen Informationen zum Material (Kunststoff- oder Holzfenster), zu technischen Spezifikationen (wärme- und schalldämmende Eigenschaften der Verglasung und des Fensterrahmens), zur Zeit (Montagedauer pro Stück) und zu den Kosten (Montage- und Materialkosten pro Stück) hinzu.

Die Informationen werden im Modell **am Ort des Einbaus** bereitgestellt und können dort direkt gefunden werden. Die Bauelemente sind damit „intelligent" und beschreiben sich selbst.

Schnitte und Details können bei entsprechend hinterlegten Informationen aus dem Modell generiert und müssen nicht gesondert erstellt werden. Die 3-D-Visualisierung des Modells wird mithilfe eines EDV-gestützten Renderings erreicht.

Kollisionsprüfungen wie beispielsweise zwischen Elektro- und Heizungselementen oder Sanitär- und Lüftungselementen können mit der entsprechenden Software sozusagen auf Knopfdruck erfolgen. Unzulänglichkeiten in der Planung können softwaregestützt aufgedeckt und im frühen Stadium geändert werden.

Es stehen Softwarelösungen zur Verfügung, die z. B. vorgegebene Abmessungen kontrollieren.

Beispiel

> Die Fenster in der Fassade X sollen zur klaren Fassadenstrukturierung immer einen bestimmten Abstand untereinander aufweisen.

Den einzelnen BIM-Modelern ist der BIM-Koordinator übergeordnet. Er sichert den reibungslosen Informationsaustausch und führt die Einzelleistungen der Planer in einem BIM-Gesamtmodell zusammen.

9.5.2 Mengen – Kosten – Leistungsverzeichnisse (5-D)

Auf Grundlage des über entsprechende Kollisionsdurchläufe geprüften 3-D-Modells mit den in Abmessung und Lage definierten Bauteilen kann die Zuweisung von Mengen, Kosten und Leistungsbeschreibungen durchgeführt werden. Die Zuweisung dieser Informationen erfolgt unmittelbar im Modell – entweder direkt im jeweiligen Bauelement oder in einer den einzelnen Räumen des Gebäudes zugeordneten Infobox, dem sog. Raumstempel. Die Kostenplanung kann auf Grundlage von Teilleistungen oder auf Grundlage von Kostenelementen erfolgen.

Kostenplanung auf Grundlage von Teilleistungen

Bei dieser Methode werden sämtliche zur Erstellung des Bauwerks notwendigen Leistungen zunächst in Teilleistungen unterteilt (z. B. für Malerarbeiten – Position 1: Reinigen des Untergrundes; Position 2: Aufbringen der Raufasertapete; Position 3: zweifacher Anstrich mit weißer Dispersionsfarbe) und diese mit einem Kurz- und Langtext beschrieben. Den Teilleistungen können direkt Einheitspreise zugeordnet werden. Die Positionsbeschreibungen und Preise können selbst entwickelt oder aus Leistungskatalogen entnommen werden.

Für den **Rohbau** sollten die Informationen den 3-D-modellierten **Bauteilen** (Wand, Decke, Boden, Unterzüge, Treppen usw.) zugeordnet werden.

Für die **Ausbaumaßnahmen** reicht im Allgemeinen eine **raumbezogene** Informationszuweisung (z. B. Boden mit schwimmendem Zementestrich, Wand mit Gipsputz usw.); dies hat den Vorteil, dass die Leistungen des Ausbaus nicht notwendigerweise im Modell dargestellt werden müssen, sondern den bereits vorhandenen Bauteilen (Wand, Decke, Boden usw.) nur zugewiesen werden.

Kostenelementmethode

Diese Methode für die Mengen- und Kostenermittlung ist rationell und schnell. Sie eignet sich vorzugsweise für Bauprojekte mit wiederkehrenden Ausführungsdetails, also etwa für Bauträger, die immer wieder denselben Fertighaustyp (z. B. Einfamilienhaus) mit gleichen Wand- oder Dachaufbauten erstellen.

Ein **Kostenelement** ist eine aus mehreren Positionen zusammengesetzte Einheit, z. B. eine vorgefertigte Holzständer-Außenwand für das Doppelhaus mit Holz-Tragkonstruktion, innerer und äußerer Werkstoffplatte, Wärmedämmung und einer Luftdichtigkeitsfolie. Die Modeler können hierbei entweder auf selbst erzeugte Elemente oder auf Elemente aus kostenpflichtigen Datenbanken zurückgreifen. Diese sind dann bei folgenden Projekten immer wieder verwendbar. Gegebenenfalls müssen die Elemente nur auf die jeweilige Projektsituation (z. B. Dicke der Wärmedämmung) in der entsprechenden Position angepasst werden. Die Methode ist sowohl auf Positionen des Rohbaus als auch auf Positionen des Ausbaus anwendbar. Die Positionen der Rohbauleistung werden direkt dem 3-D-modellierten Bauelement zugeordnet. Die Positionen der Ausbauleistungen (z. B. Estrich, Bodenbelag, Wandbelag) werden in Raumstempeln hinterlegt, die den einzelnen Räumen des Gebäudes zugeordnet sind. Das 5-D-Programm greift sowohl auf die Informationen des Rohbauteils als auch auf den Raumstempel zu.

Aus beiden Methoden, also sowohl aus der Kostenelementmethode als auch aus der Kostenplanung auf Grundlage von Teilleistungen, können mit der entsprechenden Software automatisch die Mengen- und Kostenberechnung sowie die Leistungsverzeichnisse (LV) generiert werden. Änderungen der Mengen oder der Qualitäten werden an zentraler Stelle im Modell eingegeben und führen automatisch zur Anpassung der Kosten und der LVs.

Für Bauunternehmen und ausführende Betriebe können Kostenkalkulation, Aufmaß und Abrechnung über den Bezug zum Bauwerksmodell transparent und nachvollziehbar erfolgen.

9.5.3 Terminplanung (4-D)

Im BIM-Modell werden neben den Mengen, Kosten und Leistungsbeschreibungen auch noch Zeitwerte wie etwa die Aufwandswerte für jede Teilleistung oder jedes Kostenelement zugewiesen.

Beispiel

> Bei den Malerarbeiten werden für das Reinigen des Untergrundes 0,05 h/m², für das Aufbringen der Wandtapete 0,1 h/m² und für den zweifachen Anstrich 0,2 h/m² hinterlegt, also insgesamt 0,35 h/m². Entsprechend der Gesamtgröße der Wandflächen, die mit der vorgenannten Oberfläche versehen werden, und in Abhängigkeit von der Stärke der geplanten Malerkolonne wird programmbasiert ein Zeitraum ermittelt. Dieser Zeitraum kann mithilfe der entsprechenden Software z. B. als Balken in einem Bauzeitenplan dargestellt werden (siehe auch Kapitel 8.3.3). Wird die Menge der Wandfläche erhöht, eine bessere Oberflächenqualität gewünscht oder werden weniger Arbeiter eingesetzt, so sind diese Änderungen entsprechend vorzunehmen. In der Folge wird der zugewiesene Balken automatisch verlängert.

Natürlich müssen wie in einem konventionellen Terminplan auch in BIM die Abhängigkeiten zwischen den Gewerken und Teilleistungen definiert werden. Mithilfe der 3-D-Darstellung kann der Bauablauf jedoch in seiner zeitlichen Folge visualisiert werden, er wird übersichtlicher und somit besser kontrollierbar. Neben dem Bauablauf kann auch die zeitabhängige Kostenentwicklung nachvollziehbar dargestellt werden.

9.6 Vertragsgestaltung

BIM-Leistungen stellen besondere Anforderungen an die Vertragsgestaltung. Zum einen ist eine detailliertere Beschreibung der Leistungsinhalte erforderlich, da es sich um neue Methoden handelt, und zum anderen erfordern die notwendigen kooperativen Abläufe die Festlegung einheitlicher Standards für alle Projektbeteiligten. Es wird daher empfohlen, dass sich

Auftraggeber und Auftragnehmer bei der Vertragsgestaltung rechtlich beraten lassen.

Die Planungsleistungen der Architekten und Ingenieure bestehen hauptsächlich im Entwickeln eines Gebäudes. Die Umsetzung dieser Vorstellungen als Zeichnung mittels CAD oder als digitales 3-D-Modell stellt nur eine Form der Visualisierung dar. Die Honorarordnung für Architekten und Ingenieure HOAI (siehe Kapitel 1.8) gibt jedoch für die Planung keine bestimmte Visualisierungsform vor; sie ist somit methodenneutral. Beim Einsatz von BIM ist die HOAI daher grundsätzlich auch anzuwenden. Ein an den Leistungsphasen der HOAI orientiertes Arbeiten ist zunächst auch mit der Planungsmethode BIM ohne Weiteres möglich. Ebenso kann das digitale Gebäudemodell in den frühen Leistungsphasen mit weniger Detaillierungen und Informationen erstellt und zu einem späteren Zeitpunkt konkretisiert werden. Durch BIM werden nur die Werkzeuge und Methoden dazu verändert.

Sollte der Auftraggeber dennoch wünschen, dass nach HOAI erst in späteren Leistungsphasen vorgesehene Grundleistungen früher zu erbringen sind, dann benachteiligt dies die Planer grundsätzlich nicht. Da die HOAI als reines Preisrecht weder den Inhalt noch die Abfolge von Leistungen vorschreibt, müssen die Leistungen im Vertrag nach Umfang und zeitlicher Abfolge im Einzelnen vereinbart werden. Werden einzelne Grundleistungen gemäß der vertraglichen Vereinbarung also früher erbracht, als es die Leistungsphasen in der HOAI beschreiben, so sind sie auch früher zu vergüten.

Grundsätzlich sollte aber der zusätzliche Aufwand, der bei den Auftragnehmern durch das Arbeiten mit BIM anfällt, auch zusätzlich vergütet werden, da ja hierdurch auch dem Auftraggeber ein Mehrwert entsteht: Der höhere Aufwand der digitalen Arbeitsweise soll durch eine weniger störanfällige Bauausführung, präzisere Kosten- und Terminkalkulation, Verringerung von Nachträgen und eine wirtschaftlichere Unterhaltung während der Nutzungsdauer kompensiert werden.

9.7 Bedingungsfeld für den Einsatz von BIM

Bei allen in diesem Kapitel aufgezeigten Möglichkeiten des BIM-Systems ist immer zu berücksichtigen, dass zunächst einmal Investitionen in die Schulung der Projektbeteiligten, die spezifische Software und leistungsstarke Computer getätigt werden müssen. Je nach Projektgröße sind zusätzliche Fachkräfte wie BIM-Koordinator und ggf. BIM-Manager erforderlich, um das notwendige Controlling durchzuführen. Weiterhin bindet eine Umstellung von der konventionellen auf die BIM-Arbeitsweise Zeit. Das heute oft praktizierte baubegleitende Planen hat seine Ursache zumeist in fehlenden Zeitreserven während der Leistungsphasen 1 bis 7 gemäß HOAI. Es bedarf daher letztlich hoch qualifizierter und motivierter Ingenieure mit breitem Wissensspektrum und guter Kommunikationsfähigkeit, die mit realistischen Zeitreserven ausgestattet sind, um das gewünschte Ergebnis mit BIM erzielen zu können.

10 Objektbetreuung und Dokumentation

Die Objektbetreuung beginnt für den mit der Leistungsphase 9 nach HOAI beauftragten Architekten und Ingenieur bereits mit der rechtsgeschäftlichen Abnahme der ersten Bauleistung (siehe Kapitel 8.7) und endet mit Ablauf der Verjährungsfrist für Mängelansprüche. Nach dem BGB beträgt sie für ihn 5 Jahre.

Die Verjährungsfrist für Mängelansprüche des Bauherrn gegenüber der ausführenden Firma beträgt nach VOB, wenn nichts anderes vereinbart wurde, 4 Jahre. Architekt und Ingenieur haften demnach ein Jahr länger für Mängel am Objekt als die ausführende Firma. Der Architekt und Ingenieur wird daher bei den Vertragsverhandlungen den Bauherrn dahin gehend beraten, mit dem Unternehmer ebenfalls eine Gewährleistungsdauer von 5 Jahren zu vereinbaren.

Die **Leistungsphase 9 nach HOAI** umfasst folgende Teilleistungen:

- **Objektbegehung zur Mängelfeststellung:**
  - Bei Bedarf und auf jeden Fall vor Ablauf der Verjährungsfrist für Mängelansprüche der jeweiligen Teilleistung ist eine Objektbegehung durchzuführen.
  - Durch schriftliches Nachbesserungsverlangen wird im Falle einer Beanstandung für die rechtzeitige Unterbrechung der Verjährung gesorgt.
- **Überwachen der Beseitigung von Mängeln:** Vom Zeitpunkt der rechtsgeschäftlichen Abnahme einer Teilleistung bis zum Ablauf der sie betreffenden Verjährungsfrist für Mängelansprüche, längstens jedoch bis zu 5 Jahren, ist die Beseitigung von Mängeln zu überwachen.
- **Mitwirken bei der Freigabe von Sicherheitsleistungen:** Sicherheitsleistungen sollen etwaige Ersatzansprüche aus Mängeln, die nach der Abnahme einer Teilleistung eingetreten sind, absichern. Die Freigabe der Sicherheitsleistungen erfolgt durch den Bauherrn unter Mitwirkung des Architekten und Ingenieurs. Sicherheitsleistungen können z. B. sein:
  - Einbehalt von 5 % der Auftragssumme
  - Aushändigen einer Bürgschaft in Höhe von 5 % der Auftragssumme

Nach Erledigung der vorgenannten Leistungen hat der Architekt und Ingenieur dem Bauherrn die Fertigstellung seines Werkes anzuzeigen und bei ihm die Abnahme seiner Leistung einzufordern. Nach erfolgter Abnahme durch den Bauherrn beispielsweise durch Unterzeichnung des Abnahmebegehrens gilt die Leistung des Architekten und Ingenieurs als vollendet.

11 Anhang

11.1 Bauantrag – vereinfachtes Genehmigungsverfahren NRW

Anlage I/2 zur VV BauPrüfVO
Blatt 1

An die untere Bauaufsichtsbehörde	Eingangsstempel der Bauaufsichtsbehörde
PLZ, Ort	Aktenzeichen
☐ **Bauantrag** ☐ **Antrag auf Vorbescheid** ☐ **Referenzgebäude**	**Einfaches Baugenehmigungsverfahren § 64 BauO NRW 2018**

Bauherrschaft (§ 53 BauO NRW 2018)		**Entwurfsverfassende (§ 54 Absatz 1 BauO NRW 2018)**	
Name, Vorname, Firma		Name, Vorname, Büro	
Straße, Hausnummer		Straße, Hausnummer	
PLZ, Ort		PLZ, Ort	
vertreten durch: (§ 53 Absatz 3 BauO NRW 2018) Name, Vorname, Anschrift		bauvorlageberechtigt: (§ 67 Absatz 3 BauO NRW 2018) Name, Vorname Mitgliedsnummer der Architekten- oder der Ingenieurkammer des Landes	
Telefon (mit Vorwahl)	Telefax	Telefon (mit Vorwahl)	Telefax
E-Mail		E-Mail	

Baugrundstück		
Ort, Straße, Hausnummer, gegebenenfalls Ortsteil		
Gemarkung(en)	Flur(e)	Flurstück(e)

Gebäudeklassen (§ 2 Absatz 3 BauO NRW 2018): 1 ☐ 2 ☐ 3 ☐ 4 ☐ 5 ☐

☐ Wohngebäude ☐ Sonderbau (**nicht** § 50 Absatz 2 BauO NRW 2018)

Bezeichnung des Vorhabens (Errichtung, Änderung, Nutzungsänderung gemäß § 60 BauO NRW 2018)

Das Bauvorhaben bedarf einer

☐ Ausnahme (§ 31 Absatz 1 BauGB)
☐ Befreiung (§ 31 Absatz 2 BauGB)
☐ Abweichung (§ 69 BauO NRW 2018)

Hinweis: Die Begründung ist separat als Anlage beizufügen.

Bei Vorbescheid (§ 77 BauO NRW 2018)

planungsrechtliche Zulässigkeit ☐ bauordnungsrechtliche Zulässigkeit ☐

Fragestellung:

Bindungen zur Beurteilung des Vorhabens	Bescheid vom	erteilt von (Behörde)	Aktenzeichen
☐ Vorbescheid			
☐ Teilungsgenehmigung			
☐ Befreiungs-/Abweichungsbescheid			
☐ Baulast Nr.			
☐ Denkmalrechtliche Erlaubnis			
☐			

Fortsetzung Blatt 2

Anlage I/2 zur VV BauPrüfVO
Blatt 2

Die erforderlichen Bauvorlagen sind beigefügt:
(einem Antrag auf Vorbescheid sind nur die für die Klärung der Fragestellung erforderlichen Unterlagen beizufügen)

1.	☐ 3-fach	Lageplan/amtlicher Lageplan (§ 3 BauPrüfVO; Anforderungen an Planersteller/in sind zu beachten)
2.	☐ 3-fach	Berechnung des Maßes der baulichen Nutzung (§ 3 Absatz 2 BauPrüfVO) (nur im Bereich eines Bebauungsplanes oder einer Satzung nach BauGB)
3.	☐ 3-fach	Beglaubigter Auszug aus der Flurkarte (nur bei Vorhaben nach den §§ 34 oder 35 des Baugesetzbuches; Auszug nicht erforderlich bei Vorlage eines amtlichen Lageplanes)
4.	☐ 3-fach	Auszug aus der amtlichen Basiskarte 1 : 5 000 (nur bei Vorhaben nach den §§ 34 oder 35 des Baugesetzbuches)
5.	☐ 3-fach	Bauzeichnungen (§ 4 BauPrüfVO)
6.	☐ 3-fach	Baubeschreibung auf amtlichem Vordruck (§ 5 Absatz 1 BauPrüfVO)
7.1	☐ 2-fach	bei Gebäuden: Berechnung des umbauten Raumes nach DIN 277 (§ 6 Nummer 1 BauPrüfVO) oder
7.2	☐ 2-fach	Bei Gebäuden, für die landesdurchschnittliche Rohbauwerte je m^3 Bruttorauminhalt nicht festgelegt sind, die Berechnung der Rohbaukosten einschließlich Umsatzsteuer (§ 6 Nummer 1 BauPrüfVO) oder
7.3	☐	bei der Änderung von Gebäuden oder bei baulichen Anlagen, die nicht Gebäude sind: Herstellungssumme einschließlich Umsatzsteuer gemäß Tarifstelle 2.1.3 AVerwGebO NRW — €

zusätzliche Bauvorlagen für Sonderbauten, die nicht in § 50 Absatz 2 BauO NRW 2018 aufgeführt sind

8.	☐ 3-fach	Betriebsbeschreibung für gewerbliche oder landwirtschaftliche Betriebe auf amtlichem Vordruck (§ 5 Absatz 2 oder 3 BauPrüfVO)
9.	☐ 3-fach	zusätzliche Angaben und Bauvorlagen für besondere Vorhaben (§ 12 BauPrüfVO)

Spätestens mit Anzeige des Baubeginns werden gemäß § 68 Absatz 1 und 2 BauO NRW 2018 eingereicht:

10.1	☐ 2-fach	Bescheinigung zusammen mit dem Nachweis des Schallschutzes, soweit erforderlich aufgestellt oder geprüft durch eine/einen staatlich anerkannte/n Sachverständige/n
	☐ 2-fach	Bescheinigung zusammen mit dem Nachweis des Wärmeschutzes, soweit erforderlich aufgestellt oder geprüft durch eine/einen staatlich anerkannte/n Sachverständige/n
	☐ 2-fach	Bescheinigung zusammen mit dem Nachweis der Standsicherheit, soweit erforderlich geprüft durch eine/einen staatlich anerkannte/n Sachverständige/n
	☐ 2-fach	die Bescheinigung einer/eines staatlich anerkannte/n Sachverständige/n, dass das Vorhaben den Anforderungen an den Brandschutz entspricht (gilt nicht für Wohngebäude der Gebäudeklasse 1 bis 3 und Sonderbauten)

10.2 Abweichend von Nr. 10.1 wird – soweit erforderlich – eine Prüfung durch die Bauaufsichtsbehörde beantragt für:

- ☐ den Nachweis des Schallschutzes
- ☐ den Nachweis des Wärmeschutzes
- ☐ den Nachweis der Standsicherheit
- ☐ den Nachweis des Brandschutzes (gilt nicht für Wohngebäude der Gebäudeklasse 1 bis 3 und Sonderbauten)

11. ☐ Erhebungsbogen für die Baustatistik gemäß Hochbaustatistikgesetz

12. ☐ Angaben zum Artenschutz gemäß § 44 BNatSchG

Ort, Datum	Ort, Datum
Für die Bauherrschaft: Unterschrift	Die/Der bauvorlageberechtigte (*) Entwurfsverfassende: Unterschrift

(*) Nach § 67 Absatz 2 BauO NRW 2018 kann in bestimmten Fällen auf die Bauvorlageberechtigung verzichtet werden.

11.2 Grundriss Musterprojekt – Untergeschoss (Maßstab 1 : 100)

Hinweis: Der Maßstab des Originalplans beträgt 1 : 100. Die Darstellung hier im Buch weicht davon ab.

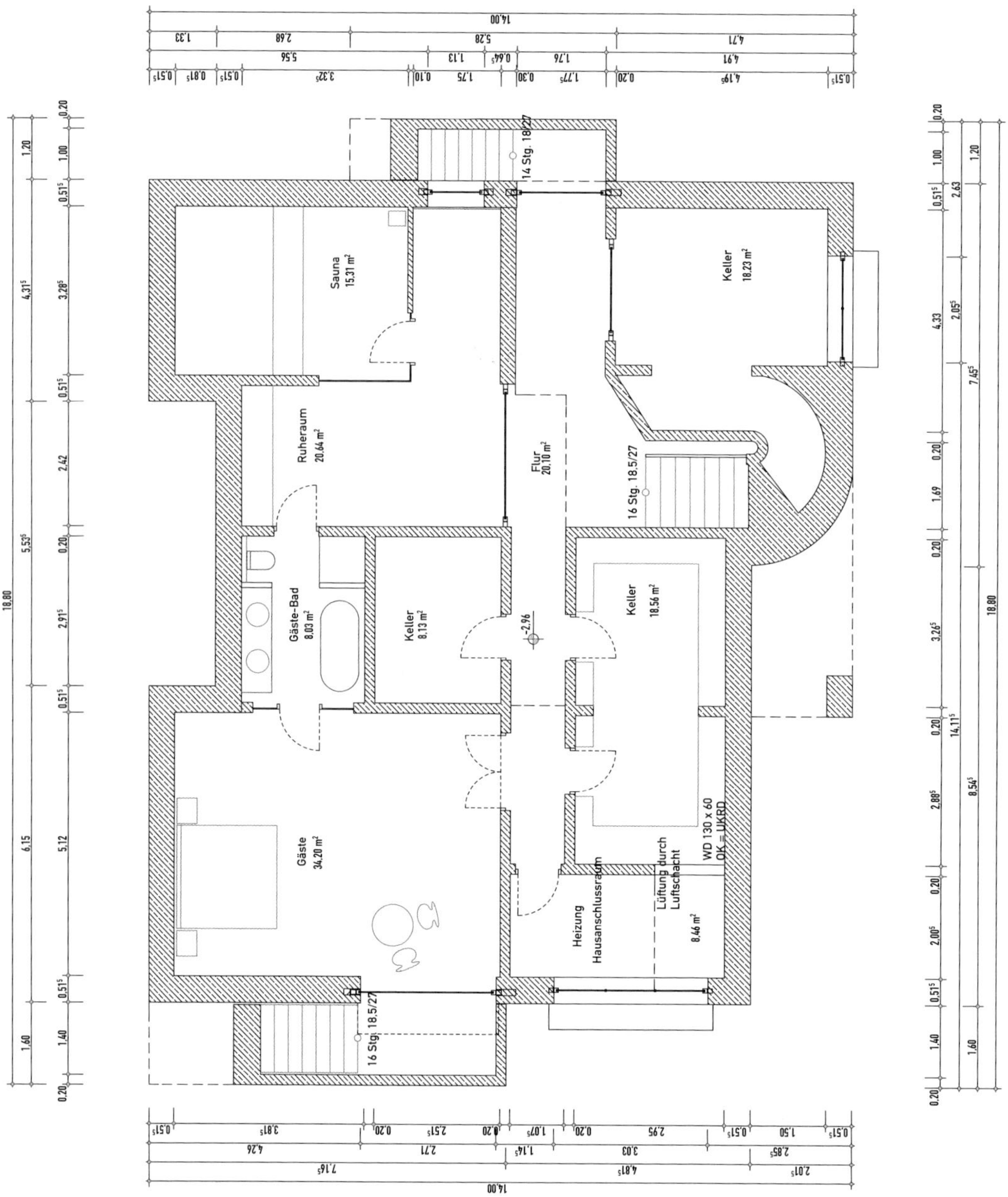

11.3 Grundriss Musterprojekt – Erdgeschoss (Maßstab 1 : 100)

Hinweis: Der Maßstab des Originalplans beträgt 1 : 100. Die Darstellung hier im Buch weicht davon ab.

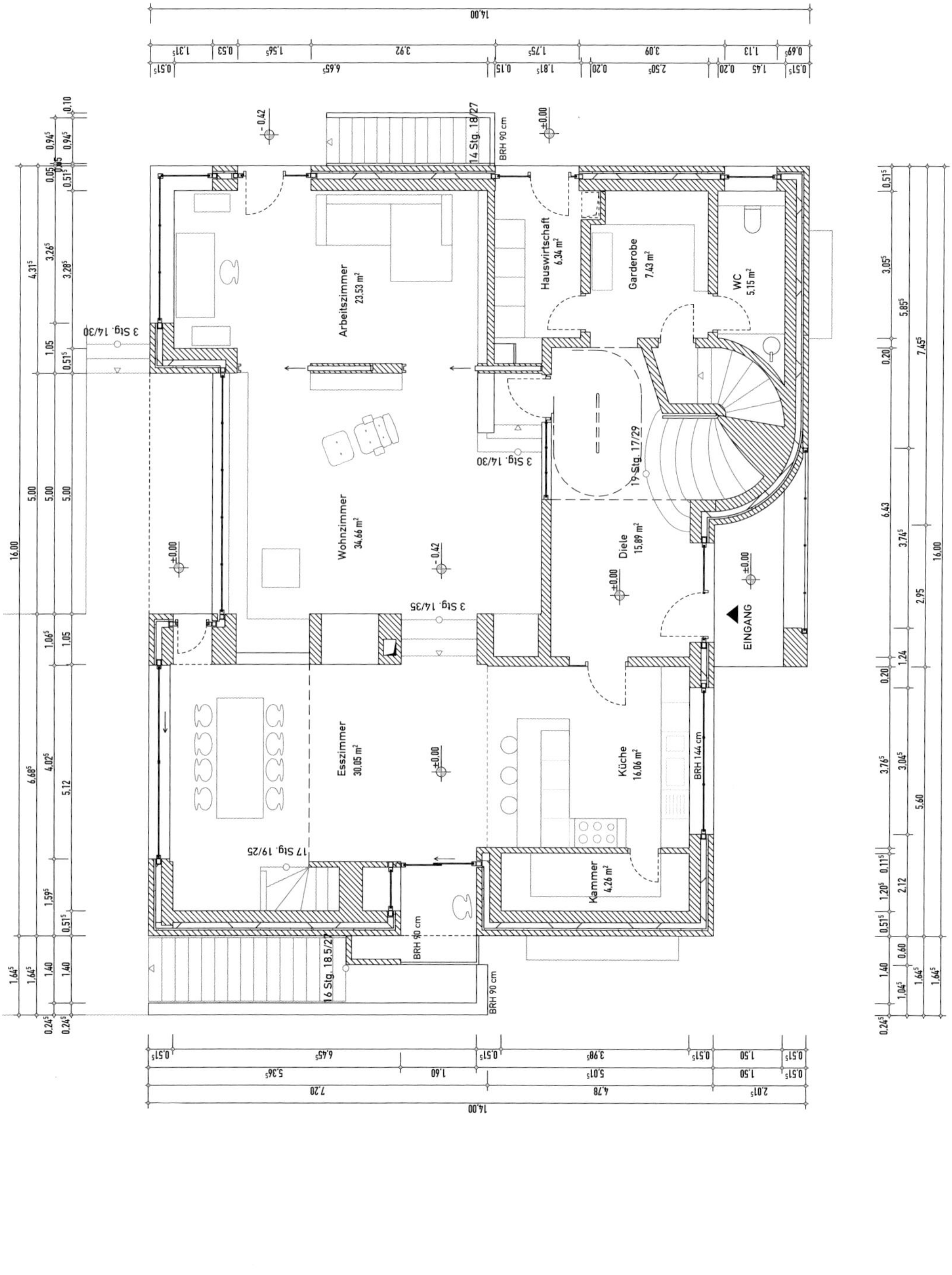

11.4 Grundriss Musterprojekt – Obergeschoss (Maßstab 1 : 100)

Hinweis: Der Maßstab des Originalplans beträgt 1 : 100. Die Darstellung hier im Buch weicht davon ab.

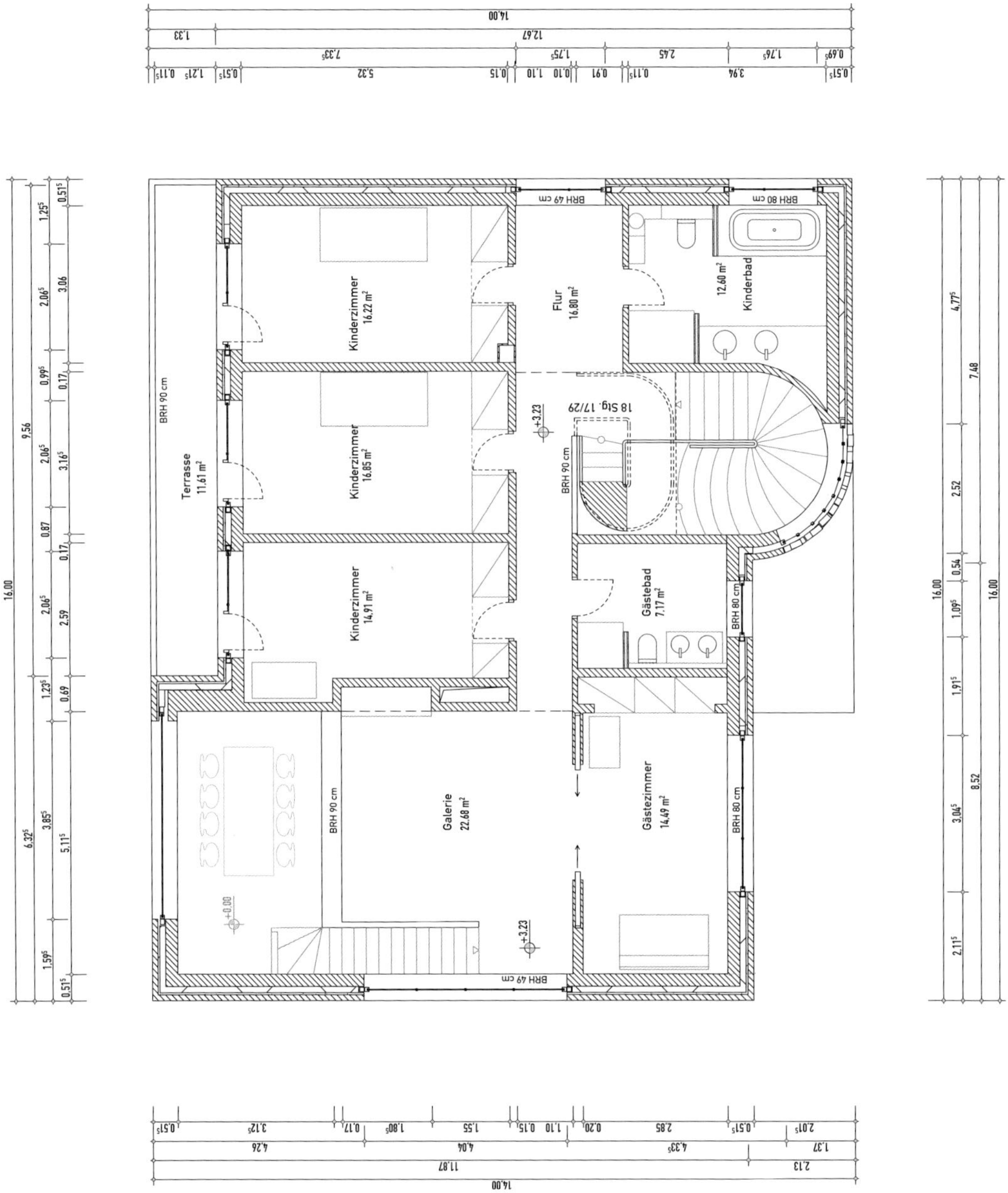

11.5 Grundriss Musterprojekt – Dachgeschoss (Maßstab 1 : 100)

Hinweis: Der Maßstab des Originalplans beträgt 1 : 100. Die Darstellung hier im Buch weicht davon ab.

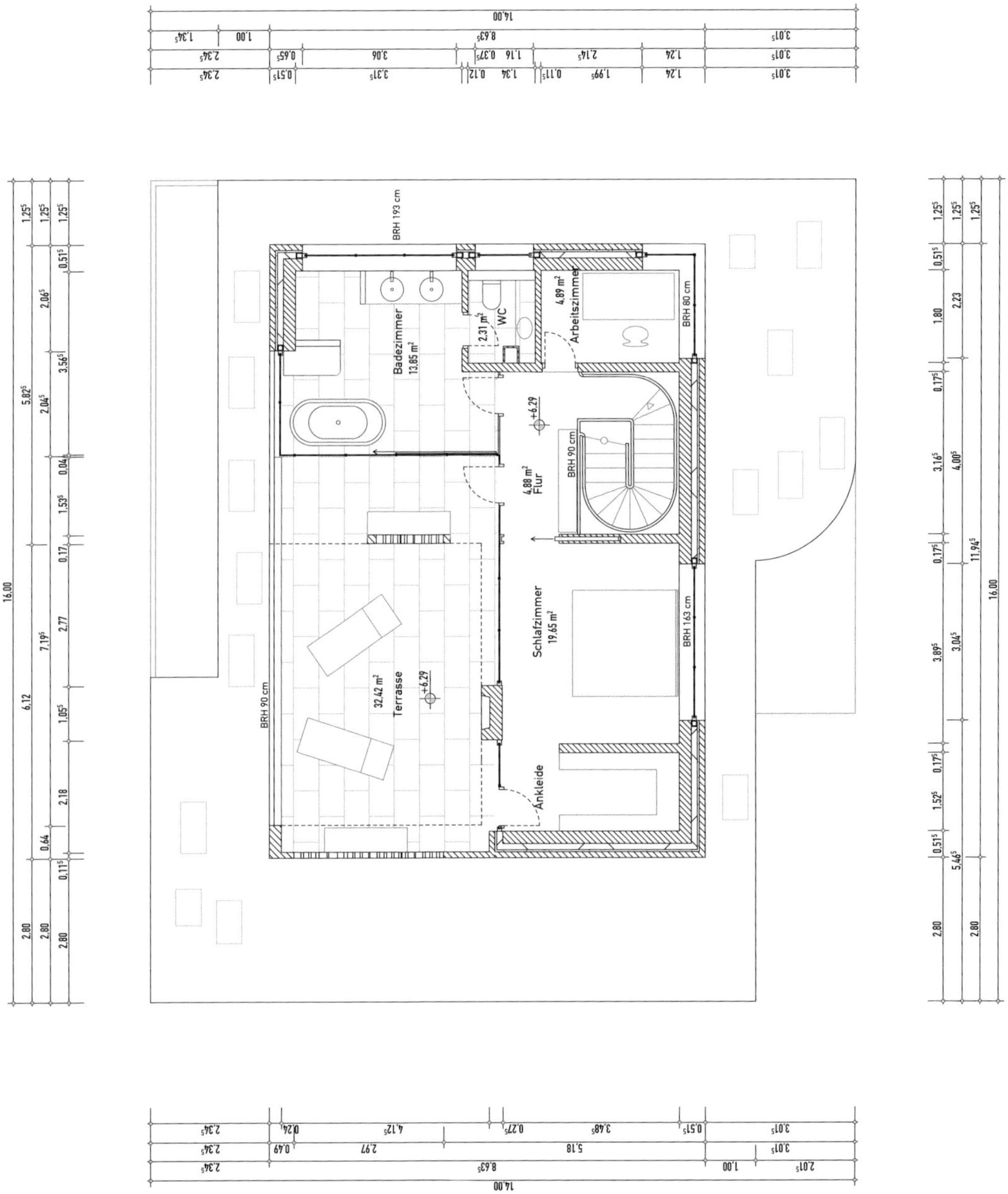

11.6 Baubeschreibung zum Bauantrag NRW

Anlage I/7 zur VV BauPrüfVO
Blatt 1

Bauantrag/Antrag auf Vorbescheid vom Im einfachen Baugenehmigungsverfahren sind Angaben zu den gekennzeichneten Ziffern 7 bis 9 nicht erforderlich.	**Baubeschreibung**
Bauherrschaft	
Grundstück (Ort, Straße, Haus-Nr.)	

1 **Bezeichnung des Vorhabens**			
2 **Art der Nutzung** ☐ Betriebsbeschreibung ist beigefügt			
3 **Angaben zum Grundstück**			
geschützter Baumbestand	☐ ja		
Trinkwasserversorgung	☐ durch zentrale Wasserversorgung	☐ durch Brunnen	
Löschwasserversorgung (Art und Entfernung zur Entnahmestelle)			
Grundstücksentwässerung	☐ durch öffentliche Sammelkanalisation	☐ vorhanden	
	☐ durch Kleinkläranlage	☐ fertiggestellt bis zum	
	☐ durch sonstige Anlage; Art:		
Sonstiges			
4 **Barrierefreies Bauen**	☐ eingehalten bei: ☐ Gebäudeklasse 3 bis 5 mit Wohnungen ☐ öffentlich zugänglichen baulichen Anlagen		
	☐ unverhältnismäßiger Mehraufwand aufgrund von: ☐ schwierigen Geländeverhältnissen oder ☐ ungünstiger vorhandener Bebauung (Nachweis ist beigefügt)		
5 **Anzahl der notwendigen Stellplätze** Bedarfsermittlung gegebenenfalls als Beiblatt	insgesamt auf dem Baugrundstück: in Garagen + im Freien = fremden Grundstück mit Baulast: = durch Ablösung = **Summe:**		
	davon für Menschen mit Behinderungen:		
6 **Anzahl der notwendigen Fahrradstellplätze** Bedarfsermittlung gegebenenfalls als Beiblatt	insgesamt auf dem Baugrundstück: in Garagen + im Freien = fremden Grundstück mit Baulast: = durch Ablösung = **Summe:**		
	davon für Menschen mit Behinderungen:		
7 **Schutz gegen schädliche Einflüsse**			

Fortsetzung Blatt 2

Anlage I/7 zur VV BauPrüfVO
Blatt 2

<table>
<tr><td>Baubeschreibung Blatt 2</td><td colspan="3">Bauherrschaft:</td><td>Bauantrag vom:</td></tr>
<tr><td rowspan="3">8 Angaben zur Aufstellung von Feuerstätten</td><td colspan="3">Gesamt-Nennwärmeleistung:</td><td>kW</td></tr>
<tr><td colspan="3">☐ Heizraum</td><td></td></tr>
<tr><td colspan="3">☐ Aufstellraum</td><td></td></tr>
<tr><td rowspan="3">Angaben zur Brennstofflagerung</td><td>☐ fester Brennstoff</td><td colspan="2">☐ Heizöl</td><td>m³</td></tr>
<tr><td>☐ Gas</td><td colspan="2">☐ Flüssiggas</td><td>m³</td></tr>
<tr><td>☐ unterirdischer Lagerbehälter</td><td>☐ Lagerraum</td><td colspan="2">☐ sonstiger Raum:</td></tr>
<tr><td>9 Lüftung</td><td colspan="4"></td></tr>
<tr><td>Lüftungsanlage für Mittel- oder Großgarage</td><td>☐ ja</td><td>Art der Anlage:</td><td colspan="2"></td></tr>
<tr><td>sonstige genehmigungspflichtige Lüftungsanlage</td><td>☐ ja</td><td>Art der Anlage:</td><td colspan="2"></td></tr>
<tr><td></td><td colspan="4">☐ Lüftungsanlage überbrückt Gebäudetrennwände oder Geschossdecken:
☐ Schematische Darstellung entsprechend den Bildern der Lüftungsanlagenrichtlinie und Beschreibung der Lüftungsanlagen mit Angabe der Feuerwiderstandsdauer und Baustoffklasse der Bauteile und Lüftungsabschnitte ist beigefügt.</td></tr>
<tr><td>10 weitere Angaben,
sofern wegen Ortsatzungen oder Denkmalschutz erforderlich</td><td colspan="4"></td></tr>
<tr><td rowspan="3">äußere Gestaltung</td><td colspan="4">Wände</td></tr>
<tr><td colspan="4">Dachflächen und Dachaufbauten</td></tr>
<tr><td colspan="4">Türen und Fenster</td></tr>
<tr><td>Spielplatz für Kleinkinder
(Größe und Ausstattung)</td><td colspan="4"></td></tr>
<tr><td>Befestigung, Gestaltung und Eingrünung
– der Zufahrten
– der Stellplätze im Freien</td><td colspan="4"></td></tr>
<tr><td>Gestaltung und Bepflanzung der nicht überbauten Flächen</td><td colspan="4"></td></tr>
<tr><td>11 Sonstiges</td><td colspan="4"></td></tr>
</table>

<table>
<tr><td>Ort, Datum</td><td rowspan="2">Genehmigungsvermerk</td></tr>
<tr><td>Die/Der Entwurfsverfassende:

Unterschrift</td></tr>
</table>

11.7 Schnitt A-A Musterprojekt (Maßstab 1 : 100)

Hinweis: Der Maßstab des Originalplans beträgt 1 : 100. Die Darstellung hier im Buch weicht davon ab.

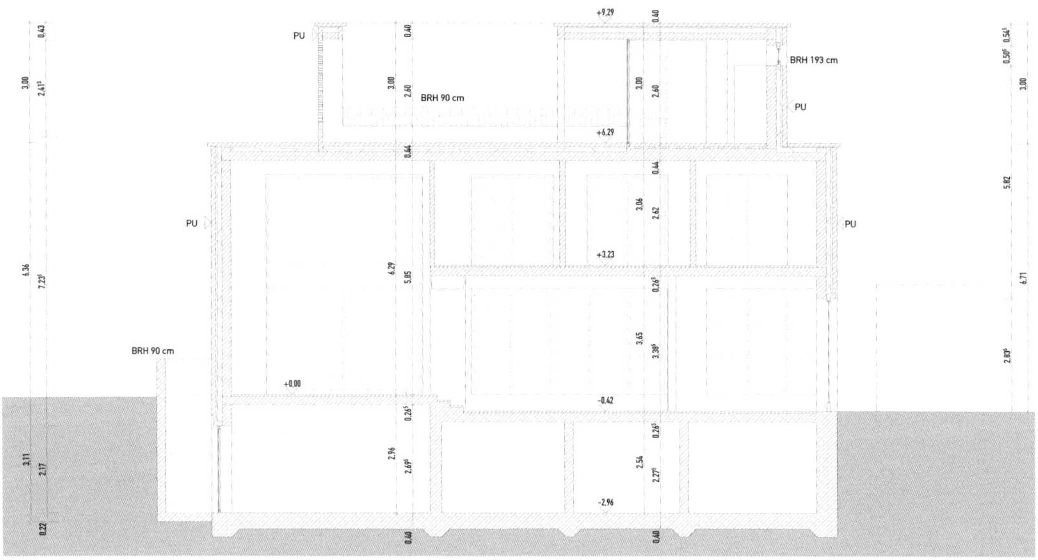

11.8 Straßenansicht Musterprojekt (Maßstab 1 : 100)

Hinweis: Der Maßstab des Originalplans beträgt 1 : 100. Die Darstellung hier im Buch weicht davon ab.

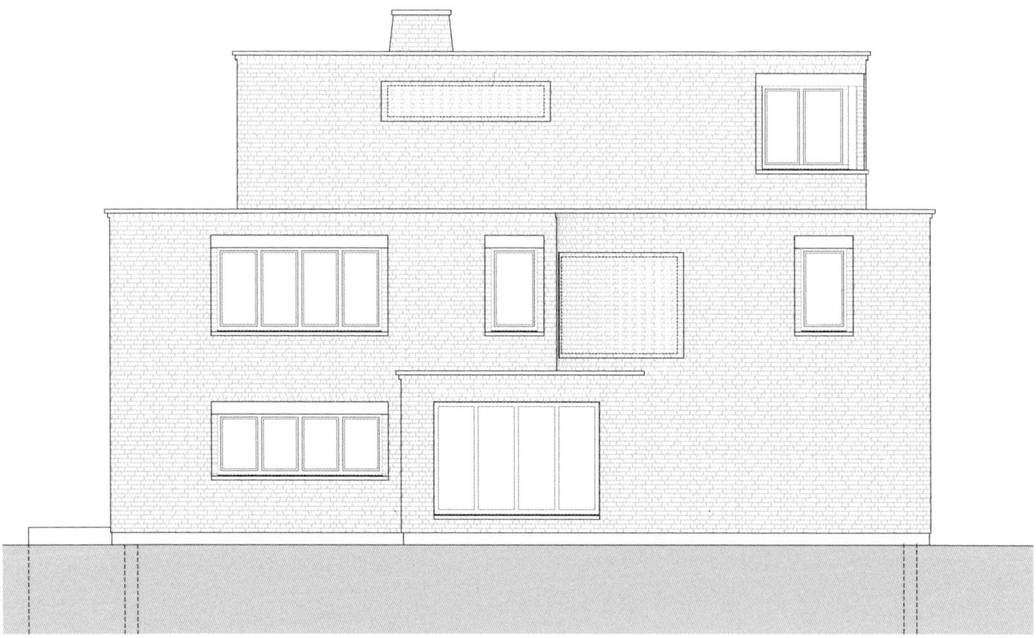

11.9 Gartenansicht Musterprojekt (Maßstab 1 : 100)

Hinweis: Der Maßstab des Originalplans beträgt 1 : 100. Die Darstellung hier im Buch weicht davon ab.

11.10 Seitenansicht Ost Musterprojekt (Maßstab 1 : 100)

Hinweis: Der Maßstab des Originalplans beträgt 1 : 100. Die Darstellung hier im Buch weicht davon ab.

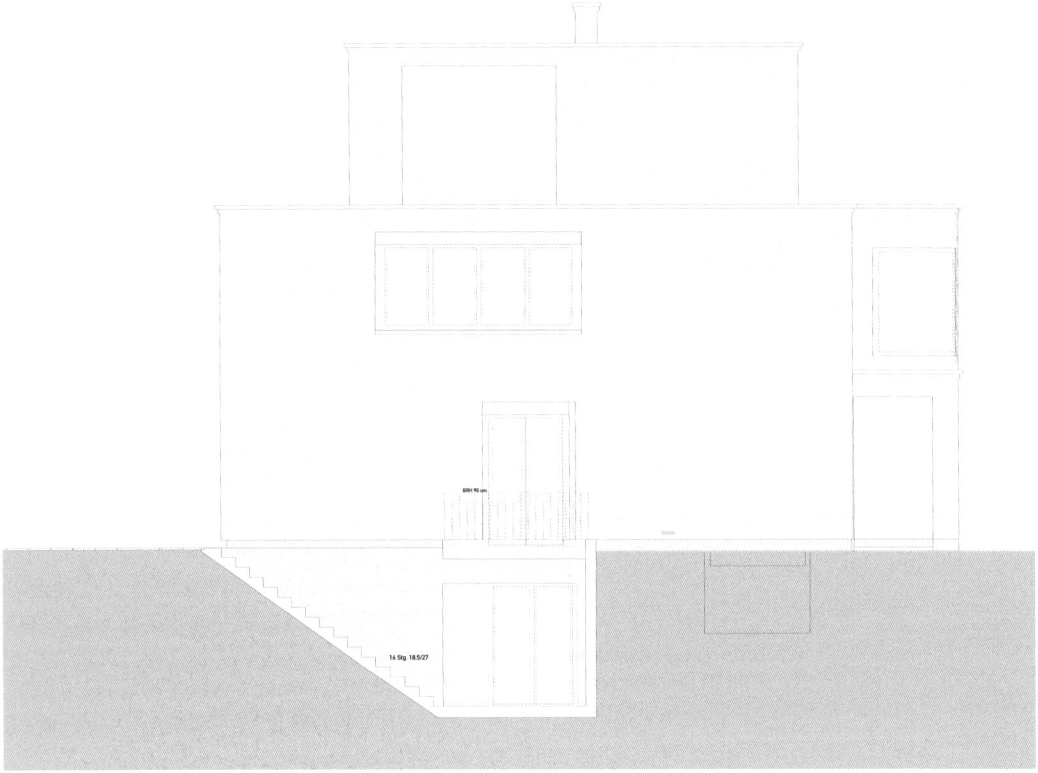

11.11 Seitenansicht West Musterprojekt (Maßstab 1 : 100)

Hinweis: Der Maßstab des Originalplans beträgt 1 : 100. Die Darstellung hier im Buch weicht davon ab.

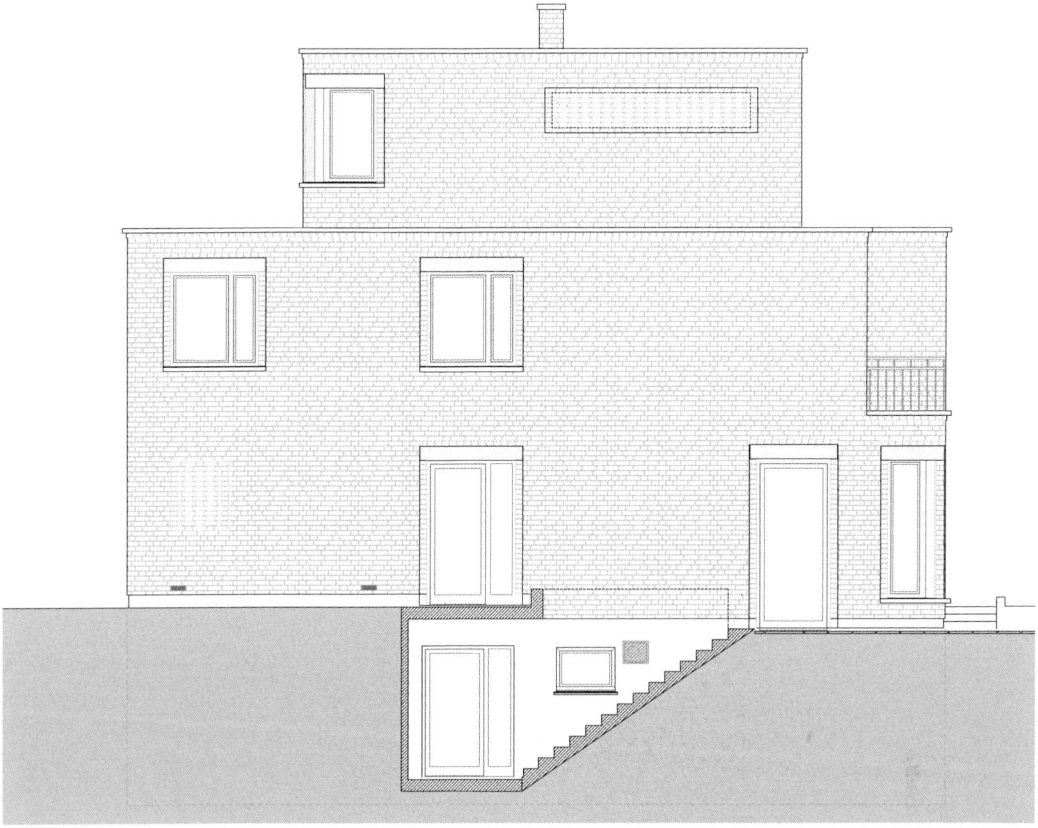

11.12 Statistischer Erhebungsbogen

Information und Technik Nordrhein-Westfalen
Geschäftsbereich Statistik
– 535.BTG –

STATISTISCHE ÄMTER DES BUNDES UND DER LÄNDER

Statistik der Baugenehmigungen BG

Rechtsgrundlagen und weitere rechtliche Hinweise entnehmen Sie der beigefügten Unterlage, die Bestandteil dieses Fragebogens ist. Bitte lesen Sie vor dem Ausfüllen die dazugehörigen Erläuterungen.

Sst 1–11 6 (SA) Identifikationsnummer

Bauscheinnummer/Aktenzeichen

Füllen Sie den Fragebogen aus bei ...
... Neubau (für jedes Gebäude 1 Erhebungsbogen).
... Baumaßnahmen an einem bestehenden Gebäude.
... Änderung des Nutzungsschwerpunkts zwischen Wohnbau und Nichtwohnbau (bitte zusätzlich einen Abgangsbogen ausfüllen).

Information und Technik Nordrhein-Westfalen
Geschäftsbereich Statistik
Referat 535 - Paderborn
40193 Düsseldorf

Sie erreichen uns über
Telefon: 0211 9449 - 4664
Telefax: 0211 9449 - 4658
E-Mail: bautaetigkeit@it.nrw.de

1 Allgemeine Angaben (*Blockschrift*)

Bauherr/Bauherrin

Name/Firma: Eheleute Mustermann

Anschrift: Musterstraße 100
00000 Musterstadt

Telefon/ E-Mail:

Lage des Baugrundstücks

Straße, Nummer: Musterstraße 100, 00000 Musterstadt

Kreis: Sst 19–21

Gemeinde: Sst 22–24

Gemeindeteil: Sst 25–27

Genehmigungsfreistellung nach § 67 BauO NRW (Sst 12) Ja 1 ☐ Nein 2 ☐

Datum der Baugenehmigung bzw. Genehmigungsfreistellung (Sst 13–18) Monat Jahr

Name, Planverfasser/-in

Telefon oder E-Mail, Planverfasser/-in

Identifikationsnummer

2 Art der Bautätigkeit

Nur Neubau

Errichtung eines neuen Gebäudes – überwiegend (Sst 28)

- in konventioneller Bauart 1 ☒
- im Fertigteilbau 2 ☐

Nur bei Baumaßnahmen

Baumaßnahme an bestehendem Gebäude 3 ☐

Bei Baumaßnahme an bestehendem Gebäude (Sst 29)

Ändert sich der Nutzungsschwerpunkt des Gebäudes zwischen Wohnbau und Nichtwohnbau? Ja 1 ☐ Nein 2 ☐

Falls „Ja", bitte frühere Nutzung angeben:

Wurde ein Abgangsbogen ausgestellt? (Sst 30) Ja 1 ☐ Nein 2 ☐

Bei allen Bauvorhaben

Bei Wiederaufbau, Ersatzbau, Wiederherstellung

In welchem Jahr wurde das Gebäude (Gebäudeteil) abgebrochen, zerstört o. Ä.?

Wurde ein Abgangsbogen ausgestellt? (Sst 31) Ja 1 ☐ Nein 2 ☐

3 Angaben zum Gebäude

Bei allen Bauvorhaben

Bauherr (Sst 32)

- **Öffentlicher Bauherr** 1 ☐
- **Unternehmen**
  - Wohnungsunternehmen 2 ☐
  - Immobilienfonds 3 ☐
- **Sonstige Unternehmen**
  - Land- und Forstwirtschaft, Tierhaltung, Fischerei 4 ☐
  - Produzierendes Gewerbe 5 ☐
  - noch: **Sonst. Unternehmen** Handel, Kreditinstitute und Versicherungsgewerbe, Dienstleistungen sowie Verkehr- und Nachrichtenübermittlung 6 ☐
- **Privater Haushalt** 7 ☒
- **Organisation ohne Erwerbszweck** 8 ☐

Wohngebäude (ohne Wohnheim) (Sst 33)

- ohne Eigentumswohnungen 1 ☒
- mit Eigentumswohnungen 2 ☐

Wohnheim 3 ☐

Nichtwohngebäude – *Bitte Nutzungsart angeben:*

(z. B. Bankgebäude, Werkhalle, Kirche, Schule) Sst 34–36

Nur Neubau

Haustyp des Wohngebäudes (Sst 37)

Einzelhaus	1 ☒	Gereihtes Haus	3 ☐
Doppelhaushälfte	2 ☐	Sonstiger Haustyp	4 ☐

Überwiegend verwendeter Baustoff/Tragkonstruktion (Sst 38)

Ziegel	1 ☐	Stahl	5 ☐
Kalksandstein	2 ☐	Stahlbeton	6 ☐
Porenbeton	3 ☒	Holz	7 ☐
Leichtbeton/Bims	4 ☐	Sonstiges	8 ☐

Vorwiegende Art der Beheizung (Sst 39)

Fernheizung	1 ☐	Etagenheizung	4 ☐
Blockheizung	2 ☐	Einzelraumheizung	5 ☐
Zentralheizung	3 ☒	Keine Heizung	6 ☐

BG Seite 1

11.13 Berechnung der Flächen und Kennwerte

Geschoss	Raum	Wohnfläche (m²)	Nutzfläche (m²)	BGF[2] (m²)	*h* (m)	BRI[1] (m³)
Erdgeschoss						
	Eingang	2,73				
	Küche	18,29				
	Kammer	5,04				
	Essbereich	29,36				
	Wohnzimmer	34,18				
	Zusatzzimmer	22,36				
	Diele	15,81				
	Garderobe	8,22				
	Gäste-WC	4,12				
	Loggia Küche	0,49				
	Hauswirtschaft		5,90			
	Zwischensumme	140,60	5,90	196,12	3,25	637,39
Obergeschoss						
	Kinderzimmer	15,94				
	Kinderzimmer	16,02				
	Kinderzimmer	15,76				
	Terrasse	3,27				
	Galerie	22,46				
	Bad 1	12,50				
	Bad 2	7,10				
	Gästezimmer	18,02				
	Spielflur	14,18				
	Zwischensumme	125,25	0,00	192,21	3,08	592,01
Staffelgeschoss						
	Elternzimmer	15,85				
	Ankleide	6,43				
	Bad	11,32				
	Lesezimmer	5,60				
	Flur	8,22				
	Zwischensumme	47,42	0,00	71,28	3,00	213,84
Keller						
	Sauna 1		15,87			
	Sauna 2		8,27			
	Sauna 3		19,15			
	Partykeller		33,15			
	Keller 1		19,20			
	Keller 2		18,63			
	Heizungsraum		6,99			
	Flur		21,17			
	Zwischensumme	0,00	142,43	184,52	3,39	625,52
Garage						
	Garage		29,96			
	Zwischensumme	0,00	29,96	34,03	2,80	95,28
Summe		**313,27**	**178,29**	**678,16**		**2.164,04**

1) Brutto-Rauminhalt = BGF · *h*
2) Brutto-Grundfläche ermittelt aus CAD

11.14 Grundriss Musterprojekt – Untergeschoss (Maßstab 1 : 50)

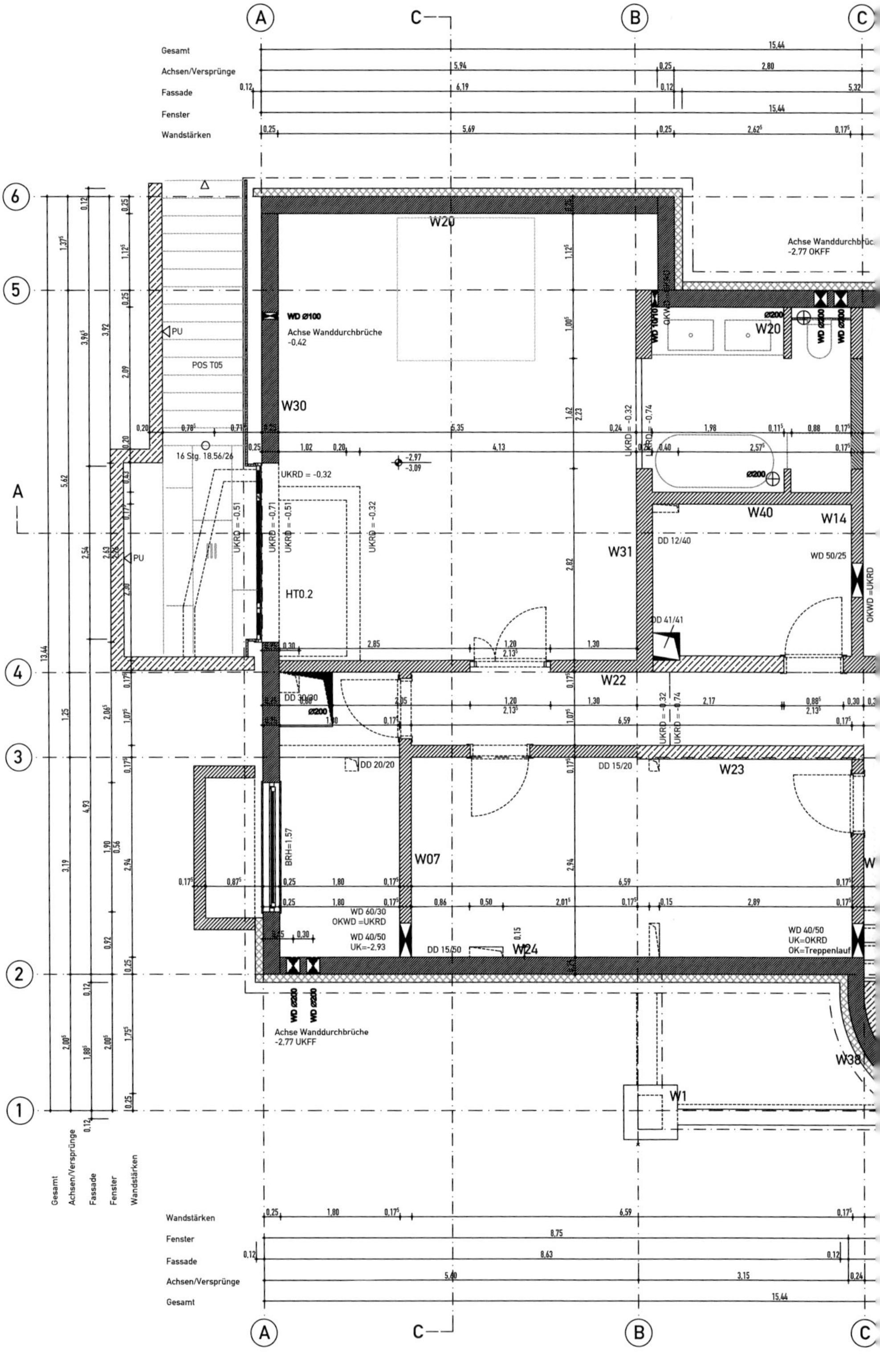

Hinweis: Der Maßstab des Originalplans beträgt 1:50. Die Darstellung hier im Buch weicht davon ab.

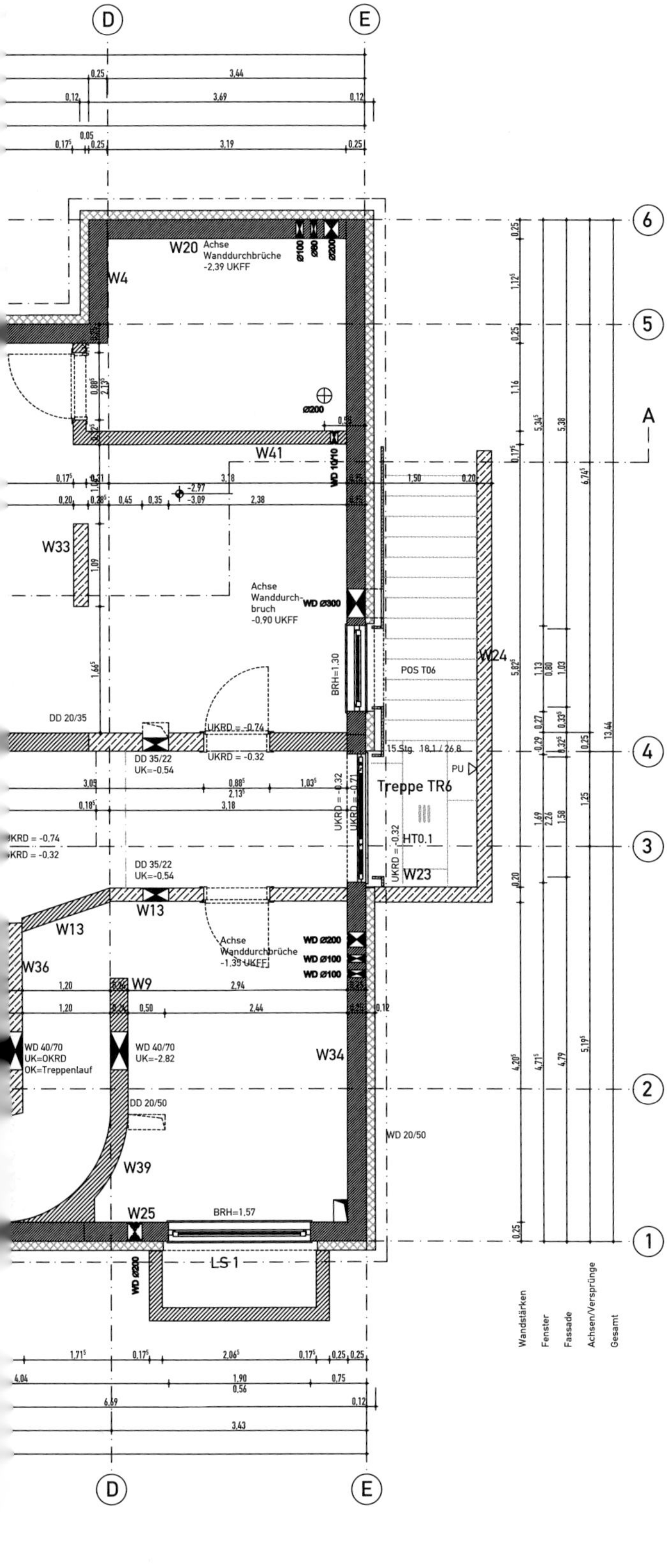

11.15 Grundriss Musterprojekt – Erdgeschoss (Maßstab 1 : 50)

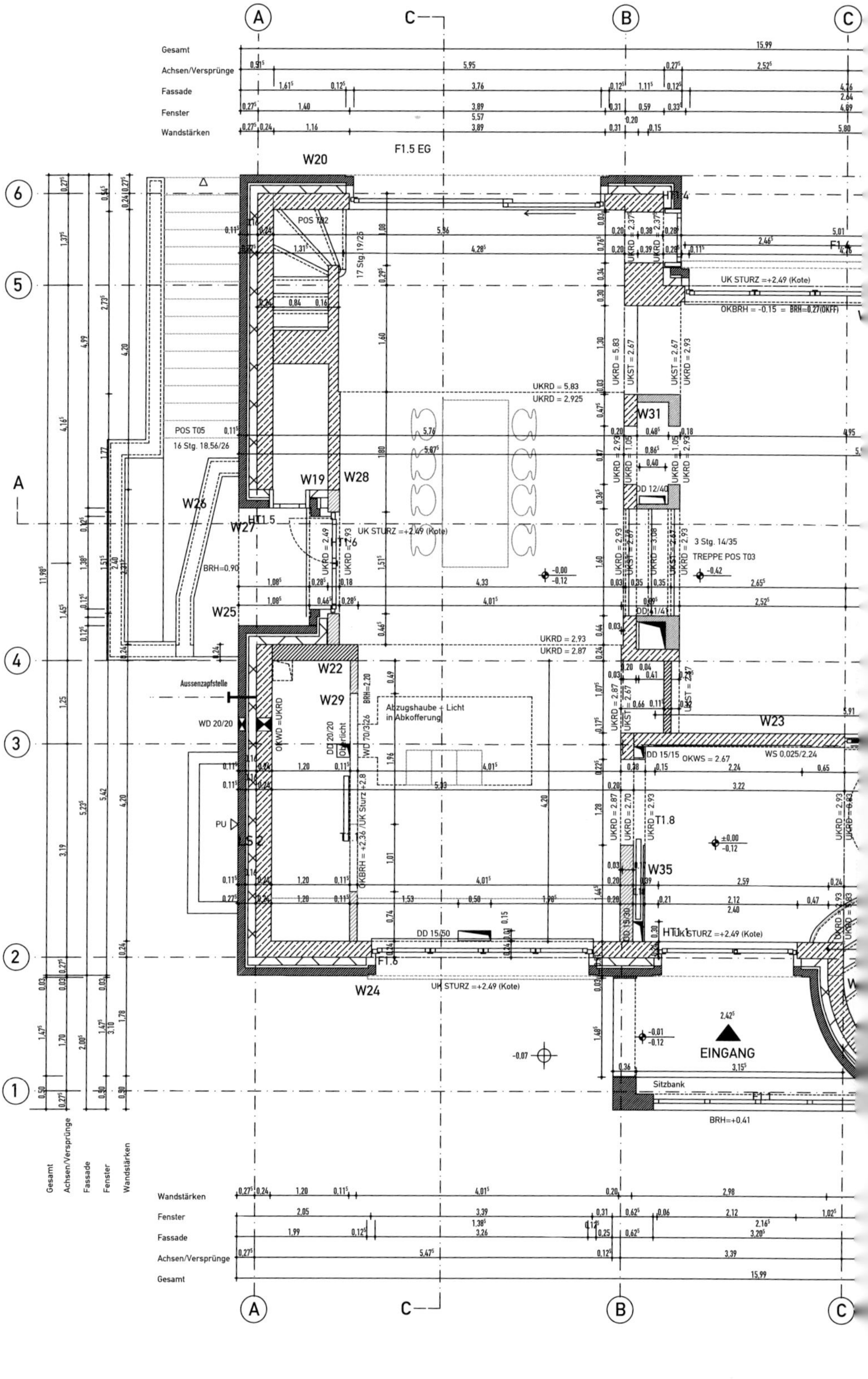

Hinweis: Der Maßstab des Originalplans beträgt 1 : 50. Die Darstellung hier im Buch weicht davon ab.

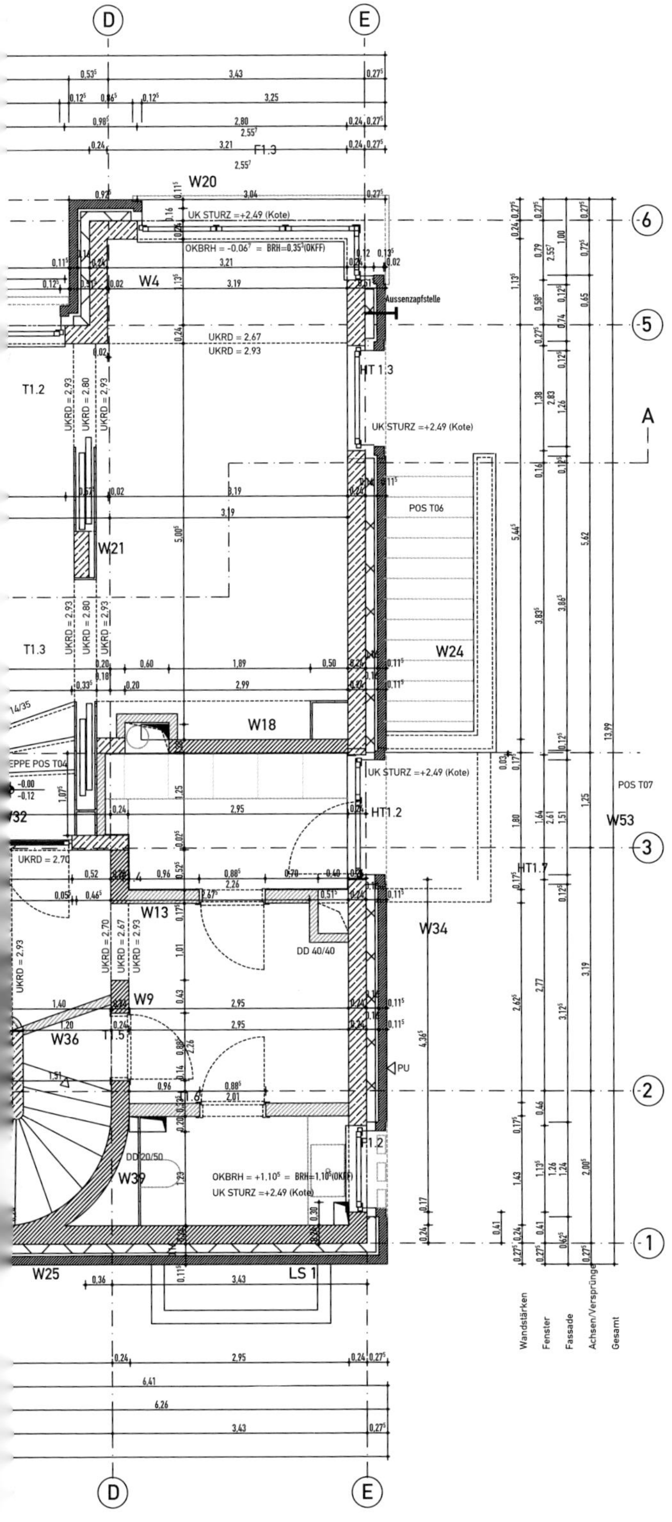

11.16 Grundriss Musterprojekt – Obergeschoss (Maßstab 1 : 50)

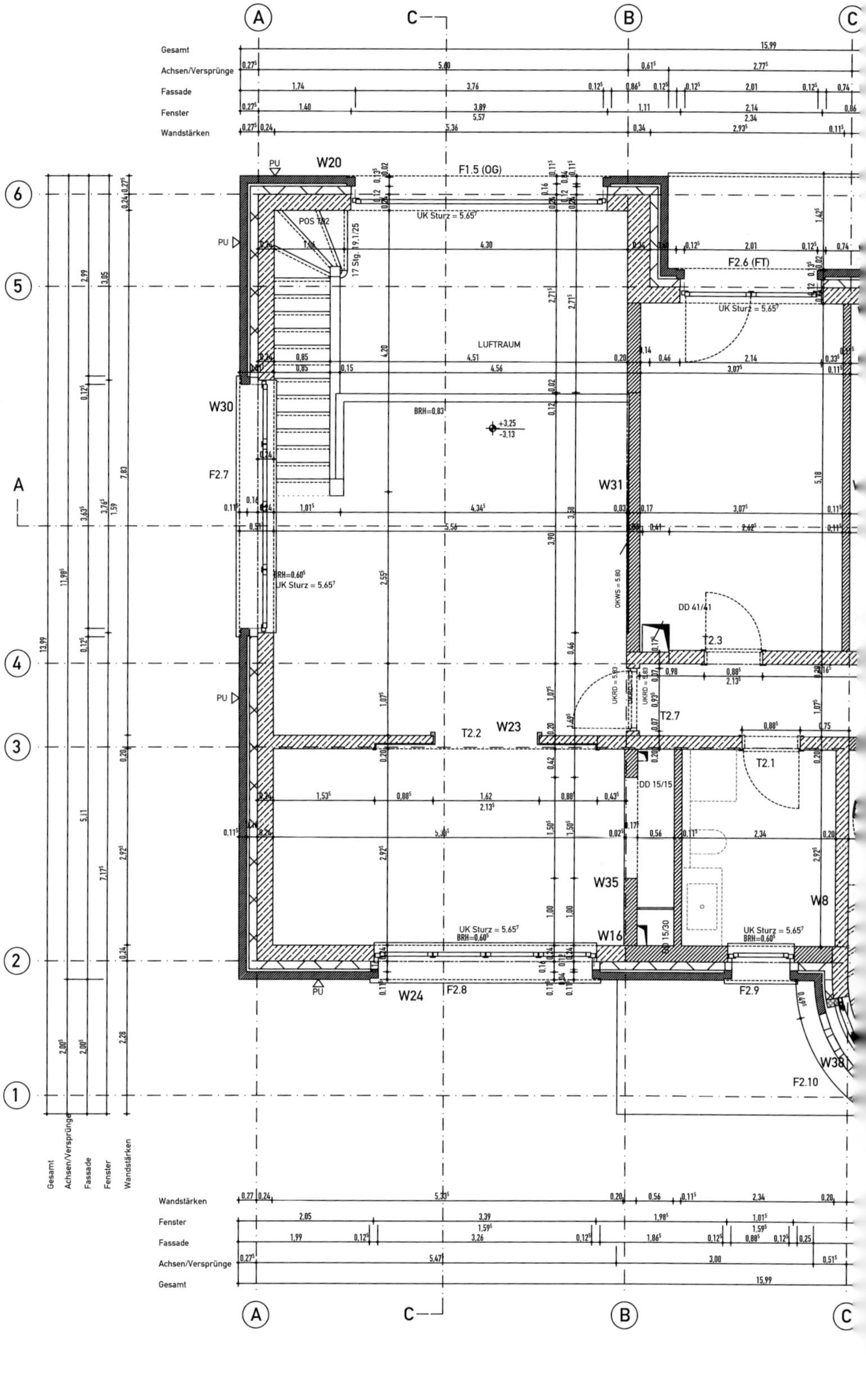

Hinweis: Der Maßstab des Originalplans beträgt 1 : 50. Die Darstellung hier im Buch weicht davon ab.

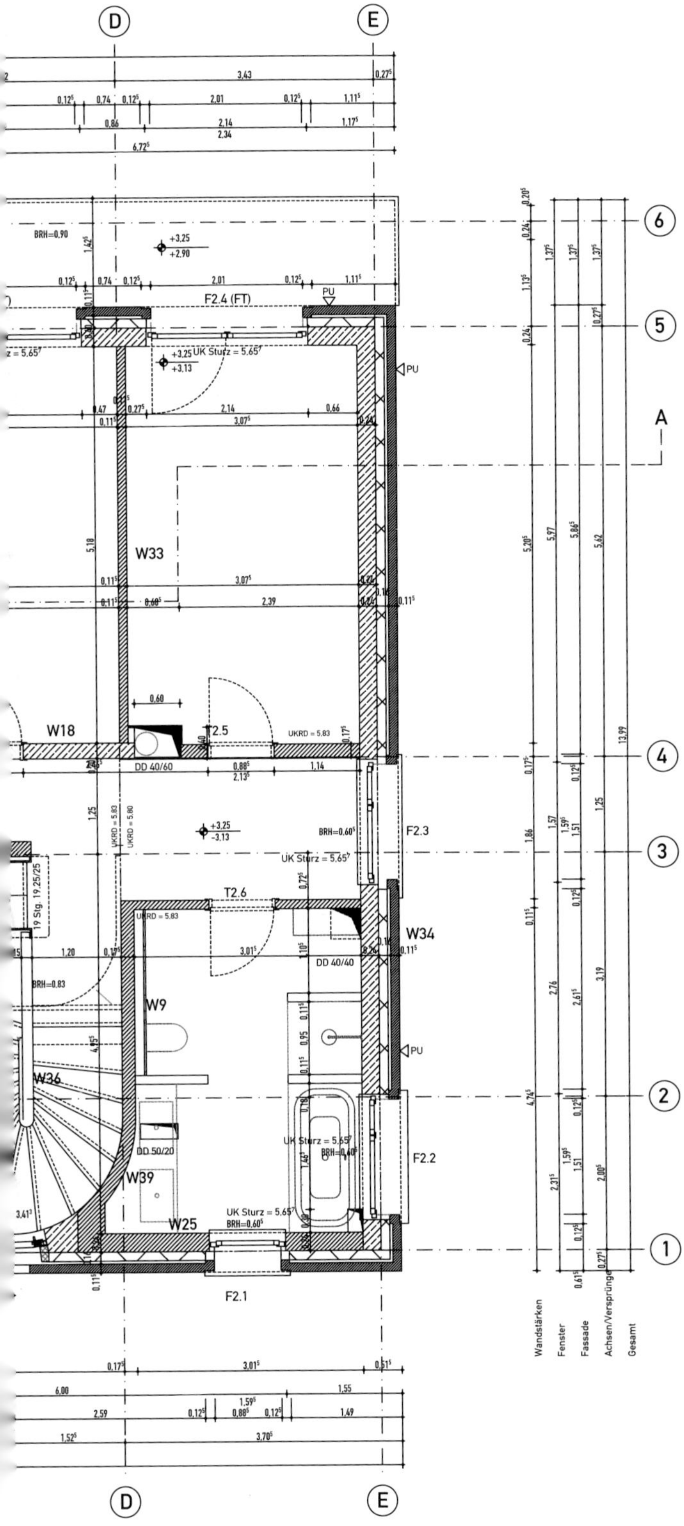

11.17 Grundriss Musterprojekt – Dachgeschoss (Maßstab 1 : 50)

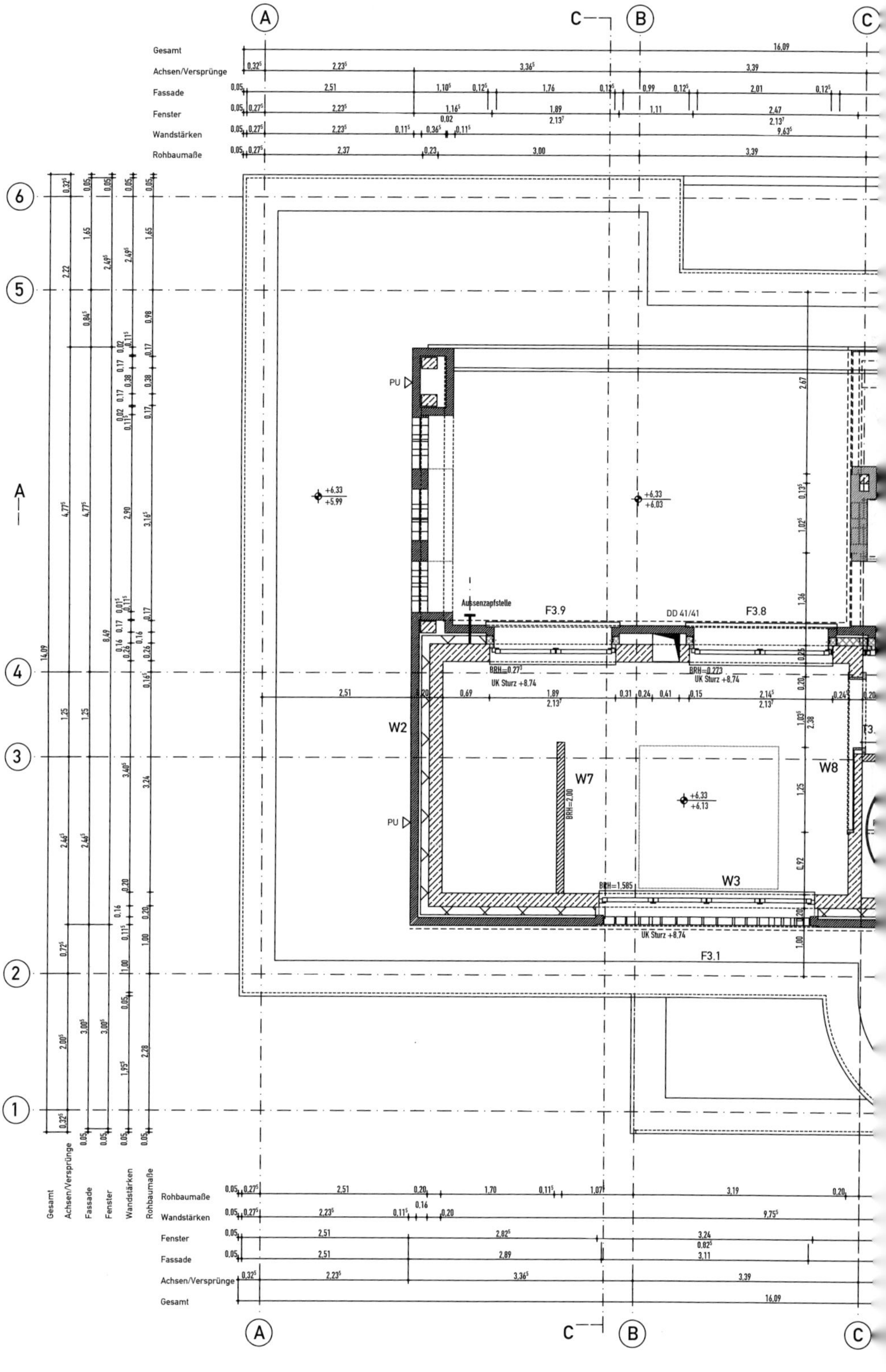

Hinweis: Der Maßstab des Originalplans beträgt 1:50. Die Darstellung hier im Buch weicht davon ab.

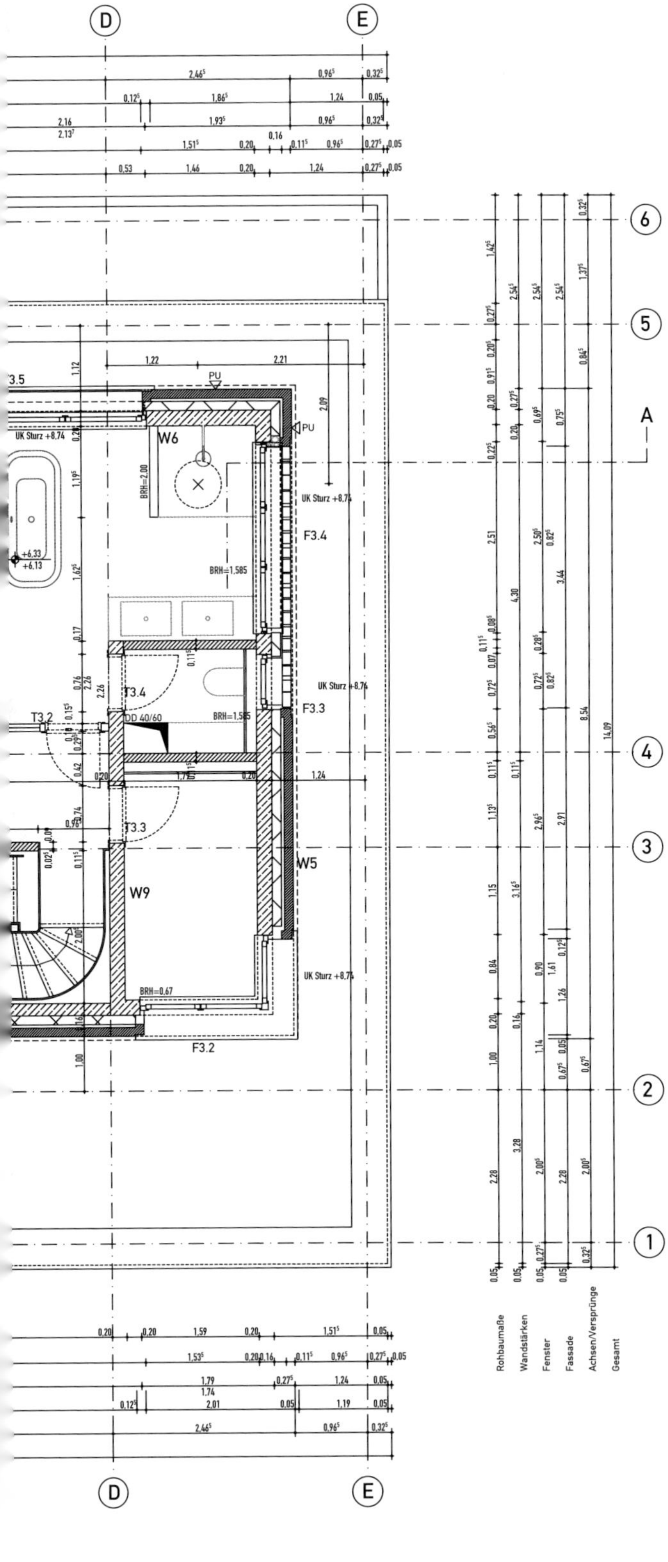

11.18 Gartenansicht Musterprojekt (Maßstab 1 : 50)

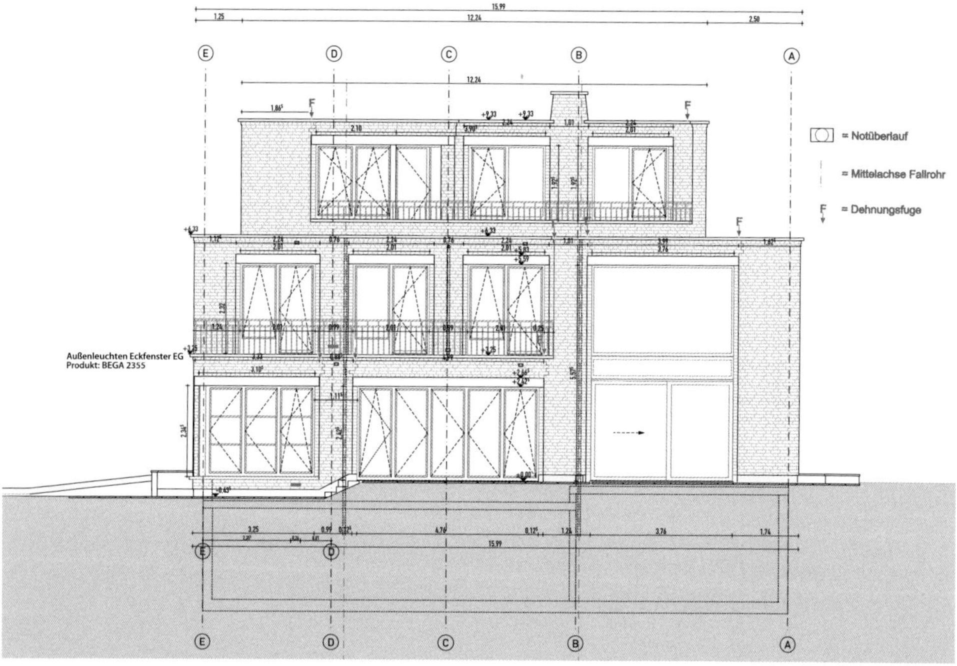

11.19 Straßenansicht Musterprojekt (Maßstab 1 : 50)

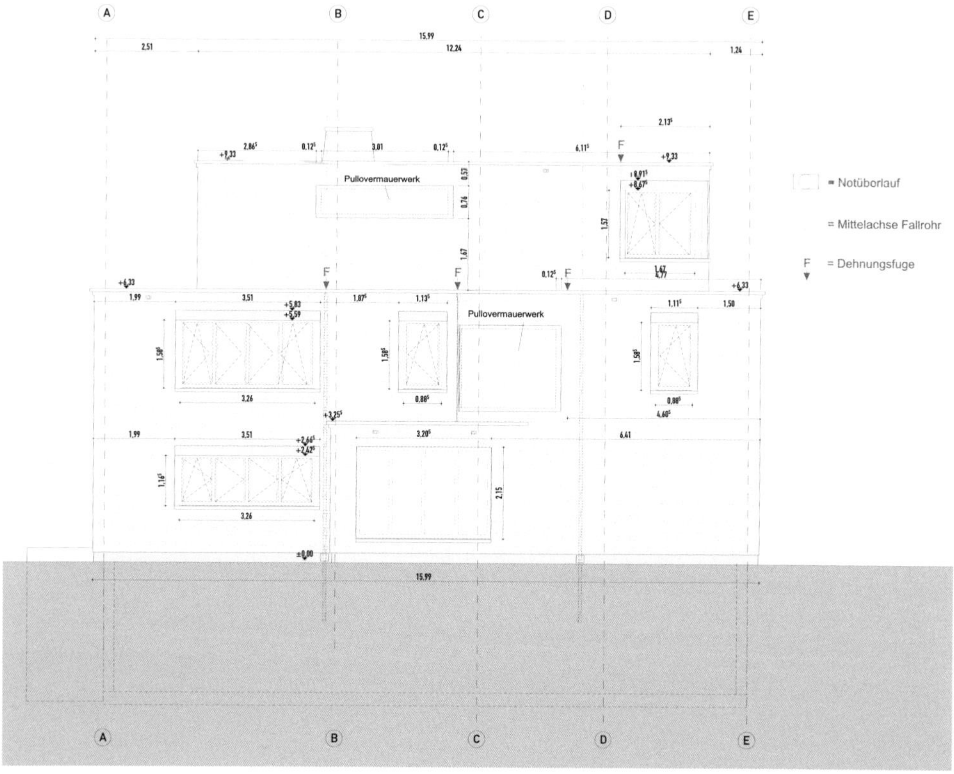

11.20 Seitenansicht West Musterprojekt (Maßstab 1 : 50)

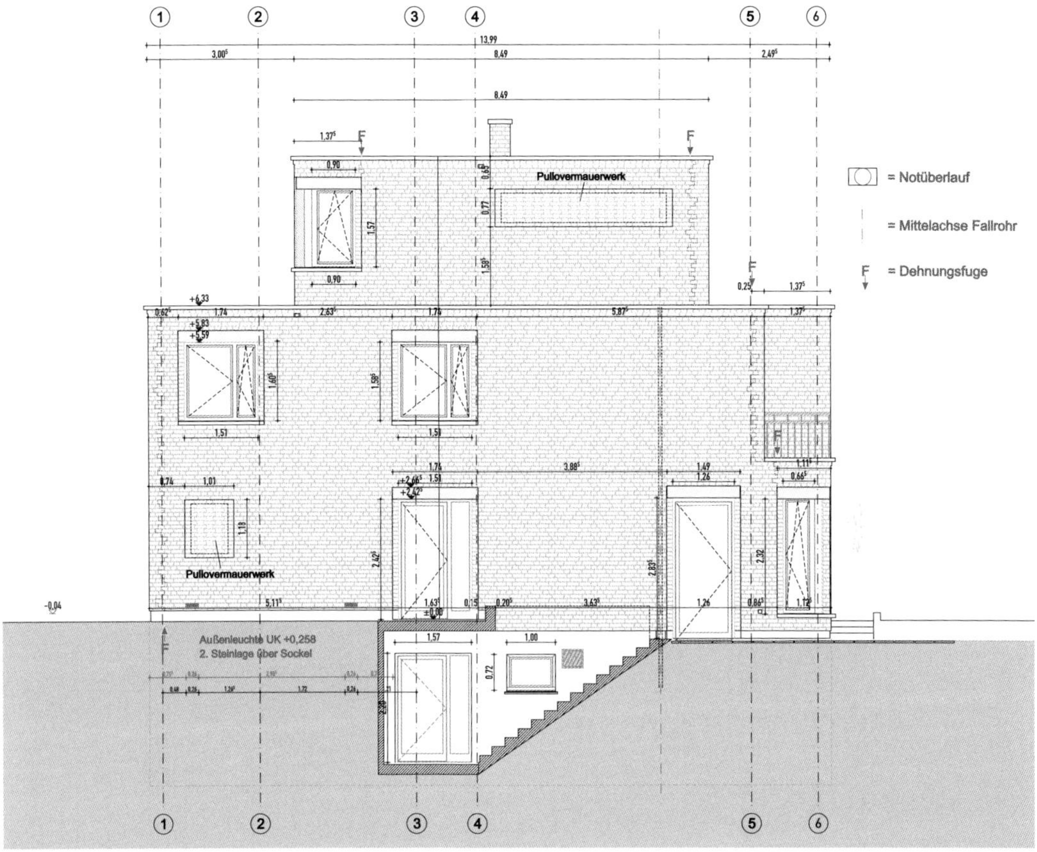

Hinweis: Der Maßstab der Originalpläne beträgt 1 : 50. Die Darstellung hier im Buch weicht davon ab.

11.21 Schalplan Musterprojekt – Untergeschoss

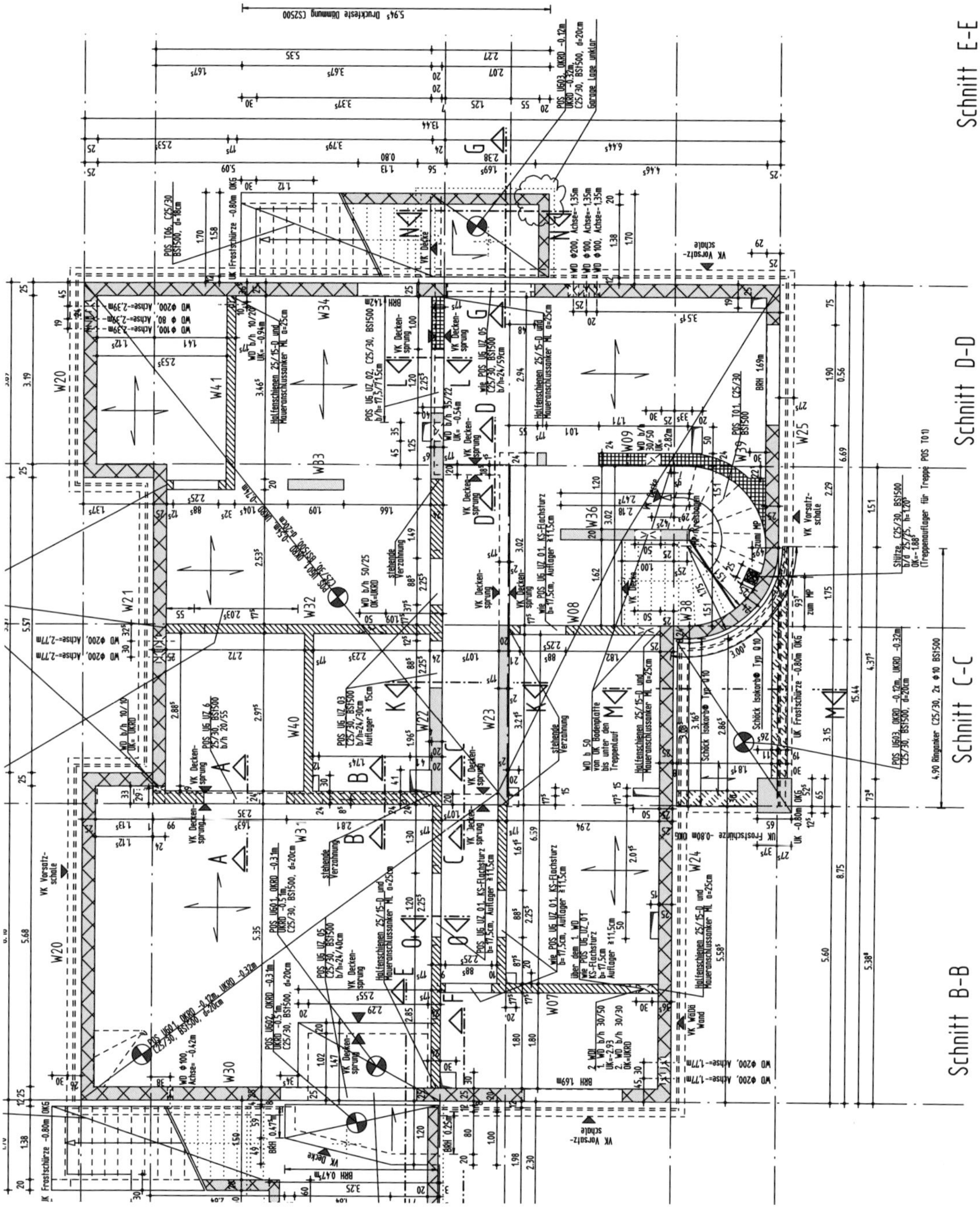

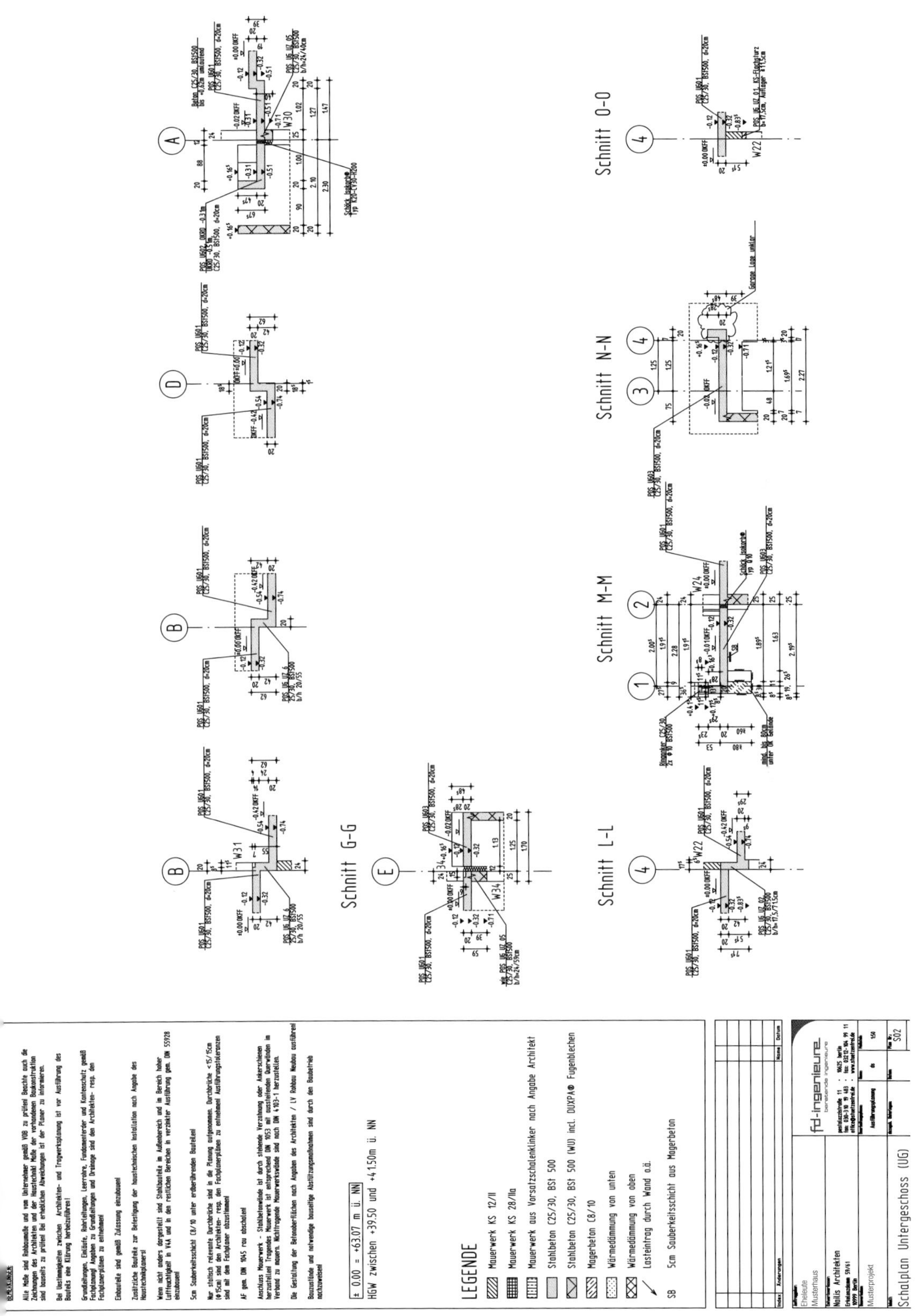
BEMERKUNGEN:
Alle Maße sind Rohbaumaße und vom Unternehmer gemäß VOB zu prüfen! Beachte auch die Zeichnungen des Architekten und der Haustechnik! Maße der vorhandenen Baukonstruktion sind bauseits zu prüfen! Bei erheblichen Abweichungen ist der Planer zu informieren.
Bei Unstimmigkeiten zwischen Architekten- und Tragwerksplanung ist vor Ausführung des Bauteils eine Klärung herbeizuführen!
Grundleitungen, Einläufe, Rohrleitungen, Leerrohre, Fundamenterder und Kantenschutz gemäß Fachplanung! Angaben zu Grundleitungen und Drainage sind den Architekten- resp. den Fachplanerplänen zu entnehmen!
Einbauteile sind gemäß Zulassung einzubauen!
Zusätzliche Bauteile zur Befestigung der haustechnischen Installation nach Angabe des Haustechnikplaners!
Wenn nicht anders dargestellt sind Stahlbauteile im Außenbereich und im Bereich hoher Luftfeuchtigkeit in V4A und in den restlichen Bereichen in verzinkter Ausführung gem. DIN 55928 einzubauen!
5cm Sauberkeitsschicht C8/10 unter erdberührenden Bauteilen!
Nur statisch relevante Durchbrüche sind in die Planung aufgenommen. Durchbrüche <15/15cm (Φ15cm) sind den Architekten- resp. den Fachplanerplänen zu entnehmen! Ausführungstoleranzen sind mit dem Fachplaner abzustimmen!
AF gem. DIN 1045 rau abschalen!
Anschluss Mauerwerk - Stahlbetonwände ist durch stehende Verzahnung oder Ankerschienen herzustellen! Tragendes Mauerwerk ist entsprechend DIN 1053 mit aussteifenden Querwänden im Verband zu mauern. Nichttragende Mauerwerkswände sind nach DIN 4103-1 herzustellen.
Die Gestaltung der Betonoberflächen nach Angaben des Architekten / LV Rohbau Neubau ausführen!
Bauzustände und notwendige bauseitige Abstützungsmaßnahmen sind durch den Baubetrieb nachzuweisen!
± 0.00 = +63.07 m ü. NN
HGW zwischen +39.50 und +41.50m ü. NN
LEGENDE
Mauerwerk KS 12/II
Mauerwerk KS 28/IIa
Mauerwerk aus Vorsatzschalenklinker nach Angabe Architekt
Stahlbeton C25/30, BSt 500
Stahlbeton C25/30, BSt 500 (WU) incl. DUXPA® Fugenblechen
Magerbeton C8/10
Wärmedämmung von unten
Wärmedämmung von oben
Lasteintrag durch Wand o.ä.
SB 5cm Sauberkeitsschicht aus Magerbeton
Schnitt G-G
Schnitt L-L
Schnitt M-M
Schnitt N-N
Schnitt O-O
Index Änderungen Name Datum
Eheleute Musterhaus
Nailis Architekten
Musterprojekt
fd-ingenieure
beratende ingenieure
Ausführungsplanung
1:50
Schalplan Untergeschoss (UG)
S02

11.22 Bewehrungsplan Matten Musterprojekt – Untergeschoss

Mattenbewehrung obere + untere Lage

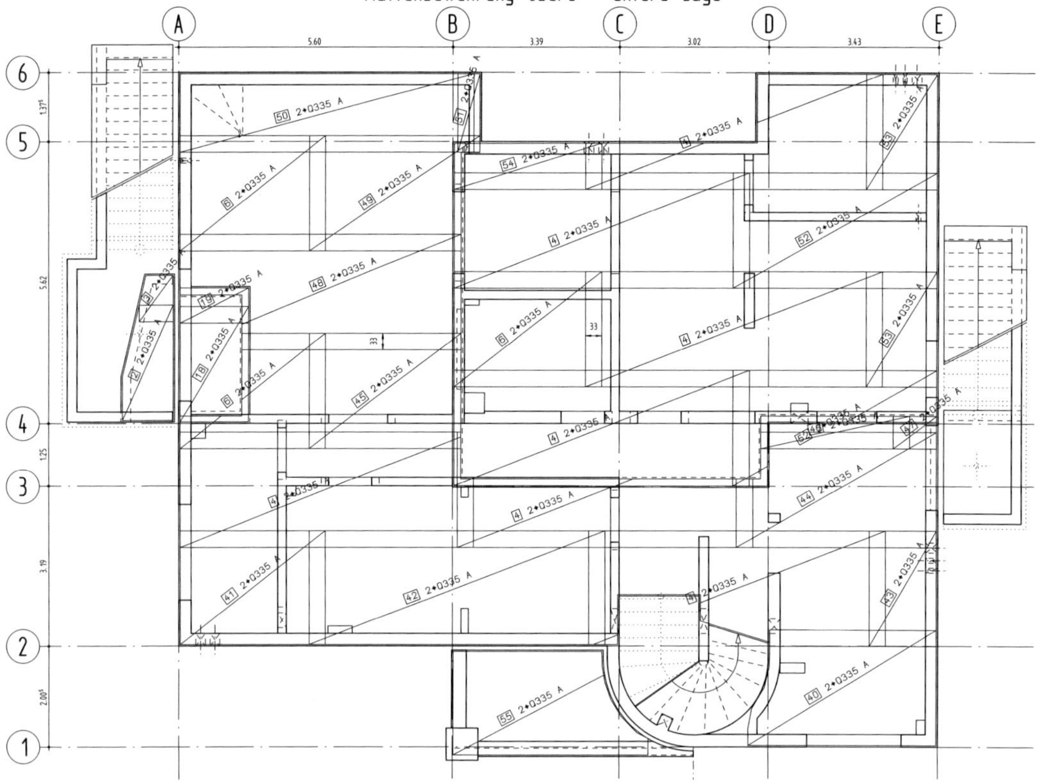

11.23 Energieausweis Musterprojekt

ENERGIEAUSWEIS für Wohngebäude

gemäß den §§ 79 ff. Gebäudeenergiegesetz (GEG) vom [1] 2020

Gültig bis: **Registriernummer:** (1)

Gebäude

Gebäudetyp	Einfamilienhaus		**Gebäudefoto (freiwillig)**
Adresse	Musterstraße 100, 10000 Musterstadt		
Gebäudeteil [2]			
Baujahr Gebäude [3]	2022		
Baujahr Wärmeerzeuger [3, 4]	2022		
Anzahl der Wohnungen			
Gebäudenutzfläche (A_N)		☐ nach § 82 GEG aus der Wohnfläche ermittelt	
Wesentliche Energieträger für Heizung [3]			
Wesentliche Energieträger für Warmwasser [3]			
Erneuerbare Energien	Art: Solare Strahlungsenergie	Verwendung:	
Art der Lüftung [3]	☐ Fensterlüftung ☐ Schachtlüftung	☒ Lüftungsanlage mit Wärmerückgewinnung ☐ Lüftungsanlage ohne Wärmerückgewinnung	
Art der Kühlung [3]	☐ Passive Kühlung ☐ Gelieferte Kälte	☐ Kühlung aus Strom ☐ Kühlung aus Wärme	
Inspektionspflichtige Klimaanlagen [5]	Anzahl:	Nächstes Fälligkeitsdatum der Inspektion:	
Anlass der Ausstellung des Energieausweises	☒ Neubau ☐ Vermietung/Verkauf	☐ Modernisierung (Änderung/Erweiterung)	☐ Sonstiges (freiwillig)

Hinweise zu den Angaben über die energetische Qualität des Gebäudes

Die energetische Qualität eines Gebäudes kann durch die Berechnung des **Energiebedarfs** unter Annahme von standardisierten Randbedingungen oder durch die Auswertung des **Energieverbrauchs** ermittelt werden. Als Bezugsfläche dient die energetische Gebäudenutzfläche nach dem GEG, die sich in der Regel von den allgemeinen Wohnflächenangaben unterscheidet. Die angegebenen Vergleichswerte sollen überschlägige Vergleiche ermöglichen **(Erläuterungen – siehe Seite 5)**. Teil des Energieausweises sind die Modernisierungsempfehlungen (Seite 4).

☒ Der Energieausweis wurde auf der Grundlage von Berechnungen des **Energiebedarfs** erstellt (Energiebedarfsausweis). Die Ergebnisse sind auf **Seite 2** dargestellt. Zusätzliche Informationen zum Verbrauch sind freiwillig.

☐ Der Energieausweis wurde auf der Grundlage von Auswertungen des **Energieverbrauchs** erstellt (Energieverbrauchsausweis). Die Ergebnisse sind auf **Seite 3** dargestellt.

Datenerhebung Bedarf/Verbrauch durch ☐ Eigentümer ☒ Aussteller

☐ Dem Energieausweis sind zusätzliche Informationen zur energetischen Qualität beigefügt (freiwillige Angabe).

Hinweise zur Verwendung des Energieausweises

Energieausweise dienen ausschließlich der Information. Die Angaben im Energieausweis beziehen sich auf das gesamte Gebäude oder den oben bezeichneten Gebäudeteil. Der Energieausweis ist lediglich dafür gedacht, einen überschlägigen Vergleich von Gebäuden zu ermöglichen.

Aussteller (mit Anschrift und Berufsbezeichnung)

Musteringenieur

Unterschrift des Ausstellers

Ausstellungsdatum 16.01.2023

[1] Datum des angewendeten GEG, gegebenenfalls des angewendeten Änderungsgesetzes zum GEG
[2] nur im Fall des § 79 Absatz 2 Satz 2 GEG einzutragen
[3] Mehrfachangaben möglich
[4] bei Wärmenetzen Baujahr der Übergabestation
[5] Klimaanlagen oder kombinierte Lüftungs- und Klimaanlagen im Sinne des § 74 GEG

ENERGIEAUSWEIS für Wohngebäude

gemäß den §§ 79 ff. Gebäudeenergiegesetz (GEG) vom [1] 2020

Berechneter Energiebedarf des Gebäudes

Registriernummer:

2

Energiebedarf

Treibhausgasemissionen kg CO_2-Äquivalent /(m²·a)

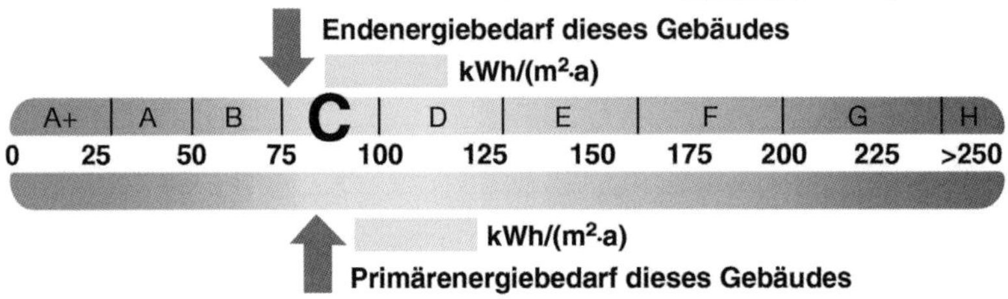

Anforderungen gemäß GEG [2]

Primärenergiebedarf

Ist-Wert 12 kWh/(m²·a) Anforderungswert 49 kWh/(m²·a)

Energetische Qualität der Gebäudehülle H_T'

Ist-Wert 0,38 W/(m²·K) Anforderungswert 0,50 W/(m²·K)

Sommerlicher Wärmeschutz (bei Neubau) ☒ eingehalten

Für Energiebedarfsberechnungen verwendetes Verfahren

- ☐ Verfahren nach DIN V 4108-6 und DIN V 4701-10
- ☐ Verfahren nach DIN V 18599
- ☐ Regelung nach § 31 GEG („Modellgebäudeverfahren“)
- ☐ Vereinfachungen nach § 50 Absatz 4 GEG

Endenergiebedarf dieses Gebäudes [Pflichtangabe in Immobilienanzeigen] kWh/(m²·a)

Angaben zur Nutzung erneuerbarer Energien [3]

Nutzung erneuerbarer Energien zur Deckung des Wärme- und Kälteenergiebedarfs auf Grund des § 10 Absatz 2 Nummer 3 GEG

Art:	Deckungsanteil:	Anteil der Pflichterfüllung:
Solare Strahlung	18 %	%
	%	%
Summe:	%	%

Maßnahmen zur Einsparung [3]

Die Anforderungen zur Nutzung erneuerbarer Energien zur Deckung des Wärme- und Kälteenergiebedarfs werden durch eine Maßnahme nach § 45 GEG oder als Kombination gemäß § 34 Absatz 2 GEG erfüllt.

- ☐ Die Anforderungen nach § 45 GEG in Verbindung mit § 16 GEG sind eingehalten.
- ☐ Maßnahme nach § 45 GEG in Kombination gemäß § 34 Absatz 2 GEG: Die Anforderungen nach § 16 GEG werden um % unterschritten. Anteil der Pflichterfüllung: %

Vergleichswerte Endenergie [4]

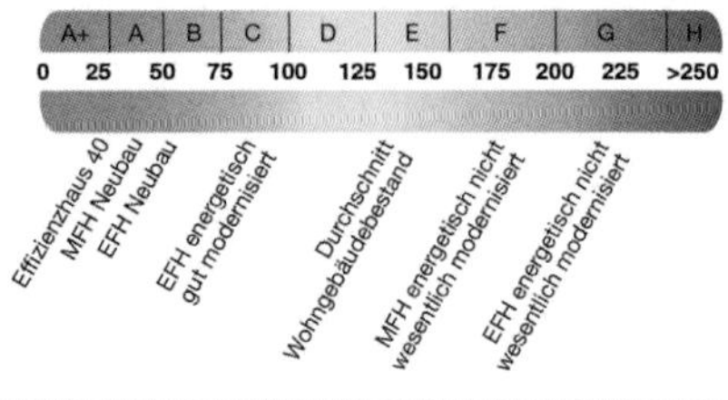

Erläuterungen zum Berechnungsverfahren

Das GEG lässt für die Berechnung des Energiebedarfs unterschiedliche Verfahren zu, die im Einzelfall zu unterschiedlichen Ergebnissen führen können. Insbesondere wegen standardisierter Randbedingungen erlauben die angegebenen Werte keine Rückschlüsse auf den tatsächlichen Energieverbrauch. Die ausgewiesenen Bedarfswerte der Skala sind spezifische Werte nach dem GEG pro Quadratmeter Gebäudenutzfläche (A_N), die im Allgemeinen größer ist als die Wohnfläche des Gebäudes.

[1] siehe Fußnote 1 auf Seite 1 des Energieausweises
[2] nur bei Neubau sowie bei Modernisierung im Fall des § 80 Absatz 2 GEG
[3] nur bei Neubau
[4] EFH: Einfamilienhaus, MFH: Mehrfamilienhaus

ENERGIEAUSWEIS für Wohngebäude

gemäß den §§ 79 ff. Gebäudeenergiegesetz (GEG) vom [1] 2020

Erfasster Energieverbrauch des Gebäudes

Registriernummer:

3

Energieverbrauch

Treibhausgasemissionen kg CO_2-Äquivalent /(m²·a)

Endenergieverbrauch dieses Gebäudes

5 kWh/(m²·a)

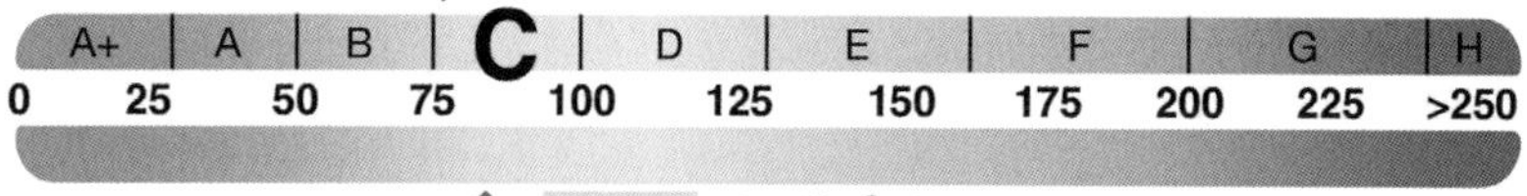

12 kWh/(m²·a)

Primärenergieverbrauch dieses Gebäudes

Endenergieverbrauch dieses Gebäudes [Pflichtangabe in Immobilienanzeigen] kWh/(m²·a)

Verbrauchserfassung – Heizung und Warmwasser

Zeitraum von	Zeitraum bis	Energieträger [2]	Primärenergiefaktor	Energieverbrauch [kWh]	Anteil Warmwasser [kWh]	Anteil Heizung [kWh]	Klimafaktor

☐ weitere Einträge in Anlage

Vergleichswerte Endenergie [3]

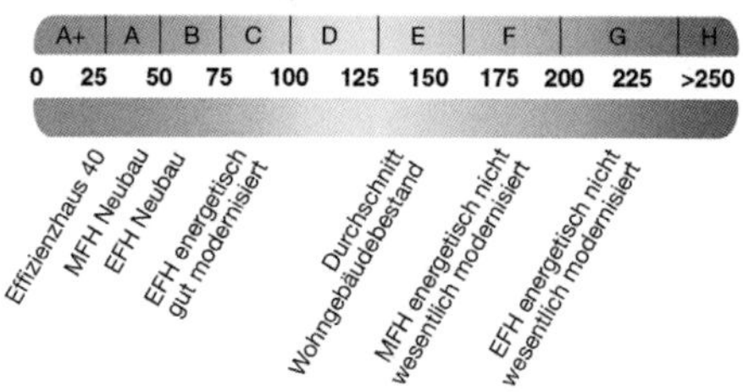

Die modellhaft ermittelten Vergleichswerte beziehen sich auf Gebäude, in denen die Wärme für Heizung und Warmwasser durch Heizkessel im Gebäude bereitgestellt wird.

Soll ein Energieverbrauch eines mit Fern- oder Nahwärme beheizten Gebäudes verglichen werden, ist zu beachten, dass hier normalerweise ein um 15 bis 30 % geringerer Energieverbrauch als bei vergleichbaren Gebäuden mit Kesselheizung zu erwarten ist.

Erläuterungen zum Verfahren

Das Verfahren zur Ermittlung des Energieverbrauchs ist durch das GEG vorgegeben. Die Werte der Skala sind spezifische Werte pro Quadratmeter Gebäudenutzfläche (A_N) nach dem GEG, die im Allgemeinen größer ist als die Wohnfläche des Gebäudes. Der tatsächliche Energieverbrauch eines Gebäudes weicht insbesondere wegen des Witterungseinflusses und sich ändernden Nutzerverhaltens vom angegebenen Energieverbrauch ab.

[1] siehe Fußnote 1 auf Seite 1 des Energieausweises
[2] gegebenenfalls auch Leerstandszuschläge, Warmwasser- oder Kühlpauschale in kWh
[3] EFH: Einfamilienhaus, MFH: Mehrfamilienhaus

ENERGIEAUSWEIS für Wohngebäude

gemäß den §§ 79 ff. Gebäudeenergiegesetz (GEG) vom [1] 2020

Empfehlungen des Ausstellers

Registriernummer: 4

Empfehlungen zur kostengünstigen Modernisierung

Maßnahmen zur kostengünstigen Verbesserung der Energieeffizienz sind ☐ möglich ☐ nicht möglich

Empfohlene Modernisierungsmaßnahmen

Nr.	Bau- oder Anlagenteile	Maßnahmenbeschreibung in einzelnen Schritten	empfohlen		(freiwillige Angaben)	
			in Zusammenhang mit größerer Modernisierung	als Einzelmaßnahme	geschätzte Amortisationszeit	geschätzte Kosten pro eingesparte Kilowattstunde Endenergie
			☐	☐		
			☐	☐		
			☐	☐		
			☐	☐		
			☐	☐		

☐ weitere Einträge in Anlage

Hinweis: Modernisierungsempfehlungen für das Gebäude dienen lediglich der Information. Sie sind nur kurz gefasste Hinweise und kein Ersatz für eine Energieberatung.

Genauere Angaben zu den Empfehlungen sind erhältlich bei/unter:

Ergänzende Erläuterungen zu den Angaben im Energieausweis (Angaben freiwillig)

[1] siehe Fußnote 1 auf Seite 1 des Energieausweises

ENERGIEAUSWEIS für Wohngebäude

gemäß den §§ 79 ff. Gebäudeenergiegesetz (GEG) vom [1] 2020

Erläuterungen

5

Angabe Gebäudeteil - Seite 1

Bei Wohngebäuden, die zu einem nicht unerheblichen Anteil zu anderen als Wohnzwecken genutzt werden, ist die Ausstellung des Energieausweises gemäß § 79 Absatz 2 Satz 2 GEG auf den Gebäudeteil zu beschränken, der getrennt als Wohngebäude zu behandeln ist (siehe im Einzelnen § 106 GEG). Dies wird im Energieausweis durch die Angabe „Gebäudeteil" deutlich gemacht.

Erneuerbare Energien - Seite 1

Hier wird darüber informiert, wofür und in welcher Art erneuerbare Energien genutzt werden. Bei Neubauten enthält Seite 2 (Angaben zur Nutzung erneuerbarer Energien) dazu weitere Angaben.

Energiebedarf - Seite 2

Der Energiebedarf wird hier durch den Jahres-Primärenergiebedarf und den Endenergiebedarf dargestellt. Diese Angaben werden rechnerisch ermittelt. Die angegebenen Werte werden auf der Grundlage der Bauunterlagen bzw. gebäudebezogener Daten und unter Annahme von standardisierten Randbedingungen (z. B. standardisierte Klimadaten, definiertes Nutzerverhalten, standardisierte Innentemperatur und innere Wärmegewinne usw.) berechnet. So lässt sich die energetische Qualität des Gebäudes unabhängig vom Nutzerverhalten und von der Wetterlage beurteilen. Insbesondere wegen der standardisierten Randbedingungen erlauben die angegebenen Werte keine Rückschlüsse auf den tatsächlichen Energieverbrauch.

Primärenergiebedarf - Seite 2

Der Primärenergiebedarf bildet die Energieeffizienz des Gebäudes ab. Er berücksichtigt neben der Endenergie mithilfe von Primärenergiefaktoren auch die so genannte „Vorkette" (Erkundung, Gewinnung, Verteilung, Umwandlung) der jeweils eingesetzten Energieträger (z. B. Heizöl, Gas, Strom, erneuerbare Energien etc.). Ein kleiner Wert signalisiert einen geringen Bedarf und damit eine hohe Energieeffizienz sowie eine die Ressourcen und die Umwelt schonende Energienutzung.

Energetische Qualität der Gebäudehülle – Seite 2

Angegeben ist der spezifische, auf die wärmeübertragende Umfassungsfläche bezogene Transmissionswärmeverlust. Er beschreibt die durchschnittliche energetische Qualität aller wärmeübertragenden Umfassungsflächen (Außenwände, Decken, Fenster etc.) eines Gebäudes. Ein kleiner Wert signalisiert einen guten baulichen Wärmeschutz. Außerdem stellt das GEG bei Neubauten Anforderungen an den sommerlichen Wärmeschutz (Schutz vor Überhitzung) eines Gebäudes.

Endenergiebedarf - Seite 2

Der Endenergiebedarf gibt die nach technischen Regeln berechnete, jährlich benötigte Energiemenge für Heizung, Lüftung und Warmwasserbereitung an. Er wird unter Standardklima- und Standardnutzungsbedingungen errechnet und ist ein Indikator für die Energieeffizienz eines Gebäudes und seiner Anlagentechnik. Der Endenergiebedarf ist die Energiemenge, die dem Gebäude unter der Annahme von standardisierten Bedingungen und unter Berücksichtigung der Energieverluste zugeführt werden muss, damit die standardisierte Innentemperatur, der Warmwasserbedarf und die notwendige Lüftung sichergestellt werden können. Ein kleiner Wert signalisiert einen geringen Bedarf und damit eine hohe Energieeffizienz.

Angaben zur Nutzung erneuerbarer Energien – Seite 2

Nach dem GEG müssen Neubauten in bestimmtem Umfang erneuerbare Energien zur Deckung des Wärme- und Kälteenergiebedarfs nutzen. In dem Feld „Angaben zur Nutzung erneuerbarer Energien" sind die Art der eingesetzten erneuerbaren Energien, der prozentuale Deckungsanteil am Wärme- und Kälteenergiebedarf und der prozentuale Anteil der Pflichterfüllung abzulesen. Das Feld „Maßnahmen zur Einsparung" wird ausgefüllt, wenn die Anforderungen des GEG teilweise oder vollständig durch Unterschreitung der Anforderungen an den baulichen Wärmeschutz gemäß § 45 GEG erfüllt werden.

Endenergieverbrauch - Seite 3

Der Endenergieverbrauch wird für das Gebäude auf der Basis der Abrechnungen von Heiz- und Warmwasserkosten nach der Heizkostenverordnung oder auf Grund anderer geeigneter Verbrauchsdaten ermittelt. Dabei werden die Energieverbrauchsdaten des gesamten Gebäudes und nicht der einzelnen Wohneinheiten zugrunde gelegt. Der erfasste Energieverbrauch für die Heizung wird anhand der konkreten örtlichen Wetterdaten und mithilfe von Klimafaktoren auf einen deutschlandweiten Mittelwert umgerechnet. So führt beispielsweise ein hoher Verbrauch in einem einzelnen harten Winter nicht zu einer schlechteren Beurteilung des Gebäudes. Der Endenergieverbrauch gibt Hinweise auf die energetische Qualität des Gebäudes und seiner Heizungsanlage. Ein kleiner Wert signalisiert einen geringen Verbrauch. Ein Rückschluss auf den künftig zu erwartenden Verbrauch ist jedoch nicht möglich; insbesondere können die Verbrauchsdaten einzelner Wohneinheiten stark differieren, weil sie von der Lage der Wohneinheiten im Gebäude, von der jeweiligen Nutzung und dem individuellen Verhalten der Bewohner abhängen.

Im Fall längerer Leerstände wird hierfür ein pauschaler Zuschlag rechnerisch bestimmt und in die Verbrauchserfassung einbezogen. Im Interesse der Vergleichbarkeit wird bei dezentralen, in der Regel elektrisch betriebenen Warmwasseranlagen der typische Verbrauch über eine Pauschale berücksichtigt. Gleiches gilt für den Verbrauch von eventuell vorhandenen Anlagen zur Raumkühlung. Ob und inwieweit die genannten Pauschalen in die Erfassung eingegangen sind, ist der Tabelle „Verbrauchserfassung" zu entnehmen.

Primärenergieverbrauch - Seite 3

Der Primärenergieverbrauch geht aus dem für das Gebäude ermittelten Endenergieverbrauch hervor. Wie der Primärenergiebedarf wird er mithilfe von Primärenergiefaktoren ermittelt, die die Vorkette der jeweils eingesetzten Energieträger berücksichtigen.

Treibhausgasemissionen – Seite 2 und 3

Die mit dem Primärenergiebedarf oder dem Primärenergieverbrauch verbundenen Treibhausgasemissionen des Gebäudes werden als äquivalente Kohlendioxidemissionen ausgewiesen.

Pflichtangaben für Immobilienanzeigen - Seite 2 und 3

Nach dem GEG besteht die Pflicht, in Immobilienanzeigen die in § 87 Absatz 1 GEG genannten Angaben zu machen. Die dafür erforderlichen Angaben sind dem Energieausweis zu entnehmen, je nach Ausweisart der Seite 2 oder 3.

Vergleichswerte – Seite 2 und 3

Die Vergleichswerte auf Endenergieebene sind modellhaft ermittelte Werte und sollen lediglich Anhaltspunkte für grobe Vergleiche der Werte dieses Gebäudes mit den Vergleichswerten anderer Gebäude sein. Es sind Bereiche angegeben, innerhalb derer ungefähr die Werte für die einzelnen Vergleichskategorien liegen.

[1] siehe Fußnote 1 auf Seite 1 des Energieausweises

Literaturverzeichnis

Literatur

BKI Baukosten Gebäude Neubau 2023. Teil 1: Statistische Kostenkennwerte. Stuttgart: Baukosteninformationszentrum Deutscher Architektenkammern, BKI GmbH, 2023

DIN – kurz erklärt [online]. Berlin: DIN e.V., Internet: https://www.din.de/de/uebernormen-und-standards/basiswissen [Zugriff: 14.08.2023]

Kemper, Ralf; Wronna, Alexander: Architekten- und Ingenieurvertrag nach HOAI. 2. Aufl. Köln: Verlagsgesellschaft Rudolf Müller, 2013

Kemper, Ralf; Schwarz, Karl; Wronna, Alexander (Hrsg.): Praxis-Handbuch Ingenieur -und Architektenrecht. Köln: Verlagsgesellschaft Rudolf Müller, 2017

Linhardt, Achim: Handbuch Umbau und Modernisierung. Köln: Verlagsgesellschaft Rudolf Müller, 2008

Richelmann, Dirk; Moewes, Udo; Proff, Friederike: Landesbauordnung NRW im Bild. 6. Aufl. Köln: Verlagsgesellschaft Rudolf Müller, 2021

Silbe, Katja; Díaz, Joaquín (Hrsg.): BIM-Ratgeber für Bauunternehmer. Köln: Verlagsgesellschaft Rudolf Müller, 2017

STLB-Bau – Dynamische BauDaten®. Hrsg.: DIN Deutsches Institut für Normung e. V. Bezug über www.gaeb.de (Onlineversion: www.stlb-bau-online.de)

Stufenplan Digitales Planen und Bauen. Stand: Dezember 2015. Berlin: Bundesministerium für Verkehr und digitale Infrastruktur, 2015

VDI 2552 Building Information Modeling. Düsseldorf: Verein Deutscher Ingenieure, ab 2017 (Richtlinienreihe im Aufbau)

VDI 4100:2012-10 Schallschutz im Hochbau – Wohnungen – Beurteilung und Vorschläge für erhöhten Schallschutz. Düsseldorf: Verein Deutscher Ingenieure, 2012

VHB Vergabe- und Vertragshandbuch für die Baumaßnahmen des Bundes. Stand: April 2016. Bonn/Berlin: Bundesministerium für Verkehr, Bau und Stadtentwicklung, 2008

Rechtsvorschriften, Normen, Verordungen

DIN 276: 2018-12 „Kosten im Bauwesen – Teil 1: Hochbau“

DIN 277: 2022-08 „Grundflächen und Rauminhalte im Hochbau“

DIN 1960: 2019-09 „VOB Vergabe- und Vertragsordnung für Bauleistungen – Teil A: Allgemeine Bestimmungen für die Vergabe von Bauleistungen“

DIN 1961: 2016-09 „VOB Vergabe- und Vertragsordnung für Bauleistungen – Teil B: Allgemeine Vertragsbedingungen für die Ausführung von Bauleistungen“

DIN 18331: 2019-09 „VOB Vergabe- und Vertragsordnung für Bauleistungen - Teil C: Allgemeine Technische Vertragsbedingungen für Bauleistungen (ATV) – Betonarbeiten“

DIN 18202: 2019-07 „Toleranzen im Hochbau – Bauwerke“

DIN EN ISO 19650-1:2019-08 „Organisation und Digitalisierung von Informationen zu Bauwerken und Ingenieurleistungen, einschließlich Bauwerksinformationsmodellierung (BIM)-Informationsmanagement mit BIM“ – Teil 1: „Begriffe und Grundsätze“ (ISO 19650-1:2018); Deutsche Fassung EN ISO 19650-1:2018

DIN EN ISO 19650-1:2019-08 „Organisation und Digitalisierung von Informationen zu Bauwerken und Ingenieurleistungen, einschließlich Bauwerksinformationsmodellierung (BIM)-Informationsmanagement mit BIM“ – Teil 2: „Planungs-, Bau- und Inbetriebnahmephase“ (ISO 19650-2:2018); Deutsche Fassung EN ISO 19650-2:2018

Gebäudeenergiegesetz – GEG vom 8. August 2020

Honorarordnung für Architekten und Ingenieure – HOAI von 2021

Landesbauordnung 2018 – BauO NRW 2018

Urteile

EuGH, Urteil vom 04.07.2019

Stichwortverzeichnis

W

Z